21 世纪土木工程学术前沿丛书

桥梁工程施工与管理

何艳春　练健雄　秦桂芳　许国昌　主编

哈尔滨工程大学出版社
Harbin Engineering University Press

内容简介

桥梁工程在带动城市发展、促进交通通畅方面起到了不可替代的作用，而保证桥梁工程的施工安全及施工质量，做好桥梁工程的施工管理工作更为重要。本书从桥梁施工技术和桥梁施工项目管理两个方面进行介绍，分为绪论、桥梁下部结构施工、桥梁上部结构施工、桥面系及其附属工程施工、桥梁施工标准化管理、桥梁项目施工安全管理、桥梁项目施工质量管理七个章节。

本书内容深入浅出、通俗易懂，实用性和可操作性强，可供从事道路桥梁决策、技术、管理和操作人员阅读使用。

图书在版编目(CIP)数据

桥梁工程施工与管理 / 何艳春等主编 . —哈尔滨：
哈尔滨工程大学出版社，2023.6
ISBN 978-7-5661-3979-5

Ⅰ.①桥… Ⅱ.①何… Ⅲ.①桥梁施工-施工管理
Ⅳ.①U445.1

中国国家版本馆 CIP 数据核字(2023)第 115638 号

桥梁工程施工与管理

选题策划	杜 伟
责任编辑	王丽华
封面设计	李海波

出版发行	哈尔滨工程大学出版社
社　　址	哈尔滨市南岗区南通大街 145 号
邮政编码	150001
发行电话	0451-82519328
传　　真	0451-82519699
经　　销	新华书店
印　　刷	明玺印务(廊坊)有限公司
开　　本	787 mm×1 092 mm　1/16
印　　张	14.75
字　　数	370 千字
版　　次	2023 年 6 月第 1 版
印　　次	2023 年 6 月第 1 次印刷
定　　价	98.00 元

http://www.hrbeupress.com
E-mail：heupress@hrbeu.edu.cn

《桥梁工程施工与管理》

编委会

主　编 何艳春　湖南路桥建设集团有限责任公司一分公司

练健雄　保利长大工程有限公司

秦桂芳　贵州路桥集团有限公司

许国昌　中铁广州工程局集团(南京)第一工程有限公司

副主编 吴　健　中交路桥华南工程有限公司

王志金　中交一公局第四工程有限公司

参　编 李　翔　湖南路桥建设集团有限责任公司一分公司

尹宗林　中交路桥建设有限公司

桂云海　国家林业和草原局西南调查规划院

卢　伟　国家林业和草原局西南调查规划院

叶泽上　中铁十九局集团有限公司

陈培根　核工业长沙中南建设集团有限公司

前　言

自改革开放以来，我国日渐提高了对公路交通建设的力度，"要致富、先修路"这一观点中的"路"，事实上指的就是交通形式。相比其他类型的交通而言，桥梁工程在带动城市全面发展和交流方面起到了不可替代的作用，特别是现阶段我国的交通压力日益增加，需要建造更多耐用的桥梁。桥梁建设中对施工技术要求极为严格，如果操作工艺方面存在问题就会引发安全事故，因此，保证桥梁工程的施工安全性和施工质量，做好桥梁工程的施工管理工作极其重要。

本书从桥梁施工技术和桥梁施工项目管理两个方面进行介绍，分为绪论、桥梁下部结构施工、桥梁上部结构施工、桥面系及其附属工程施工、桥梁施工标准化管理、桥梁项目施工安全管理、桥梁项目施工质量管理七个章节。

本书内容深入浅出、通俗易懂，实用性和可操作性强，可供从事道路桥梁决策、技术、管理和操作人员阅读使用。本书在编写过程中引用了许多专家、学者在科研和实践中的经验资料，在此一并表示感谢。

限于编者水平，书中难免存在不足，恳请读者批评指正。

编　者

2023 年 3 月

目　　录

第一章 绪 论

第一节 桥梁发展概况

一、古代桥梁史

桥梁作为一个为全社会服务的公益性建筑，在人类的繁荣发展和生产生活中发挥着不可忽视的作用，它是人类克服自然艰险、战胜困难、发展进步的丰碑。从远古时代人们简单构造以达通途的木桥、石桥，发展到今天凌空跨越、雄伟壮观的现代化桥梁，每一个进步历程都昭示着人类的创造力，浓缩着人类不懈的艰苦奋斗精神，蕴含着人类科技文化奇丽发展的精髓，所以每一座桥梁建筑都是时代进步的里程碑。桥梁是人类扩大自己生存活动范围，克服自然阻碍而最早建设的结构物之一。先人尚不能亲自造桥时，便会利用天然形成的桥。桥梁工程的发展与人类文明的进步密切相关，古代的人们，四处觅食，寻求住所，常被溪流、山涧所阻碍。一棵树偶然倒下横过溪流，藤蔓从河的此岸的树上延伸到对岸的树上，这些应该是现代桥梁的雏形。人们从自然界中的偶然现象得到启发，继而效仿自然，开始了桥梁建筑的历史。近代的大跨径悬索桥、斜拉桥就是由古代的藤、竹索发展而来的。

大约公元前 4000 年，人类开始定居而生，由此便开始考虑永久性的桥梁建设。世界四大文明古国的古埃及、中国，分别沿着尼罗河、黄河开创了早期的文化。远古的人类活动范围很小，桥梁的发明创造在许多地方相继独立产生，桥梁的出现又是人类文明进步的结晶。早期的人们学会了在水中打桩的办法，从而开始建造木栈桥，进一步发展成为如今的群桩基础。石桥从水中汀步发展而来。当时人们从河中露水的石头上过而不湿脚，继而抛石于河中而成汀步，再发展到后来上架木梁或石板。英国达特河(Dart River)有原始的花岗石板桥，每跨石梁长约 4.6 m，宽约 1.83 m，河中有两个石墩，用扁平花岗岩石叠砌而成，成为"拍板桥"。西班牙、埃及、巴比伦也有原始柱梁式石板桥遗物。希腊史前桥梁大都是重型桥墩，上铺窄石板，厚约 0.5 m，宽约 0.6 m，在两墩间纵向铺设，用铁钉与桥墩相连。

在我国古代，修建最多的是石桥。据史料记载，公元前 250 年就有了拱桥，公元 282 年出现了石拱桥。举世闻名的赵州桥，又称安济桥，建于隋大业初年(公元约 605 年)，是我国古代石拱桥的丰碑。此桥为一座空腹式圆弧形石拱桥，净跨 37.20 m，宽约 10 m，拱圈矢高 7.23 m，主拱圈上各设两个不等跨的复拱，这样既节省材料又减轻了自重，且利于泄洪。以其整体构思之巧、设计之精享誉世界，曾被评为国际土木工程的里程碑建筑。直到 14 世纪欧洲才有类似的敞肩割圆拱桥。如今，我国拱桥已从单孔向多孔发展，由厚墩变为薄壁墩，且均有很好的发展前景。

据史料记载，在周文王时期，我国就已在宽阔的渭河上搭设浮桥。春秋战国时期在黄河流域修建了多孔桩柱桥，水下以木桩为墩，其上置有木梁、石板等。另外，国外很早就出现过大型浮桥。公元前 510 年，随着希腊的繁荣，大流士下令在多瑙河上铺设浮桥以过军队。公元前 480 年的希波之战期间，波斯军队便在赫勒斯滂海峡架设起浮桥，一周运输军队 200 万人，由此可见其规模之大。

我国秦汉时期已经广泛修建石梁桥。现存规模宏大、工程艰巨的石梁桥，当推福建漳州江东桥（又名虎渡桥）。该桥在宋绍熙年间起造为浮桥，公元 1214 年易为板桥，公元 1237 年易梁以石，历 4 年建成。全桥总长约 336 m，宽 5.6 m，由 3 块巨梁组成，共 19 孔，最大孔径约 21.3 m，最大梁长 23.7 m，宽 1.7 m，高 1.9 m，重约 200 t。福建泉州洛阳桥（又名万安桥）是我国最长的石梁桥，如图 1-1 所示。该桥建于宋嘉祐四年，总长约 800 m，共 47 孔，位于汹涌澎湃的海口江面上，首次选用筏形基础并殖蛎固基技术，当属世界领先，被列为国家重点文物保护建筑。

图 1-1　福建泉州洛阳桥

建于中唐时期的苏州宝带桥，如图 1-2 所示，共 53 孔，全长 316.8 m，宛如千尺卧虹，建桥技术巧夺天工，是中国现存最长的条孔薄壁墩连拱桥。

图 1-2　苏州宝带桥

另外，中国还有许多著名的桥梁，如北京永定河上的卢沟桥、颐和园的玉带桥、苏州的枫桥、17 孔桥等。

在国外，桥梁的发展有其独特之处。西罗马帝国溃败以后，桥梁建设暂时停顿下来，直到 11~14 世纪才得以恢复，在这期间具有较大影响的桥梁并不多。受波斯、伊斯兰教的影响，尖拱桥也曾出现在欧洲，并传至大西洋沿岸。

中世纪的欧洲，其桥梁建设工程毫无建树。随着西方文艺复兴的到来，科学理论、施工方法和建筑设备都有了长足的进步。在当时桥梁被认为是城市建设的艺术品，而建桥工程师被认为是纪念碑的创造者。

意大利威尼斯的里奥托（Rialto）桥如图 1-3 所示，建于 1591 年，总长 48.2 m，宽 22.95 m，净跨 27 m，矢高 6.38 m，两旁店铺间留有通道，每排 6 间店，共 24 间店。桥中央有横道，拱顶连接通道与两旁人行道，组成拱廊。人行道在最外面，支撑于牛腿上，桥面整体呈陡坡。人行道用大理石做台阶，两旁有精美护栏，内拱为 1/3 圆弧，拱圈和肩墙以天使像做装饰，雕板皆为大理石。桥头有台阶，与人行道相通且呈拱廊，所有线条搭配和谐且赏心悦目。

图 1-3　意大利威尼斯里奥托桥

二、国外近现代桥梁

科学技术和经济发展对桥梁建设的影响很大。18 世纪中叶，欧洲工业革命加速了工程技术的进步，高性能建筑材料的革新促进了桥梁事业的大发展。钢材的出现解决了建桥材料的强度问题，也平衡了跨径和造价问题，极大地促进了桥梁建设的进程。这也标志着只利用天然材料筑桥时代的结束，从此桥梁建设踏上了现代化发展轨道。

始建于 1886 年的伦敦塔桥，如图 1-4 所示，是英国伦敦泰晤士河上的一座桥，也是伦敦的象征，有"伦敦正门"之称，于 1894 年对公众开放，将伦敦南北区连接成整体。伦敦塔桥是一座吊桥，最初为一木桥，后改为石桥，现在为 6 车道水泥结构桥。河中的两座桥基高 7.6 m，间距 76 m，桥基上建有两座高 43.455 m 的方形主塔，两座主塔上建有白色大理石屋顶和 5 个小尖塔，远看仿佛两顶王冠。两塔之间的跨度约 60 m，塔基和两岸用钢缆吊桥相连。桥身分为上、下两层，上层为宽阔的悬空人行道，两侧装有玻璃窗，行人从桥上通过时，可以饱览泰晤士河两岸的美丽风光，下层可供车辆通行。当泰晤士河上有万吨船只通过时，主塔内机器启动，桥身慢慢分开，向上折起，待船只过后，桥身慢慢落下，恢复车辆通行。两块活动桥面各自重达 1 000 t。从远处观望塔桥，双塔高耸，极为壮丽。桥塔内设博物馆、展览厅、商店、酒吧等。登塔远眺，可尽情欣赏泰晤士河十里风光。若遇薄雾锁桥，景观更为一绝，雾锁塔桥是伦敦胜景之一。

图 1-4　伦敦塔桥

悬索桥是能够充分发挥钢材优越性的一种桥型。美国从 19 世纪下半叶到 20 世纪上半叶修建了许多悬索桥，其中美国旧金山金门（Golden Gate）大桥堪称这一时期世界桥梁的杰作，如图 1-5 所示。该桥位于西海岸旧金山和马林半岛之间宽 1 900 m 的金门海峡之上，是世界著名的桥梁之一，当属近代桥梁工程的一项奇迹。该大桥于 1933 年 1 月动工，1937 年 5 月竣工，历时 4 年，耗资达 3 550 万美元。整个大桥造型宏伟壮观、朴素无华。桥身呈朱红色，横卧于碧海白浪之上，华灯初放，流光溢彩，如巨龙凌空，使旧金山市的夜空景色更加壮丽。人们说美丽雄伟的地方需要修建美丽宏伟的大桥来衬托，金门大桥达到了这个水准。1 280 m 的主跨，227.4 m 的塔柱，精致的结构细节设计，使它成为一座地标性建筑。

图 1-5　美国旧金山金门大桥

英国于 1980 年底建成的亨伯尔（Humber）桥，主跨径为 1 410 m，雄踞当时世界悬索桥之冠。1998 年丹麦的大贝尔特（Great Belt）桥落成通车，其主跨径为 1 624 m，堪称英式悬索桥之典范。

日本于 1998 年建成的明石海峡（Akashi Kaikyo）大桥，全长 3 910 m，最大跨径达到

1 990 m，为三跨二铰加劲桁梁式悬索桥，按双向 6 车道设计，是当时世界上跨径最大的悬索桥。

斜拉桥是一种高次超静定结构体系。每根拉索相当于弹性支撑，从而使桥梁跨越能力大大增加。世界上第一座具有钢筋混凝土主梁的斜拉桥是 1925 年西班牙修建的水道桥。1962 年委内瑞拉建成宏伟的马拉卡波湖大桥，开辟了现代大跨度预应力斜拉桥的复兴之路。1995 年，法国建成当时世界跨径最大的斜拉桥——诺曼底（Normandy）大桥，如图 1-6 所示，该桥跨越塞纳河入海口，全长 2 141.25 m，主跨达 856 m。

图 1-6 法国诺曼底大桥

世界上第一座现代化斜拉桥，是 1955 年瑞典建成的斯特罗姆海峡大桥，主跨为182.6 m。1978 年美国建成跨径为 299 m 的 P-K 大桥，是世界上第一座密索体系预应力混凝土斜拉桥。日本在斜拉桥方面也取得了令世人瞩目的成就。1999 年建成的多多罗（Tataro）大桥，主跨为 890 m，其跨径超过当时诺曼底大桥，位居世界第一。

随着炼钢技术的发展，钢结构也被应用到拱桥上。钢筋混凝土拱桥的兴起，推动了拱桥向更大跨径发展。位于克罗地亚首都萨格勒布西南的克尔克（Krk）大桥，如图 1-7 所示，跨度达到 390 m，该桥首次采用无支架悬臂施工法。目前，该方法在大跨度拱桥施工中被广泛采用。19 世纪下半叶至 20 世纪初，欧洲修建了许多大跨径的钢拱桥，拱桥便成为跨径仅次于悬索桥和斜拉桥的桥梁形式。20 世纪 30 年代美国纽约修建的贝永桥，是跨径为503.6 m 的钢拱桥。

图 1-7 克罗地亚克尔克大桥

著名的澳大利亚悉尼港湾(Sydney Harbour)大桥，跨径 503 m，是一座中承式钢桁架拱桥，建于 1932 年，如图 1-8 所示。

图 1-8　澳大利亚悉尼港湾大桥

于 2005 年 12 月通车的法国米约(Millau)大桥，因坐落在法国西南部的米约市而得名。它是一座斜拉桥，全长达 2 460 m，只用 7 个桥墩支撑，其中 2、3 号桥墩分别高达 245 m和 220 m，是当时世界上最高的两个桥墩。如果算上桥墩上方用于支撑斜拉索的桥塔，最高的一个桥墩则可达到 343 m。为了保证施工的精确性，建桥过程中使用了世界最先进的卫星定位测量系统。大桥历时 3 年建成，建筑垂直误差不超过 5 mm。由于米约大桥仅用了 7 个桥墩，这使桥体在空中显得像一只蝴蝶般轻盈，引来人们阵阵赞叹。人造的工程必须与大自然融合，支柱看起来像从地上长出来的。米约大桥的建造材料比普通大桥的要轻，这使它兼具了钢性和弹性。遇到超强大风、地震以及发生热胀冷缩效应时，更显它柔韧之处。

俄罗斯于 2008 年在海参崴(Vladivostok)修建了当时世界上最长的斜拉桥，如图 1-9 所示。该桥全长 3 150 m，于 2012 年 7 月投入使用。主桥长 1 104 m，桥塔高 321 m，桥面竖直通航净空 70 m，大直径钻孔桩基础延深至 77 m。

图 1-9　俄罗斯海参崴大桥

苏格兰的昆斯费里大桥(Queensferry Crossing)坐落于爱丁堡附近的福斯海湾，总长2 700 m，主跨 650 m，塔高 210 m，是世界上最长的多跨中央索面斜拉桥。大桥于 2017 年建成通车，是苏格兰历史上最大的一项基础设施建设项目，造价达 13.5 亿英镑。昆斯费里大桥的设计和建造历时六年半，这是一个令人印象深刻的破纪录结构，该桥融合了多项设计创新，并提供了一条快速、可靠的通行路线，在任何天气条件下都能保持开放状态。该项目的成功既要归功于设计和建造，也要归功于授权和批准的计划和管理。在政治和社会期望高、预算紧张、交通运输状况日益恶化的背景下，昆斯费里大桥是横跨福斯海湾上的一系列桥梁中的最新成员，该桥梁代表了三个世纪以来土木工程的成就，每一座桥梁都反映了当时的技术水平。

三、我国近现代桥梁

我国作为世界四大文明古国之一，其古代的桥梁建设取得了辉煌的成就，建造了一大批闻名于世的桥梁。

中国近代桥梁主要是由外国人建造。津浦铁路济南铁路桥、京汉铁路郑州铁路桥和兰州市黄河桥，以及上海、天津、广州等大城市中的一些桥梁，无一不是由洋商承建的。只有少数桥梁是由国人自行建造的，如茅以升先生主持兴建的杭州钱塘江大桥等。当时水平最高的中国桥梁工程队伍当推由赵祖康先生领导的上海市工务局，他们在新中国成立前已设计建造了几座跨苏州河的钢筋混凝土悬臂梁桥，至今仍发挥作用。

新中国成立后，随着国力的强盛、经济的发展、科技的进步，我国桥梁事业的发展更是突飞猛进。

1957 年 10 月建成的武汉长江大桥，如图 1-10 所示，是新中国第一座横跨长江的桥梁，该桥打通了被长江隔断的京汉、粤汉两条铁路，形成完整的京广线，真是"一桥飞架南北，天堑变通途"。大桥为公铁两用桥，上层为公路桥，宽 22.5 m，双向 4 车道，两侧有人行道，从基底至公路桥面高达 80 m；下层为双线铁路桥，宽 14.5 m，两列火车可同时对开。全桥总长 1 670 m，其中正桥长 1 156 m，正桥的两端设有民族风格的桥头堡，西北岸引桥长 303 m，东南岸引桥长 211 m。

图 1-10 武汉长江大桥

1968 年 12 月，我国又建成了南京长江大桥，这是我国自主设计、建造的现代化公铁两用桥梁。南京长江大桥是继武汉长江大桥、重庆白沙陀长江大桥之后的第三座跨越长江的大桥，包括引桥在内，铁路桥全长 6 772 m，公路桥全长 4 589 m，正桥除北岸第一孔为 128 m 的简支钢桁梁，其余为 9 孔三联，每孔是 3×160 m 的连续钢桁梁。南京长江大桥的建成显示出我国高水平的建桥技术，同时也是我国桥梁史上的一座里程碑。

2000 年 7 月建成的山西晋城丹河大桥，位于太行山脉南端，桥梁全长 425.6 m，其跨径组合为 2×30 m＋146 m＋5×30 m，主孔净跨径 146 m、净矢高 32.44 m。桥面宽度 24.8 m，桥梁高度 80.6 m。桥梁栏杆由 200 多幅表现晋城市历史文化的石雕图画与近 300 个传统的石狮子组成，体现了现代与传统文明的气质。大桥采用全空腹式变截面悬链线无铰石板拱结构。为减轻拱上建筑重量，增加结构的透视与美学效果，腹拱墩采用横向挖空形式。腹拱采用边孔设三铰拱、跨中设置变形缝的构造形式，是一座典型的传统与现代完美结合的拱桥。

2003 年 6 月建成的上海卢浦大桥，位于上海市卢湾区与浦东新区之间的黄浦江上。卢浦大桥全长 3 900 m，主拱桥长 550 m，拱顶高出江面 100 m，建成时曾经号称"世界第一拱"。该桥于 2009 年 4 月被重庆朝天门长江大桥超越，但仍然不减风采。

2006 年 8 月竣工通车的重庆石板坡长江大桥复线桥，桥梁全长 1 103.5 m，宽 19 m，该桥采用连续混合刚构体系，为单向 4 车道，设计日通行能力 8 万辆，耗资 4.28 亿元。桥跨完全满足长江通航和泄洪要求，结构安全可靠、造型美观，与周围环境协调一致，是重庆一大特色景点。每当夜幕来临，该桥犹如气势恢宏的长龙跨过长江水面，给人以旷达、豪迈之感。复线桥与原桥相距仅 5 m，由于两桥相距很近，出于美观考虑，复线桥总体造型与原桥保持一致，均为连续刚构。复线桥设计为 7 个桥墩，后经航道专家论证，考虑到三峡的通航要求，会产生"卷道效应"，不得不将主跨之间的 6 号桥墩去掉。这样使 5 号和 7 号桥墩的跨度达到 330 m，复线桥便成为世界上同类结构桥梁中跨径最大的预应力混凝土梁桥。由于两桥相距"亲密"，构成双桥过江的奇特美景，两座桥梁也被称为"姊妹桥"。

进入 21 世纪，我国和境外公司的合作日益密切，一些大跨径的桥梁和跨海工程需要依靠大型先进的进口设备才能使工程顺利进行。另外一些大桥指挥部也积极邀请国外知名专家担当技术顾问，对重要环节和关键技术进行现场指导和把关，例如东海大桥、苏通大桥、杭州湾大桥等。境外公司富有创意的设计理念得到我们的认可，这种积极的交流合作对中国桥梁界的发展和进步十分有益。

2008 年 6 月建成的苏通大桥，路线全长 32.4 km，如图 1-11 所示，该桥主要由跨江大桥和南、北岸接线三部分组成，其中跨江大桥长 8 146 m，北接线长约 15.1 km，南接线长约 9.2 km。跨江大桥由主跨 1 088 m 的双塔斜拉桥及辅桥和引桥组成，是当时世界上最大跨径的斜拉桥，主塔高达 300.4 m。苏通大桥的建设在技术方面极具挑战性，是我国建桥史上建设标准最高、技术最复杂、科技含量最高的现代化特大型桥梁工程之一。

图 1-11　苏通大桥

改革开放以来，我国的桥梁建设在规模和速度上都令世人赞叹，而在匆忙建设过程中是否考虑过桥梁美学概念、建设的桥梁能否给人以美感，这些问题都值得我们去深入思考。过去我们的设计方针是：适用、经济，在许可条件下兼顾美观。随着我国社会经济的发展，人民生活水平的逐步改善，对环境景观的要求不断提高，对美的追求也日益增强。

基于这些原因，我国现在把设计原则修订为"安全、适用、经济、美观"。另外还要考虑可施工性、可养护性、全寿命性等因素。近年来，节约资源、保护环境的可持续发展工程的理念也得到了重视。

2008 年 5 月建成通车的杭州湾跨海大桥，如图 1-12 所示，是一座横跨中国杭州湾海域的跨海大桥。它北起浙江嘉兴海盐郑家埭，南至宁波慈溪水路湾，全长 36 km，是当时世界上最长的跨海大桥。杭州湾跨海大桥按双向 6 车道高速公路设计，设计速度为 100 km/h，设计使用年限为 100 年，总投资约 118 亿元。大桥设南、北两个航道，其中南航道桥为主跨 318 m 的 A 型单塔双索面钢箱梁斜拉桥，通航标准 3 000 t；北航道桥为主跨 448 m 的钻石型双塔双索面钢箱梁斜拉桥，通航标准 35 000 t。

图 1-12 杭州湾跨海大桥

杭州湾跨海大桥在设计中首次引入了景观设计的概念。景观设计师们借助西湖苏堤"长桥卧波"的美学理念，兼顾杭州湾水文环境特点，结合行车时司机和乘客的心理因素，确定了大桥总体布置原则。整座大桥平面呈 S 形曲线，总体观看线形优美、生动活泼。从侧面看，在南北航道的通航孔桥处各呈一拱形，具有起伏跌宕的立体形状。

2009 年 4 月通车的重庆朝天门长江大桥，如图 1-13 所示，位于长江上游重庆主城区，西连江北青草坝，东接南岸王家沱。大桥全长 1 741 m，仅有两座主墩，主跨达 552 m，为当时世界上最长的拱桥，超越上海的卢浦大桥，比世界著名拱桥——澳大利亚悉尼港湾大桥的主跨还要长，成为"世界第一拱桥"。大桥最终选取了简洁大气的钢桁架拱桥形式，为重庆市民全民投票决定的，这也是全国第一座由全体市民投票决定造桥方案的长江大桥。

图 1-13 重庆朝天门长江大桥

当夜幕降临，华灯初上之时，站在朝天门长江大桥上放眼望去，可见岸上万家灯火如璀璨群星，熠熠生辉。长江干流和嘉陵江在朝天门汇合，流急涡旋，犹如野马奔腾，滚滚东去，气势雄壮。建成后的重庆朝天门长江大桥分为上下两层，上层为双向6车道，行人可经两侧人行道过桥；下层则是双向轻轨轨道，并在两侧预留了两个车行道，可满足今后大桥车流量增大的需求。

2009年12月竣工通车的武汉天兴洲长江大桥，是一座双塔三索面三主桁公铁两用斜拉桥。该桥主桥长4 657 m，主跨504 m，它超越丹麦海峡大桥成为当今世界公铁两用斜拉桥中跨度最大的桥梁，公路引线全长8 043 m，铁路引线全长60 300 m。大桥位于武汉长江二桥下游10 km处，西北起于汉口平安铺，东南止于武昌武青主干道，全桥共91个桥墩，总投资约110亿余元，是继武汉长江大桥之后我国第二座公铁两用斜拉桥。该桥也是中国第一座能够满足高速铁路运营的大跨度斜拉桥。大桥下层路面铺设4条铁路客运专线，设计速度为200 km/h；上层为6车道公路，设计速度为80 km/h。主桁宽度30 m，位居当时世界同类桥梁第一。公路桥面采用正交异性板和混凝土板结合体系，铁路桥面采用混凝土道碴槽板结合体系，大桥可以同时承载两万吨的荷载。

2011年1月建成通车的南京大胜关长江大桥，是京沪高速铁路和沪汉蓉铁路的一座跨江通道，同时搭载双线地铁，为六线铁路桥，如图1-14所示。大桥全长9.27 km，采用双孔通航的三桁承重六跨连续钢桁拱桥结构，跨径组合为109 m+192 m+2×336 m+192 m。双主跨连拱为世界同类型跨度最大的高速铁路桥，三个主墩基础采用46根φ2.8~3.2 m的钻孔桩基础，通航净高32 m，能够确保万吨级船舶顺利过江。该长江大桥具有体量大、跨度大、荷载大、速度高"三大一高"的显著特点。该大桥是世界首座六线铁路大桥，钢结构总量高达36万t，混凝土总量达到了122万m³，仅一个桥墩就有七个篮球场大。设计荷载为六线轨道交通，支座最大反力达1.8万t，是当时世界上设计荷载最大的高速铁路大桥。

图1-14　南京大胜关长江大桥

南京大胜关长江大桥建成后，可以同时通行六列列车，其中京沪高速铁路设计速度达300 km/h，位居高速铁路大跨度桥梁世界领先水平。沪汉蓉铁路客车设计速度为200 km/h，地铁设计速度为80 km/h。大桥坡度仅为1.4‰，既能确保高速列车爬坡的安全性，又增加了旅客的舒适性。引桥之所以长达7 658 m，就是为了减小桥梁整体坡度。

2011年12月通车的武汉二七长江大桥是武汉第七座长江大桥，主桥通航孔采用三塔斜拉桥方案，两个主跨均为616 m，是世界上最大跨度的三塔结合梁斜拉桥。引桥采用高架桥方案，桥梁总长约6.5 km，桥塔高205 m，是武汉市主塔最高的桥梁。三塔斜拉桥线型流畅、造型优美，等高的三塔蕴含武汉"三镇"之意。

2012年3月建成通车的湖南湘西矮寨塔梁分离式特大悬索桥，桥型方案为钢桁加劲梁单跨悬索桥，矮寨大桥线路全长 1 779 m，主桥全长 1 414 m，采用(113+1 228+73) m 跨径布置，如图 1-15 所示。该桥跨越矮寨大峡谷，主跨居世界同类桥梁第三、亚洲第一，首次采用轨索移梁工艺进行主桁梁架设。相对于桥面吊机拼装方案，该方案可大大减少钢桁梁的高空拼装作业，既可缩短工期和节约投资，又能保证施工安全和施工质量。

图 1-15　湘西矮寨塔梁分离式特大悬索桥

由于湘西矮寨桥使用了塔梁分离式悬索桥结构，该结构使钢桁梁长度小于主塔中心距，主缆存在无吊索区，这样就会出现吊索卸载应力为零的情况，对大桥的钢桁梁受力将产生不利影响。因此，大桥首次在悬索桥上采用大型岩锚吊索结构。吉首岸设置一对岩锚吊索，茶峒岸设置两对岩锚吊索，岩锚吊索作为调节器，使主梁受力平衡。

另外，湘西矮寨桥首次采用碳纤维预应力索对岩锚底座进行锚固，将岩锚吊索所受的拉力传至地面岩体上。常规岩锚索预应力筋材采用钢绞线，矮寨大桥根据试验研究采用高性能碳纤维作为预应力筋材。与传统钢绞线相比，碳纤维材料具有重量轻、强度高、耐腐蚀的特点，为桥梁安全提供了充分的保障。

2012 年 4 月竣工的四川雅(安)泸(沽)高速公路干海子大桥，是世界上同类型桥梁中最长的钢管桁架梁公路桥，它标志着我国艰险山区高速公路建设的科学研究与施工水平取得了重大突破。桥梁全长 1 811 m，桥宽 24.5 m，共 36 跨。它在世界上首次采用钢管混凝土桁架桥梁和钢管格构桥墩，最长的连续梁达 1 044.7 m，最高桥墩 107 m。大桥的主体结构全部采用了钢纤维混凝土，在世界桥梁建设史上尚属首例。

2012 年 5 月竣工的海即跨海大桥，是山东滨海公路海阳至即墨段的跨海工程，位于黄海与丁字湾交汇的丁字河口处，它使青岛至海阳的车程缩短到不足 1 h。大桥采用双塔双索面混凝土斜拉桥体系，桥面宽度 24.5 m，双向 4 车道，主桥跨径为 376 m，总跨度约 3.3 km，其中烟台海阳段 2.17 km，青岛即墨段 1.13 km。

2018 年 10 月 23 日，世界上最长的跨海大桥——全长 55 km 的港珠澳大桥正式开通，如图 1-16 所示。港珠澳大桥跨越珠江口伶仃洋海域，是连接香港、珠海及澳门的大型跨海通道。工程建设内容包括：港珠澳大桥经济地理辐射带、珠澳大桥主体工程、香港口岸、珠海口岸、澳门口岸、香港接线以及珠海接线等。大桥主体工程采用桥隧组合方式，全长约 29.6 km，海底隧道长约 6.7 km。据悉，港珠澳大桥是我国交通建设史上技术最复杂、施工难度最大、工程规模最庞大的桥梁。该桥设计年限首次达到 120 年，总投资 700 多亿。港珠澳大桥是中国首座涉及"一国两制"三地的世界级跨海大桥，协调难度前所未有，大桥着陆点、桥型线位、口岸模式、融资安排等成为三方博弈的四大焦点。

图 1-16　港珠澳大桥

"港珠澳大桥是世界上最长的钢结构桥梁，仅主体工程的主梁钢板用量就达到 42 万吨，相当于 10 个'鸟巢'体育场或 60 座埃菲尔铁塔的重量。"港珠澳大桥总设计师孟凡超表示，港珠澳大桥的高质量建成是国家经济实力和社会发展上升到新的历史阶段的重要标志。也可以说，是国家的综合经济实力和社会发展成就支撑了港珠澳大桥的高质量建设。

第二节　桥梁的组成及分类

桥梁是技术比较复杂和施工难度比较大的土木工程建筑，在公路建设中通常称为构造物，设计和施工都有其特殊的规定和要求，为适应各方面管理的需要，下面对桥梁的组成及分类进行简要的介绍。

一、桥梁的组成

为了跨越各种障碍(如河流、沟谷或其他线路等)，必须修建各种类型的桥梁与涵洞，一般桥梁通常是由上部结构、下部结构、支座和附属设施四个部分组成的。

上部结构包括承重结构、桥面铺装和人行道三大部分，由于桥梁有梁式、拱式等不同的基本结构体系，故其承重结构的组成各不相同。承重结构主要指梁和拱圈及其组合体系部分，它是在路线中断时跨越障碍的承载结构。桥面铺装包括混凝土三角垫层，防水混凝土或沥青混凝土面层，泄水管和伸缩缝等。当拱桥且拱上有土石填料时，还应包括与路线同样的路面结构的垫层和基层。人行道包括人行道板和缘石或安全带，以及栏杆扶手等。高等级公路上的桥梁，如设有防撞护栏者，也属上部结构范围。

桥梁的下部结构包括桥台和桥墩，它是支撑桥跨结构并将恒载和车辆等荷载传至基础的建筑物。将桥梁墩、台所承受的各种荷载传递到地基上的结构物，通常称为基础，它是确保桥梁安全使用的关键部位，有扩大基础、桩基础和沉井基础等不同的结构形式。随着桥梁技术的不断发展，一些新的基础形式也逐渐在桥梁工程中得到应用。

支座是梁桥中在桥跨结构与桥墩或桥台的支承处所设置的传力装置，它不仅要传递很大的作用效应，并且要保证桥跨结构能产生一定的位移。

在路堤与桥台衔接处，一般还在桥台两侧设置砌筑的锥形护坡，以保证路堤迎水部分边坡的稳定。

在桥梁建筑工程中，除了上述基本结构外，根据需要还常常修筑护岸、导流结构物等附属工程。

二、桥梁的分类

1. 按建设规模大小分类

该分类主要是以桥的长度和跨径的大小作为划分依据，分为特大桥、大桥、中桥、小桥。

2. 按桥梁结构类型分类

桥梁上部结构形式虽多种多样，但按其受力构件，总离不开弯、压和拉三种基本受力方式。由基本构件所组成的各种结构物，在力学上可归纳为梁式、拱式、悬吊式三种基本体系以及它们之间的各种组合。

（1）梁式桥。梁式桥是一种在竖向荷载作用下无水平反力的结构，其主要承重构件是梁，由于外力的作用方向与梁的轴线趋近于垂直，因此外力对主梁的弯折破坏作用特别大，故属于受弯构件。它与同样跨径的其他结构体系相比，梁内产生的弯矩最大，所以，需要用抗弯能力较强的钢筋混凝土或预应力混凝土等材料来修建。梁式桥按其受力特点，可分为简支梁、连续梁和悬臂梁。若就其构造形式而言，则有矩形板、空心板、T形梁、工形梁、箱形梁、桁架梁等不同构造形式。其中T形梁和工形梁又称为肋形梁。目前在工程建设中应用较广的是钢筋混凝土和预应力混凝土的简支梁和连续梁。

（2）拱式桥。拱式桥的主要承重结构是拱圈或拱肋，在竖向荷载作用下，拱的支承处会产生水平推力。由于水平推力的作用，使荷载在拱圈或拱肋内所产生的弯矩比同跨径的梁要小得多，而拱圈或拱肋主要是承受轴向压力，故属于受压构件。因此，通常利用抗压性能较好的圬工和钢筋混凝土等建筑材料来修建。同时应当注意，为了确保拱桥能安全使用，下部结构和地基必须能经受住很大水平推力的作用。

（3）刚架桥。刚架桥的主要承重结构是梁或板和立柱或竖墙整体在一起的刚架结构，梁和柱的连接处具有很大的刚性。在竖向荷载作用下，梁部主要受弯，而在柱脚处也具有水平反力，其受力状态介于桥梁和拱桥之间。因此，对于同样路径且在相同荷载作用下，刚架桥的跨中正弯矩要比一般梁桥小，相应地，其跨中的建筑高度就可以做得较矮。刚架桥的缺点是施工比较困难，且梁柱刚结处容易开裂。目前，在公路桥梁中属于刚架结构体系中采用较多的桥型有T型刚构桥、连续刚构桥及刚构—连续组合梁桥等。

（4）悬索桥。悬索桥又称吊桥，桥梁的主要承重结构由桥塔和悬挂在塔上的缆索及吊索、加劲梁和锚碇结构组成。荷载由加劲梁承受，并通过吊索将其传至主缆。主缆是主要的承重结构，但其仅承受拉力。这种桥型充分发挥了高强钢缆的抗拉性能，使其结构自重较轻，该桥型能以较小的建筑高度跨越其他任何桥型无法比拟的特大跨度，是目前单跨超过千米的唯一桥型。

（5）组合体系桥。根据结构受力特点，由几个不同体系的结构组合而成的桥梁称为组合体系桥。其实质不外乎利用梁、拱、吊三种不同组合，上吊下撑以形成新的结构。组合体系桥一般均可采用钢筋混凝土来建造。对于大跨径桥梁以采用预应力混凝土或钢结构修建为宜。一般来讲，这种桥梁的施工工艺比较复杂。斜拉桥就是一种有代表性而又广泛应用的组合体系桥。

3. 按用途分类

有公路桥、铁路桥、公路铁路两用桥、城市桥、渡水桥、人行天桥和马桥，以及其他专用桥梁等。

4. 按承重结构所用建筑材料分类

有圬工桥、钢筋混凝土桥、预应力混凝土桥、钢桥和木桥等。

5. 按跨越障碍物的性质分类

有跨河桥、跨线桥和高架桥等。高架桥一般是指跨越深沟峡谷以代替高填路堤的桥梁或在大城市中的原有道路之上另行修建快速车行道的桥梁，以解决交通拥挤的矛盾。

6. 按上部结构行车道的位置分类

有上承式、下承式和中承式三种。桥面布置在主要承重结构之上者，称为上承式桥；桥面布置在承重结构之下的称为下承式桥；桥面布置在桥跨结构高度中间的称为中承式桥。以上除固定式桥梁外，有时根据建设环境和使用要求，还有开合桥、浮桥和漫水桥等形式的桥梁。

第三节　桥梁施工概述

一、桥梁施工方法的发展

随着世界各国技术、经济的进步，交通事业有了很大的发展，交通量的猛增和人们物质文化水平的提高，对道路和桥梁的要求也越来越高，就桥梁而言主要表现为：

（1）对桥梁功能的要求越来越高。例如，桥梁的跨越能力、通过能力、承载能力及行车的舒适性等要求日益提高。

（2）对桥梁造型的艺术要求越来越高。特别是城市桥梁，往往作为城市的象征，其建筑造型成为重要的评价指标。

（3）对桥梁的环保要求越来越高。例如，对行车污染和噪声的限制等。

（4）对桥梁的施工速度、施工质量和施工管理水平的要求普遍提高，施工中普遍采用大型施工机具、设备以加快施工速度。

桥梁设计与施工应尽量满足经济实效、技术先进、安全舒适、美观实用、快速优质的要求。当前，桥梁施工技术的发展和进步主要表现在以下几个方面：

（1）对于中小跨径的桥梁构件更多地考虑了工厂（现场）预制，采用标准化设计的装配式结构。该结构有助于提高工业化的施工程度，施工质量高、速度快。目前，我国在简支体系的桥梁中普遍采用装配式结构。

（2）悬臂施工技术在大跨径桥梁中得到普遍应用，其施工效率较高，特别是预应力混凝土结构，可以充分利用预应力结构的受力特点，而得以迅速发展。

（3）桥梁机具设备向着大功能、高效率和自动控制的方向发展，尤其是深水基础的施工机具、大型起吊设备、长大构件的运输装置、大吨位的预应力张拉设备、大型移动模架等。这些施工设备对加快施工速度和提高施工效率起着重要的作用。

(4)依据桥梁结构的体系、跨径、材料和结构的受力状况可以更方便、合理地选择最合适的施工方法。桥梁施工技术的发展，能够更好地满足设计的要求，桥梁设计与施工之间的关系更加密切。

(5)桥梁施工应积极推广使用经过鉴定的新技术、新工艺、新结构、新材料、新设备。施工中做到安全生产、文明施工，减少环境污染，严格执行施工技术规范及有关操作规程。

二、桥梁施工与各因素的关系

桥梁施工包括合理选择施工方法，进行必要的施工验算，选择或设计、制作施工机具设备，选购与运输建筑材料，安排水、电、动力、生活设施以及施工计划、组织与管理等方面的工作。由于影响桥梁施工的因素很多，这就要求桥梁施工中应合理处理好各种因素，确保桥梁施工顺利进行。

1. 施工与设计的关系

桥梁施工与设计有着密切的关系，特别是对于体系复杂的桥梁，往往不能一次按图纸完成结构施工，需要进行施工中的体系转化。因此在考虑设计方案时，要考虑施工的可行性、经济性和合理性；在技术设计中要计算施工各阶段的强度(应力)、变形和稳定性，桥梁设计要同时满足施工阶段和运营阶段的各项要求。在施工中，通过各种途径来校核与验证设计的准确性，形成设计与施工相互配合、相互约束、不断发展的关系。

桥梁施工应严格按照设计图纸完成。在施工之前，施工人员应对设计图纸、说明书、工程预算及施工计划和有关的技术文件进行详细的研究，掌握设计的内容和要求。根据施工现场的情况，确定施工方案，编制施工计划，购置施工设备和材料进行施工。

2. 施工与工程造价的关系

近年来，在国内外桥梁工程建设中，材料费用在整个工程造价中的比例有所下降，而施工费和劳动力工资所占的比例在不断上升，特别是特大跨径和结构比较复杂的桥梁尤其显著。因此施工费用对工程造价起着举足轻重的作用。

影响桥梁施工费用的主要因素是构件的制造费用、架设费用和工期。桥梁施工是将大量的原材料进行运输、制作和拼装，要使用大量的劳动力和机具进行长时间的野外作业，为了缩短工期，确保经济而又安全施工，则在桥梁设计中要充分考虑结构便于制作和架设；在施工中要制订周密的施工计划，缩短工期，减少施工管理费用，降低桥梁造价。另外，通过缩短工期，早日通车可以获得较大社会效益和经济效益。

为确保施工质量，加快施工速度，降低工程造价，应从以下几个方面加以考虑：

(1)提高施工队伍的素质，培养技术熟练、应变能力强的施工技术专业人员。

(2)提高施工机械化程度，做到机具设备配套，使用效率高。

(3)组织专业化施工，使技术力量、机具设备得到充分利用。

(4)加强施工的科学管理，做到文明施工，使工程质量、工期、费用处于最优的组合状态。

3. 施工与施工组织管理的关系

桥梁施工主要是指施工技术。在进行桥梁初步设计时就应确定工程的基本施工方法，在工程施工中，结合已有的机具设备和施工能力，制定各施工阶段的施工程序和施工文件。

桥梁施工组织管理是在施工管理上制订周密的施工计划，确保在规定的工期内优质地完成设计图纸所要求的内容，桥梁施工组织设计一般包括以下内容：

(1)编制依据。

(2)工程概况。

(3)施工准备工作及设计。

(4)各分部(项)工程的施工方案和施工方法。

(5)制定工程进度计划。根据合同条件及施工技术要求，依照工期及气象、水文等条件，制定分项、分部工程进度计划和整体进度计划，确保按期完工，它是施工组织管理的总纲领。

(6)安排人事劳务计划。根据各施工阶段的进度和施工内容，确保各阶段所需的技术人员、技工及劳务工的计划。同时确定工程管理机构和职能部门，各负其责。

(7)临时设施计划。根据施工进展情况，合理设置临时设施。生产性临时设施包括构件预制厂、施工便道(便桥)、运辖线路等；非生产性临时设施包括办公室、仓库、宿舍等。

(8)机具设备使用计划。该计划包括各施工阶段所需机具设备的种类、数量、使用时间等，以便制定机具设备的购置、制作和调拨计划。

(9)材料及运输计划。根据总施工计划编制材料供应计划，安排材料、设备和物资的运输计划。

(10)工程财务管理。包括工程的预算、资金的使用概算、各种承包合同、施工定额、消耗定额等方面的管理。

(11)安全、质量与卫生管理(文明施工)。桥梁的施工技术与组织管理在内容上是有区别的，但在实际工作中的关系是密切的。施工技术是保证工程能按照设计进行施工，而只有严格的组织管理才能圆满地按照承包合同完成施工任务。

三、桥梁施工方法选择

选择桥梁的施工方法，应充分考虑桥位处的地形、环境，安装方法的安全性、经济条件和施工速度。因此在进行桥梁设计时需详细调查桥位现场条件，掌握现场的地理环境、地质、气象水文条件。施工现场的条件不仅为选择正确、合理的施工方法提供依据，同时还直接影响桥型方案的选择和布置。

在选择施工方法时，应根据以下条件综合考虑。

(1)使用条件。选择施工方法时应考虑桥梁的类型、跨径、桥梁高度、桥下净空要求、平面场地的限制、结构形式等。

(2)施工条件。主要考虑工期要求、起重能力和机具设备要求、施工期间是否封闭交通、临时设施选用、施工费用等。

(3)自然环境条件。主要考虑山区或平原、地质条件及软弱土层的状况、对河道和交通的影响。

(4)社会环境影响。对施工现场环境的社会影响包括公害、污染、景观影响，对现场的交通阻碍等。

各类桥梁可选择的主要施工方法可参照表1-1。

表 1-1　各类桥梁可选择的主要施工方法

	简支梁桥	悬臂梁桥	连续梁桥	刚架桥	拱桥	斜拉桥	悬索桥
现场浇筑	√	√	√	√	√	√	
预制安装	√	√			√	√	√
悬臂施工		√	√	√	√	√	√
转体施工			√	√	√	√	
顶推施工			√			√	
遂孔架设		√	√				
横移施工	√	√	√				√
提升与浮运施工	√	√	√			√	

四、桥梁施工的常备式结构

施工设备和机具是桥梁施工技术中的一个重要课题，施工设备和机具的优劣往往决定了桥梁施工技术的先进与否；反过来，桥梁施工技术的发展也要求各种施工设备和机具的不断更新和改造，以适应施工技术的发展。

现代大型桥梁施工设备和机具主要有：

（1）各种常备式结构，包括万能杆件、贝雷梁等。

（2）各种起重机具设备，包括千斤顶、吊机等。

（3）混凝土施工设备，包括拌和机、输送泵、振捣设备等。

（4）预应力锚具及张拉设备，包括张拉千斤顶、锚夹具、压浆设备等。

桥梁施工设备和机具种类繁多，在进行施工组织设计和规划时，应根据施工对象、工期要求、劳动力分布等情况，合理地选用和安排各种施工设备和机具，以期发挥其更大的功效和经济效益，确保高质量、高效率和安全如期完成施工任务。

此外，桥梁的施工实践证明，施工设备选用的正确与否，也是保证桥梁施工安全的一个重要条件，许多重大事故的发生，常常与施工设备陈旧或者使用不当有关。

常用的施工设备主要有如下几种。

1. 钢板桩

钢板桩用于开挖深基坑和水中进行桥梁墩台的基础施工，为了抵御坑壁的土压力和水压力，必须采用钢板桩，有时需做成钢板桩围堰。

2. 钢管脚手架（支架）

常用的钢管脚手架有扣件式、螺栓式和承插式三种。扣件式钢管脚手架的特点是拆装方便，搭设灵活，能适应结构物平、立面的变化；螺栓式钢管脚手架的基本构造形式与扣件式钢管脚手架大致相同，所不同的是用螺栓连接代替扣件连接；承插式钢管脚手架是在立杆上承插短管，在横杆上焊以插栓，用承插方式组装而成。钢管脚手架一般用于安装桥梁施工用模板、支架和拱架等临时设施。

3. 常备模板

常备模板主要包括拼装式钢模板、木模板和钢木组合模板，三种构造基本相同，整套模板均由底模、侧模和端模三部分组成。

整体式模板是预制工厂的常备结构，常用于桥梁预制厂进行标准定型构件的施工。特别是在中小跨径装配式简支梁(板)的预制施工中得到普遍应用。

4. 万能杆件

钢制万能杆件用于拼装桁架、墩架、塔架和龙门架等，作为桥梁墩台、索塔的施工脚手架，或作为吊车主梁以安装各种预制构件，必要时可以作为临时的桥梁墩台和桁架。万能杆件具有拆装容易、运输方便、利用率高、构件标准化、适应性强的特点。

目前我国桥梁施工中使用的万能杆件类型包括：甲型(M型)、乙型(N型)和西乙型。万能杆件一般由长弦杆、短弦杆、斜杆、立杆、斜撑、角钢、节点板等组成。

用万能杆件拼装桁架时，其高度分为2 m、4 m、6 m及以上。当高度为2 m时，腹杆为三角形；当高度为4 m时，腹杆为菱形；当高度超过6 m时，腹杆为多斜杆形。

5. 贝雷梁

贝雷梁有进口和国产两种规格。国产贝雷梁其桁节用16锰钢，销子用铬锰钛钢，插销用钢制造，焊条用T505 X型，桥面板和护轮用松木或杉木。

装配式公路钢桥为半穿式桥梁，其主梁由每节3 m长的贝雷桁架用销子连接而成。两边主梁间用横梁联系，每节桁架的下弦杆上设置2根横梁，横梁上放置4组纵梁，靠边搁置的2组纵梁为有扣纵梁。纵梁上铺木质桥面板，用扣纵梁上的扣子固定桥面板的位置。桥面板的两端安设护轮木，用护木螺栓通过护轮木长方孔与纵梁扣子相连接，将桥面板压紧在纵梁上。

为增加贝雷桁架的强度，主梁可以数排并列或双层叠放，如图1-17所示。各种组合的贝雷桁架习惯先"排"后"层"称呼。

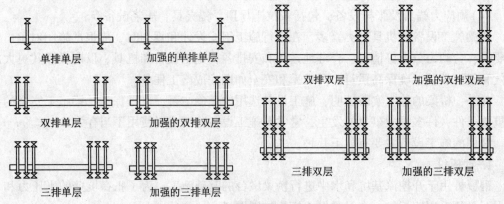

单排单层　加强的单排单层　双排双层　加强的双排双层

双排单层　加强的双排双层

三排单层　加强的三排单层　三排双层　加强的三排双层

图1-17　各种贝雷桁架组合图

6. 施工挂篮

施工挂篮是悬臂施工必需的施工设备。施工挂篮可采用万能杆件、贝雷梁等构件拼装而成。

挂篮设计应满足自重轻、充分利用常备构件、结构简单、受力明确、运行方便、坚固稳定、便于装拆、工艺操作安全、方便等条件。

施工时应注意挂篮在移动时及浇筑混凝土时的安全度。挂篮的移动和装拆是借助于卷扬机来进行的。卷扬机设于主桁架的后侧，如图1-18所示为挂篮示意图。辅助设备还包括锚固系、平衡重、台车系、张拉平台和模板梁等。

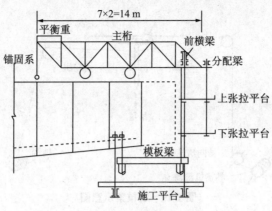

图 1-18　挂篮示意图

五、桥梁施工的主要机具设备

(一)起重设备

1. 龙门架

龙门架是一种最常见的垂直起吊设备。在龙门架顶横梁上设行车时，可横向运输重物、构件；在龙门架两腿下缘设有滚轮并置于铁轨上时，可在轨道上纵向运输；如在两腿下缘设有转向的滚轮时，可在任何方向实现水平运输。龙门架通常设于构件预制场，进行构件的移运和施工材料、施工设备的运输，或设在桥墩顶、墩旁安装梁体。常见的龙门架种类有钢木混合龙门架、拐脚龙门架和装配式钢桁架(贝雷)拼装的龙门架。

2. 浮吊

在通航河流上修建桥梁，浮吊船是重要的工作船。常用的浮吊有铁驳轮船浮吊和用木船、型钢及人字扒杆等拼成的简易浮吊。

3. 缆索起重机

缆索起重机适用于高差较大的垂直吊装和架空纵向运输，吊运量从几吨到几十吨，纵向运距从几十米到几百米。

缆索起重机是由主索、天线滑车、起重索、牵引索、起重及牵引绞车、主索地锚、塔架、风缆、主索平衡滑轮、电动卷扬机、手摇绞车、链滑车及各种滑轮等部件组成。在吊装拱桥时，缆索吊装系统除了上述部件外，还有扣索、扣索排架、扣索地锚、扣索绞车等部件。

(1)主索。主索亦称承重索或运输天线。它横跨桥墩，支承在两侧塔架的索鞍上，两端锚固于地锚。吊运构件的行车支承于主索上。

(2)起重索。起重索主要用于控制吊装构件的升降(即垂直运输)，一端与卷扬机滚筒相连，另一端固定于对岸的地锚上。当行车在主索上沿桥跨往复运行时，可保持行车与吊钩间的起重索长度不随行车的移动而变化，如图 1-19 所示为起重索示意图。

(3)牵引索。为拉动行车沿桥跨方向在主索上移动(即水平运输)，故需一对牵引索，分别连接两台卷扬机上，也可合拴在一台双滚筒卷扬机上，便于操作。

(4)结索。结索用于悬挂分索器，使主索、起重索、牵引索不致相互干扰。它仅承受分索器重力及自重。

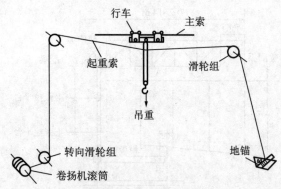

图 1-19　起重索示意图

（5）扣索。当拱箱（肋）分段吊装时，为了暂时固定分段拱箱（肋）所用的钢丝绳即扣索，扣索的一端要系在拱箱（肋）接头附近的扣环上，另一端通过扣索排架或过河扣索固定于地锚上。为便于调整扣索的长度，可设置手摇绞车及张紧索，如图 1-20 所示。

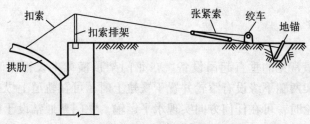

图 1-20　扣索示意图

（6）缆风索。缆风索亦称浪风索，用来保证塔架的纵向稳定性及拱肋安装就位后的横向稳定性。

（7）塔架及索鞍。塔架是用来提高主索的临空高度及支承各种受力钢索的结构物，塔架一般采用钢结构，塔架顶上设置索鞍，为放置主索、起重索、扣索用。

（8）地锚。地锚亦称地垄或锚碇，用于锚固主索、扣索、起重索及绞车等。地锚的可靠性对缆索吊装的安全性有决定性影响，设计和施工都必须高度重视。按照承载能力的大小及地形、地质条件的不同，地锚的形式和构造可以是多种多样的。还可以利用桥梁墩、台做锚碇，这样能节约材料，否则需设置专门的地锚。在地锚中预留索槽，其尾锚碇板后锚梁用 19 根 43 号钢轨组成半圆形，轨面用 ϕ20 mm 圆钢嵌实。

（9）电动卷扬机及手摇绞车。该设备主要用作牵引、起吊等动力装置。电动卷扬机速度快，但不易控制，一般多用于起重索和牵引索。对于要求精细调整钢束的部位，多采用手摇绞车，以便于操纵。

（10）其他附属设备。其他附属设备有在主索上行驶的行车（又称跑马车）、起重滑车组、各种倒链葫芦、法兰螺栓、钢丝卡子（钢丝轧头）、千斤绳、横移索等。

　4. 架桥机

　目前，我国使用的架桥机类型很多，其构造和性能也各不相同。常见的有单梁式架桥机和双梁式架桥机两种。采用架桥机架设桥梁，主要有以下特点。

（1）架桥机支承在桥梁墩台上，并自行前移，施工机械化程度高，施工方便。

（2）轴重小，能自动在桥上行驶并进行纵横向对位。

（3）梁体直接通过运梁平车运输至架桥机处，不需中间换梁，减少起吊设备。

（4）架桥施工速度快。

（5）不受地形限制。

（二）起重机具

1. 千斤顶

千斤顶用于起落高度不大的起重，例如顶升梁体。千斤顶按其构造不同可分为螺旋式千斤顶、油压式千斤顶和齿条式千斤顶三大类。使用油压式千斤顶时，可用几台同型千斤顶协同共顶一重物，使其同步上升。其办法是将各千斤顶的油路以耐高压管连通，使各千斤顶的工作压力相同，则各千斤顶均分起重。

2. 千斤绳

千斤绳用于捆绑重物起吊或固定滑车、绞车。

3. 卡环

卡环又称卸扣或开口销环，一般用圆钢锻制而成，用于连接钢丝绳与吊钩、环链条之间以及千斤绳捆绑物体时固定绳套。卸扣装卸方便，较为安全可靠。卡环分螺旋式、销子式、半自动式三种。

4. 滑车

滑车又称滑轮或葫芦。

5. 滑车组

滑车组由定滑车和动滑车组成，它既能省力又可改变力的方向。滑车组示意图如图1-21 所示，图中 Q 为起吊物体的阻力，等于其质量，单位 kN。

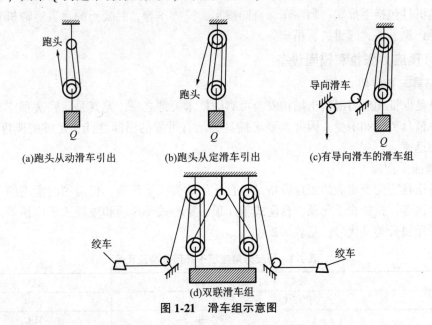

(a)跑头从动滑车引出　　(b)跑头从定滑车引出　　(c)有导向滑车的滑车组

(d)双联滑车组

图 1-21　滑车组示意图

6. 钢丝绳

钢丝绳一般由几股钢丝子绳和一根绳芯拧成。绳芯用防腐、防锈润滑油浸透过的有机纤维芯或软钢丝芯组成，而每股钢丝绳是由许多根直径为 0.4～3.0 mm、强度为

1.4~2.0 GPa 的高强度钢丝组成。

7. 卷扬机

卷扬机亦称绞车，分为手摇绞车和电动绞车。

(三)混凝土施工设备

桥梁施工中，常用的混凝土施工设备有混凝土搅拌机、混凝土泵、振捣器、混凝土运输机具等。

1. 混凝土搅拌机

混凝土搅拌机分为自落式和强制式两种。自落式一般用于拌制塑性混凝土和低流动性混凝土，其生产能力低，拌和质量差，但具有机动灵活的特点，较多用于施工现场拌制小批量混凝土；强制式一般用于拌制干硬性、轻骨料混凝土或低流动性混凝土，其生产能力大，拌和质量好，一般用于大型混凝土拌和站。

2. 混凝土泵

混凝土泵是利用管道输送混凝土的机械设备。根据其工作原理分为机械式活塞泵、液压式活塞泵和挤压式泵三种。混凝土泵的特点是机动灵活，所需劳动力少，管道布置方便。

3. 振捣器

振捣器分为插入式、附着式和平板式三种。振捣器的种类、功率与配置，受混凝土稠度、梁的截面形状与尺寸大小、模板种类、振捣器的输出功率以及振捣频率等多种因素影响，所以必须根据工作条件选择适宜的振捣器与相应的布置方法。

4. 混凝土运输机具

混凝土的运输设备应根据结构物特点、混凝土浇筑量、运距、现场道路情况以及现有机具设备等条件进行选择。混凝土运输机具分为水平运输机具和垂直运输机具。混凝土的水平运输机具包括手推车、翻斗车、自卸汽车、搅拌车等。混凝土的垂直运输机具包括升降机、卷扬机、塔式起重机、吊车等。

(四)预应力张拉和锚固设备

1. 锚具与连接器

锚具是保证预应力混凝土结构安全可靠的技术关键之一，尤其是后张法预应力的传递主要借助锚具传递和承受。因此，要求锚具必须有可靠的锚固性能，足够的刚度和强度，使用简便迅速。

2. 液压千斤顶

各种锚具需配置相应的张拉设备及各自适用的张拉千斤顶。目前国内常用的预应力用液压千斤顶有：拉杆式千斤顶、台座式千斤顶、穿心式千斤顶和锥锚式千斤顶等。预应力用液压千斤顶分类及代号，见表1-2。

表 1-2　预应力用液压千斤顶分类及代号

分类		代号
拉杆式		YDL
穿心式	双作用	TDCS
	单作用	YDC
	拉杆式	YDCL
锥锚式		YDZ
台座式		YDT

（1）拉杆式千斤顶。这种千斤顶由支座、螺旋杆、钢杆、拉杆、顶杆、顶板等组成。工作原理与普通千斤顶大致相同，都是通过操作螺旋杆，产生垂直上升力使支座上的物体抬起。

（2）台座式千斤顶。这种千斤顶在先张法预应力台座上用来施加预应力或用于起重、顶推作业。该千斤顶结构合理，使用方便，安全可靠，使用范围较广。YSD 型台座式千斤顶构造示意图如图 1-22 所示。

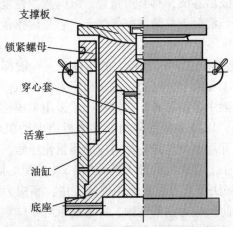

支撑板
锁紧螺母
穿心套
活塞
油缸
底座

图 1-22　YSD 型台座式千斤顶构造示意图

（3）穿心式千斤顶。该千斤顶中轴线上有通长的穿心孔，可以穿入预应力筋或拉杆。主要适用于群锚及 JM 锚预应力张拉，还可配套拉杆、撑脚，用于镦头锚具等。

（4）锥锚式千斤顶。TD60 型锥锚式千斤顶是一种具有张拉、顶压与退楔作用的千斤顶，如图 1-23 所示。

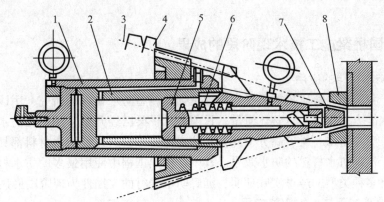

1—张拉缸；2—顶压缸；3—钢丝；4—楔块；5—活塞杆；
6—弹簧；7—锚塞；8—锚环（圈）。

图 1-23　TD60 型锥锚式千斤顶构造示意图

3. 预应力施工其他设备

（1）制孔器。目前，国内桥梁预应力混凝土构件预留孔道所用的制孔器主要有两种：抽拔橡胶管与螺旋金属波纹管。

①抽拔橡胶管。浇筑混凝土前，在钢丝网胶管内事先穿入钢筋（称芯棒），再将胶管连同芯棒一起放入模板内，与钢筋骨架绑扎成整体，待浇筑混凝土达到一定强度后，抽去芯

棒,再拔出胶管,形成预留孔道。采用抽拔橡胶管形成预留孔道时,要选择合适的抽拔时间。一般抽拔时间要在混凝土初凝和终凝之间。若过早抽拔,混凝土容易塌陷而堵塞孔道,过迟则抽拔困难,甚至会拔断胶管。

②螺旋金属波纹管。在浇筑混凝土之前,将波纹管按筋束设计位置,利用定位筋将波纹管与钢筋骨架绑扎牢固,再浇筑混凝土,混凝土结硬后即可形成孔道。这种金属波纹管一般采用铝材经卷管机压波后卷成,具有质量轻、纵向弯曲性能好、径向刚度大、弯折方便、接头少、连接简单、与混凝土黏结性好等优点,它是后张预应力混凝土孔道成型用的理想材料。

(2)穿索机。在桥梁悬臂施工和尺寸较大的构件中,一般都采用后穿法穿束。对于大跨桥梁有的筋束很长,人工穿束十分吃力,故采用穿索机穿束。穿索机有两种类型:一是液压式,二是电动式。桥梁中多用前者。穿索机一般采用单根钢绞线穿入,穿束时应在钢绞线前端套一子弹形帽子,以减小穿束阻力。穿束机由电动机带动由四个托轮支承的链板,钢绞线置于链板上,并用四个与托轮相对应的压紧轮压紧,则钢绞线就可借链板的转动向前穿入构件的预留孔中。穿索机的最大推力为 3 kN,最大水平传递距离可达 150 m。

(3)孔道压浆机。后张法预应力混凝土构件施工中,预应力筋张拉锚固完成后,应尽早进行孔道压浆工作,以防预应力钢筋锈蚀,并使筋束与梁体混凝土结合为一整体。压浆机是由水泥浆搅拌桶、储浆桶和压送浆的泵及供水系统组成。压浆机的最大工作压力可达 1.5 MPa,可压送的最大水平距离为 150 m,最大竖直高度为 40 m。

第四节　我国桥梁施工现状与发展方向

一、我国桥梁施工技术现阶段的成果

1. 新型防水材料的应用

现阶段,我国相关科研机构重视实用性更强的新型防水材料的研究,用以不断提升桥梁工程的防水能力,保障工程整体质量。目前大量桥梁已经开始采用新型防水材料,主要有密封胶结、沥青防水卷材、高分子片材和防水涂料等,这几种防水材料都具有高分子性能,具有优于传统防水材料的防水效果。其中在桥梁工程中使用最多的防水材料为柔性防水材料,它有多种类型,经过实践证明,沥青防水卷材的实用性为现阶段最强。

2. 新型地基加固技术的实施应用

为提高桥梁的承载力和稳定性,对建设地的地基进行加固处理必不可少,地基加固处理的质量直接关系到整个工程的稳定性和安全性,需通过不断提高技术、优化施工工艺来确保地基的加固质量。一旦地基加固技术不合理,势必会影响地基加固效果,造成桥梁不均匀沉降、裂缝、坍塌等质量缺陷,影响车辆行人的正常行驶,甚至引发重大安全事故,因此实现对地基加固的有效处理是确保工程质量的重要基础。新型地基加固施工技术的出现不仅使路基的承载力显著增强,而且延长了桥梁使用寿命。经过实践检验,地基复合加固技术具有加固效果好、方便操作的特点,被广泛应用于我国桥梁工程地基的加固处理中,并取得了良好的效果。

3. 新型钢筋与混凝土施工技术

钢筋和混凝土是桥梁施工过程中的主要材料，传统钢筋混凝土施工技术在施工时，因外部环境、施工技术等的影响而产生裂缝，进而影响到工程的整体质量。目前预应力技术、混凝土施工技术及钢筋连接技术的出现有效解决了钢筋混凝土的裂缝问题，并且提高了施工效率，确保了工程进度。

二、桥梁建设的不足

1. 施工技术的滞后性

桥梁建设周边环境日益复杂，对桥梁工程提出了更高的要求。人们不仅关注桥梁的工程质量，而且更加注重桥梁的安全性、舒适性、美观性。基于现阶段人们对桥梁多样化的需求，必须不断完善和提高创新技术、优化施工工艺。近年来我国桥梁的建设取得了有目共睹的成绩，但现有的施工技术仍然滞后于现代桥梁工程的发展速度，不能确保桥梁工程的全面发展。地质条件的多样性和周边自然条件限制了施工工艺和材料的选择，施工技术的多样性和复杂性决定了施工质量的显著差异，施工技术的选择会对桥梁的质量产生深远的影响。

2. 桥梁施工管理能力不足

由于桥梁工程包含众多的专业，具有建设周期长、施工复杂的特点，因此必须运用科学合理的管理方法实现对工程的有效管控。目前我国的桥梁工程在建设时，通常情况下桥梁的大部分工程由某一单位承建完成，这也就决定了施工管理工作由该承建单位来实施，如果该承建单位缺乏科学适用的施工管理，就无法保证该工程能够按照预期建设标准完成。承建单位通常情况下将管理重点放在了如何加快施工进度、提高企业经济利益上，缺乏对施工管理的重视。例如对施工管理人员的培训力度不足，导致管理人员的专业素质和管理技能都无法满足工程管理的需求；或者缺乏相应的施工管理制度，使得施工管理缺乏规范化、标准化。这些问题的存在，导致施工管理漏洞较多。

三、桥梁施工技术的发展方向

1. 加大新型施工技术的应用范围

科技的发展促进了桥梁施工新技术的出现，很多新型施工技术应用到了桥梁的建设中，这是未来桥梁施工技术的发展方向之一。新技术的应用，为控制桥梁质量、促进施工人员规范操作、提高施工效率、节约人工投入方面提供了新的途径。如波形钢腹板预应力技术的应用有效改善了桥梁承载能力不足引发的质量问题，由于该技术的波形钢腹板能将恒载内力和箱梁自重的应力进行分散，具有较强的抗震能力，这是传统施工技术无法达到的建设标准，因此传统施工技术必将随着新技术的不断应用而逐渐退出历史舞台，新型施工技术在桥梁建设中的应用会逐步普及。光纤传感技术是一种用于桥梁检测工作的新型技术，该技术不仅能实现对路面硬度的检测，同时还能检测出桥梁的技术质量问题，可为管理者提供准确可靠的检测结果，确保桥梁的建设质量。

2. 加大施工管理软件的开发和应用

桥梁建设工程是一项复杂的综合工程，涉及的专业类型多、工序烦琐，需要优质的施工管理技术为工程的顺利进行提供保障。在未来的桥梁施工管理技术发展中，应朝着高端管理技术发展，加大对施工管理软件的开发和应用。例如目前研制出的 WEB 技术、GIS 技术，这些施工管理软件的应用，不仅可实现对工程施工全过程的有效监督管理，而且使得管理过程更加规范、系统。WEB 技术针对道桥施工管理较强的结构关系，可将业主、监理单位和承包商之间的关系以三维现场图形的方式直观形象地呈现出来，为管理人员再现施工现场的具体情况，以便管理人员根据工程实际进展采取相应的解决策略。

3. 施工技术智能化

桥梁工程与人们的生产生活息息相关，桥梁的建设能否为人们提供更加方便、快捷的通行条件是人们关注的问题之一。单纯地提高设计水平无法满足人们对桥梁便捷性的要求，应当在桥梁工程的建设过程中加强对高科技技术手段的应用，充分发挥高科技技术自动化、智能化的功能，让桥梁给人们创造更加便捷的出行环境。例如：通过在桥梁内部设置通信系统与安全防范系统，利用信息技术强大的功能，实现对桥梁建设状态的实时监控，路桥施工技术的智能化系统和安全防范系统能够真实地将施工状态呈现出来，以便管理者准确掌握施工现场动态，及时发现施工中的不足进而做出有效处理。桥梁施工技术正朝着智能化的方向发展。

4. 施工技术节能化

为积极响应国家提出的节能减排号召，全国各行业在生产经营过程中都积极采取有效措施来进行节能降耗，以期降低对环境的影响和破坏，促进人与自然和谐发展。桥梁工程建设属于高能耗行业，施工的复杂性导致建设期间各种浪费的现象较为严重，从技术层面来降低能源消耗，是提高工程总体消耗的重要举措。我国的科研人员正在积极地研发节能型的施工技术和施工材料，目前已经有新型节能材料应用于桥梁工程中，如：改性沥青油毡的应用，因其具有较高的分子性能，使得防水效果更佳，有效提高了桥梁的防水性能；新型塑料板与竹胶板可用于混凝土模板施工，它们的使用降低了对木质材料模板的消耗；压套筒技术、螺纹咬合技术、对头焊接技术等属于新型钢筋连接技术，这些新技术不仅提高了钢筋连接效果，而且降低了对钢筋材料的消耗。节能材料与节能施工技术的出现，不仅降低了桥梁在施工过程中的材料用量，也使桥梁的整体质量得到明显改善。桥梁施工技术的节能化是现今桥梁施工技术的发展方向。

5. 加强桥梁施工队伍建设

为了更好发展桥梁工程，提高工程质量，应努力提高桥梁工程建设中的工作人员专业素质水平，使其能够熟练掌握各种新技术。新型施工技术在桥梁工程建设中被大量应用，从业人员必须不断更新自己的知识结构，掌握新型施工技术，加强实际工作中的规范操作意识。只有这样，才能有效保障工程质量。建设企业要定期组织从业人员进行专业理论培训和实践技能培养，并通过创建微信交流群、以会代训、知识竞赛、技能比武的形式，充分调动广大从业人员学习的积极性。在引进新人时，要提高对应聘人员的专业素质要求，以便他们能尽快适应当前的工作环境，充分发挥自身优势和潜能。桥梁施工团队整体素质的提高，可为提高工程整体质量提供强大的智力支持和技术保障。

第二章　桥梁下部结构施工

第一节　桥梁基础

一、概述

桥梁基础是桥梁结构物直接与地基接触的部分，是桥梁下部结构的重要组成部分。承受基础传来荷载那一部分地层(岩层或土层)则称为地基，地基与基础受到各种荷载后，其本身将产生附加的应力和变形。为了保证桥梁的正常使用和安全，地基和基础必须具有足够的强度和稳定性，变形也应在容许范围之内。根据地基土的上层变化情况、上部结构的要求、荷载特点和施工技术水平，桥梁基础可采用各种类型。

桥梁基础根据埋置深度分浅置基础和深置基础两类，它们的施工方法不同，设计计算原理也不同。浅置基础是在桥台或桥墩下直接修建的埋深较浅的基础(一般埋置深度小于5 m)。如果浅层土质不良，则需把基础埋置于较深的良好地层上，这样的基础称为深基础(一般埋置深度大于5 m)。基础埋置在土层内深度虽较浅，但在水下部分较深，例如深水中的桥墩基础，称为深水基础。浅置基础最简单经济，也最常用。当需要设置深基础时，则常采用桩基础或沉井基础，特殊桥位也可能采用其他大型基础或组合形式。

确定基础类型方案主要取决于地质土层的工程性质与水文地质条件、荷载特性、桥梁结构形式及其使用要求，以及材料的供应和施工技术等因素。方案选择的原则是：力争做到使用上安全可靠、施工技术上简便可行、经济上科学合理。因此，必要时应作不同方案的比较，从中得出较为适宜与合理的设计方案及其相应的施工方案。众多工程实例表明，桥梁的地基与基础的设计及施工质量的好坏，是关系到整座桥梁质量的根本问题。因为基础工程是隐蔽工程，如有缺陷，较难发现，也较难弥补或修复，而这些缺陷往往直接影响整座桥梁的使用甚至安危。基础工程施工的进度，经常控制全桥的施工进度，下部工程的造价通常占全桥造价相当大的比重，尤其在复杂地质条件下或深水处修筑基础，更是如此。因此，从事这项工作必须做到精心设计、精心施工，确保万无一失。

桥梁是一个整体结构，上、下部结构和地基是共同工作、相互影响的。地基的任何变形都必然引起上、下部结构的相应位移，上、下部结构的力学特征也必然关系到地基的强度和稳定条件。所以，桥梁基础的设计、施工都应紧密结合桥梁结构的特点和要求，进行全面分析、综合考虑。

二、明挖扩大基础施工

（一）一般基础开挖的规定

刚性扩大浅基础的施工常采用明挖法，其施工顺序和主要工作包括基础定位放样、基坑的开挖、坑壁支撑、基坑排水、基坑检验和基底土的处理、基础砌筑及基坑的回填等工序。一般基础开挖的规定如下。

（1）承包人应在基础开挖开始之前通知监理工程师，以便检查、测量基础平面位置和现有地面标高。在未完成检查测量及监理工程师批准之前不得开挖。为便于开挖后的检查校核，基础轴线控制桩应延长至基坑外加以固定。

（2）开挖应进行到图纸所示或监理工程师所指定的标高，最终的开挖深度要依设计期间所进行的钻探和土工试验，并结合基础开挖的实际调查资料来确定。在开挖的基坑未经监理工程师批准之前，不得浇筑混凝土或砌筑圬工。

（3）在原有建筑物附近开挖基坑时，应按《公路工程施工安全技术规范》（JTG F90—2015）的规定，采取有效防护措施，使开挖工作不致危及附近建筑物的安全，所采用的防护措施须经监理工程师同意。基坑周围不得堆放建筑材料、设备和危及基坑安全的杂物。

（4）所有从挖方中挖出的材料，如果监理工程师认为适用，可用作回填或铺筑路堤，或按监理工程师批示的其他方法处理。

（5）在基桩处的基坑开挖，应在打桩之前完成。

（6）必要时，挖方的各侧面应始终予以可靠的支撑，并经监理工程师认可。

（7）所有基础挖方都应始终保持良好的排水，在挖方的整个施工期间都不致遭受水的危害。凡是低于已知地下水位的地方进行开挖并构成基础时，承包人必须提交一份建议用于每个基础的排水方法以及为此而采取的各项措施的报告，并取得监理工程师的批准。

（8）在施工期间，承包人应维护天然水道并使地面排水畅通。

（9）基坑开挖至图纸规定基底标高后，如发现基底承载力达不到图纸规定的承载力要求时，承包人应根据实际钻探（或挖探）及土壤实验资料提出地基处理的方案，报告监理工程师审查，并按监理工程师的批示处理。

（二）基础的定位放样及施工

基础定位放样，就是将设计图纸上的墩、台位置和尺寸标定到实际工地上去，这主要是测量问题。定位工作可分为垂直定位和水平定位两个方面。垂直定位是定出墩台基础各部分的标高，可借助于施工现场的水准基点进行；水平定位是定出基础在平面上的位置。由于定位桩随着基坑的开挖必将被挖去，所以还必须在基坑位置以外不受施工影响的地方，设立定位桩的护桩，以备在施工中能随时检查基坑和基础位置是否正确，而基坑外围通常可用龙门板固定，或在地面上以石灰线标出。为避免雨水冲坏坑壁，基坑顶四周应做好排水，截住地表水，基坑下口开挖的大小应满足基础施工的要求，渗水的土质，基底平面尺寸可适当加宽 50~100 cm，便于设置排水沟和安装模板，其他情况可缩小加宽尺寸，不设基础模板时，按设计平面尺寸开挖。

（三）基础的排水

基础工程必须防止地下水和地表水的渗透和浸湿，由于各种水流经基础有侵蚀、解体等作用，会导致构筑物质量受到较大的影响，以致破坏。此外，在施工中将会遇到很多困难，特别是深水区操作，既影响工期，又不能保证质量。因此，基础施工的防水和排水极为重要。现在应用最多的有表面排水和井点法降低地下水位两种。

1. 表面排水法

它是基坑整个开挖过程及基础砌筑和养护期间，在基坑四周开挖集水沟汇集坑壁和基底的渗水，并引向一个或多个比集水沟挖得更深一些的集水坑。集水沟和集水坑应在基础范围以外，在基坑每次下挖以前，必须先挖沟与坑，集水坑的深度要大于抽水机吸水龙头的高度，在吸水龙头上罩竹筐围护，以防土体塞入龙头。这种排水方法设备简单、费用低，一般土质条件下均可采用。当地基土为饱和粉细砂土等黏聚力较小的细料土层时，由于抽水会引起流砂现象，造成基坑的破坏与坍塌，因此应避免采用表面排水法。

2. 井点法降低地下水位

井点降水是人工降低地下水位的一种方法，故又称井点降水法。在基坑开挖前，在基坑四周埋设一定数量的滤水管（井），利用抽水设备抽水使所挖的土始终保持干燥状态的方法。所采用的井点类型有轻型井点、喷射井点、电渗井点、管井井点、深井井点等。

一般该方法用于地下水位比较高的施工环境中，是土方工程、地基与基础工程施工中的一项重要技术措施，能疏干基土中的水分，促使土体固结，提高地基强度，同时可以减少土坡土体侧向位移与沉降，稳定边坡，消除流砂，减少基底土的隆起，使位于天然地下水以下的地基与基础工程施工避免地下水的影响，提供比较干的施工条件，还可以减少土方量、缩短工期、提高工程质量和保证施工安全。

（四）水中围堰的修建

围堰是指在水利工程建设中，为建造永久性水利设施，修建的临时性围护结构。其作用是防止水和土进入建筑物的修建位置，以便在围堰内排水，开挖基坑，修筑建筑物。围堰一般主要用于水工建筑中，除作为正式建筑物的一部分外，围堰一般在用完后拆除。在桥梁基础施工中，当桥梁墩、台基础位于地表水位以下时，根据当地材料修筑成各种形式的土堰；在水较深且流速较大的河流，可采用木板桩或钢板桩（单层或双层）围堰，目前多使用双层薄壁钢围堰。围堰既可以防水、围水，又可以支撑基坑的坑壁。

1. 围堰分类

围堰应符合以下要求：在材料强度、结构稳定性及防止冲刷等方面应有足够的可靠性；尽量减少渗漏水；水中围堰的堰顶标高一般要求在施工水位 0.5~0.7 m 以上。围堰可用土、石、木、钢、混凝土等材料或预制件修建，在基础工程中冠以材料命名，也有以结构形式命名的。例如利用下沉沉井作为防水围堰，称沉井围堰。中国江西九江长江大桥使用的双壁钢围堰即属此类。常用的围堰有下列几种：

（1）土围堰

用土堆筑成梯形截面的土堤，迎水面的边坡不宜陡于 1∶2（竖横比，下同），基坑侧边坡不宜陡于 1∶1.5，通常用砂质黏土填筑。土围堰仅适用于浅水、流速缓慢及围堰底为不透水土层处。为防止迎水面边坡受冲刷，常用片石、草皮或草袋填土围护。在产石地区还可做堆石围堰，但外坡用土层盖面，以防渗漏水。

（2）木板桩围堰

深度不大，面积较小的基坑可采用木板桩围堰。为了防渗漏，板桩间应有榫槽相接。当水不深时，可用单层木板桩，内部加支撑以平衡外部压力；水较深时，可用双壁木板桩，双壁之间用铁拉条或横木拉紧，中间填土。其高度通常不超过 6~7 m。

（3）木笼围堰

在河床不能打桩、流速较大，同时盛产木材和石料的地区，可用木笼做围堰的堰壁。最常用的形式是用方木做成透空式木笼，迎水面设多层木板防水，就位后，在笼内填石。为减少与河床接触处的漏水，一般用麻袋盛土或混凝土堆置在木笼堰壁外侧。近代也有用钢筋混凝土预制构件装配的笼式围堰。

（4）钢板桩围堰

钢板桩围堰是最常用的一种板桩围堰。钢板桩是带有锁口的一种型钢，其截面有直板形、槽形及Z形等，有各种大小尺寸及联锁形式。常见的有拉尔森式、拉克万纳式等。其优点为：强度高，容易打入坚硬土层；可在深水中施工，防水性能好；能按需要组成各种外形的围堰，并可多次重复使用。因此，它的用途广泛，在桥梁施工中常用于沉井顶的围堰，管柱基础、桩基础及明挖基础的围堰等。这些围堰多采用单壁封闭式围堰内有纵横向支撑，必要时加斜支撑成为一个围笼。例如中国南京长江大桥的管柱基础，曾使用钢板桩圆形围堰，其直径21.9 m，钢板桩长36 m，待水下混凝土封底达到强度要求后，抽水筑承台及墩身，抽水设计深度达20 m。在水工建筑中，一般施工面积很大，则常用以做成构体围堰。它是由许多互相连接的单体所构成，每个单体又由许多钢板桩组成，单体中间用土填实。围堰所围护的范围很大，不能用支撑支持堰壁，因此每个单体都能独自抵抗倾覆、滑动和防止联锁处的拉裂。常用的有圆形及隔壁形等形式。

（5）锁口管柱围堰

我国1957年在湖北省明山水库，将有锁口的直径1.55 m的钢筋混凝土管柱联成一排，作为防渗墙。20世纪60年代以后，日本发展的钢锁口管柱围堰是将钢管柱联锁成为一个整体，可建成任何形状。若将它作为永久基础使用，则称钢锁口管柱沉井基础，例如1978年开始建造的大和川斜张桥，水中三个主墩就是用锁口钢管柱围成直径30~33 m、入土深40~50 m的这种基础。

钢筋混凝土（或预应力混凝土）板桩围堰，一般在围堰建成后仍需长期保留时才使用。板桩截面两侧用榫槽或钢件连接，桩底部向一面倾斜，便于打入地内，同时易使两相邻桩密合，主要用于港湾码头的驳岸及水工建筑的截水墙等。

（6）混凝土围堰

混凝土围堰一般在河床无覆盖层的岩面，且水压较高处使用。它的主要特点是耐冲刷、安全性大、防透水性好，可以考虑作为永久性结构物的一部分，但施工较困难。一般主要用于水工建筑中，其他土木工程中较少采用。

2. 其他分类

按围堰与水流方向的相对位置分为横向围堰和纵向围堰；按导流期间基坑是否允许淹没分为过水围堰和不过水围堰。

围堰施工应严格按照施工方法和施工工艺流程组织施工，尚应注意以下几点：堰底内侧坡脚距基坑顶缘距离不应小于1.0 m；围堰填筑前应清理堰底处的树根、草皮、石块等杂物，如有冰块必须彻底清除，填筑时应自上游开始至下游合龙；应先在顶部支撑，才可抽水逐层安设支撑；应防止锁口损坏和由于自重而引起变形，在堆存期间应防止变形和锁口内积水，并采用坚固夹具；应在锁口内填充防水混合料，再用油灰和棉絮填塞接缝。

土围堰的施工工序为：测量放线→清除堰底处河床上的淤泥→填码装土竹笼或草袋→黏土填心→抽水→施工堰内其余项目→围堰拆除。

(五)基底检验规定与处理

1. 基底检验

基底检验的主要内容包括检查基底平面位置、尺寸大小、基底标高;检查基底土质均匀性、地基稳定性及承载力等;检查基底处理和排水情况;检查施工日志及有关试验资料等。按照《桥涵施工技术规范》(JTG/T 3650—2020)的要求,基底平面周线位置允许偏差不得大于 20 cm,基底标高不得超过 +5 cm(土质)、+5 ~ −20 cm(石质)。

基底检验根据桥涵大小、地基土质复杂情况(如溶洞、断层、软弱夹层、易熔岩等)及结构对地基有无特殊要求等,按以下方法进行:

(1)小桥涵的地基,一般采用直观或触探方法,必要时进行土质试验。特殊设计的小桥涵对地基沉陷有严格要求,且土质不良时,宜进行荷载试验。对经加固处理后的特殊地基,一般采用触探或做密实度检验等。

(2)大、中桥和填土 12 m 以上涵洞的地基,一般由检验人员用直观、触探、挖试坑或钻探(钻深至少 4 m)试验等方法,确定土质容许承载力是否符合设计要求。对地质特别复杂,或在设计文件中有特殊要求,或虽经加固处理又经触探、密实度检验后尚有疑问时,需进行荷载试验,确认符合设计要求后,方可进行基础结构物施工。

2. 基底处理

基底处理的主要方法有:换填土法、桩体挤密法、砂井法、袋装砂井法、预压法、强夯法、电渗法、振动水冲法、深层搅拌桩法、高压喷射注浆法、化学固化剂法等。对于一般软弱地基土层加固处理方法可归纳为以下 4 种类型。

(1)换填土法:将基础下软弱土层全部或部分挖除,换填力学物理性质较好的土。

(2)挤密土法:用重锤夯实或砂桩、石灰桩、砂井、塑料排水板等方法,使软弱土层挤压密实或排水固结。

(3)胶结土法:用化学浆液灌入或粉体喷射搅拌等方法,使土壤颗粒胶结硬化,改善土的性质。

(4)土工聚合物法:用土工膜、土工织物、土工格栅与土工合成物等加筋土体,以限制土体的侧向变形,增加土的周压力,有效提高地基承载力。

(六)基础的施工

桥梁基础的作用是承受上部结构传来的全部荷载,并把它们和下部结构荷载传递给地基。因此,为了全桥的安全和正常使用,要求地基和基础要有足够的强度、刚度和整体稳定性,防止产生过大的水平变位或不均匀沉降。

与一般建筑物基础相比,桥梁基础埋置较深,由于作用在基础上的荷载集中而强大,加之浅层土一般比较松软,很难承受住这种荷载,故有必要把基础向下延伸,使其置于承载力较高的地基上。对于水中墩台基础,由于河床受到水流的冲刷,桥梁基础必须有足够的埋深,以防冲刷基础底面(简称基底)而造成桥梁沉陷或倾覆事故。一般规定桥梁的明挖、沉井、沉箱等基础的基底按其重要性和维修加固难易,应埋置在河床最低冲刷线以下至少 2 ~ 5 m;对于冻胀土地基,基底应在冻结线以下至少 0.25 m;对于陆地墩台基础,除考虑地基冻胀要求外,还要考虑生物和人类活动及其他自然因素对表土的破坏,基底应在地面以下不小于 1.0 m;对于城市桥梁,常把基础顶置于最低水位或地面以下,以免影响市容。基顶平面尺寸应较墩台底的截面尺寸大,以便于施工。在水中修建基础,不仅场地狭窄、施工不便，还经常遇到汛期威胁及漂流物的撞击。在施工过程中如遇到水下障碍，还需进行潜水作业。因此，修建水中基础，一般工期长、技术复杂、易出事故、工程量大，造价常常占到整个桥梁造价的一半，故桥梁基础的修建在整个桥梁工程中占有很重要的地位。

为建造基础而开挖的基坑，其形状和开挖面的大小可视墩台基础及下部结构的形式、施工条件的要求，挖成方形、矩形或长条形的坑槽，基坑的深度视基础埋置深度而定。基坑开挖的断面是否设置坑壁围护结构，可视土的类别性质、基坑暴露时间长短、地下水位的高低以及施工场地大小等因素而定。开挖基坑时常采用机械与人工相结合的施工方法，它不需要复杂的机具，技术条件较简单易操作，常用的机具多为位于坑顶由起吊机操纵的挖土斗和抓土斗，大方量的特大基坑也可用铲式挖土机、铲运机和自卸车等。基坑采用机械挖土，挖至距设计标高约 0.3 m 时，应采用人工补挖修整，以保证地基土结构不被扰动破坏。具体工序如下。

1. 准备工作

在开挖基坑前，应做好复核基坑中心线、方向和高程，并应按照地质水文资料，结合现场情况，决定开挖坡度、支护方案以及地面的防水、排水措施。放样工作系根据桥梁中心线与墩台的纵横轴线，推算出基础边线的定位点，再放线画出基坑的开挖范围。基坑底部的尺寸较设计平面尺寸每边各增加 0.5~1.0 m，以便于支撑、排水与立模板(坑壁垂直的无水基坑坑底，可不必加宽，直接利用坑壁做基础模板亦可)。

2. 基坑开挖

(1)坑壁不加支撑的基坑

对于在干涸河滩、河沟中，或经改河或筑堤能排除地表水的河沟中，在地下水位低于基底，或渗透量少，不影响坑壁稳定，以及基础埋置不深，施工期较短，挖基坑时不影响邻近建筑物安全的场所，可选用坑壁不加支撑的基坑。

黏性土在半干硬或硬塑状态，基坑顶无活荷载，疏松土质，基坑深度不超过 0.5 m，中等密实(锹挖)土质基坑深度不超过 1.25 m，密实(镐挖)土质基坑深度不超过 2.0 m 时，均可采用垂直坑壁基坑。基坑深度在 5 m 以内，土的湿度正常时，采用斜坡坑壁开挖或按坡度比值挖成阶梯形坑壁，每梯高度以 0.5~1.0 m 为宜，可作为人工运土出坑的台阶。基坑深度大于 5 m 时，坑壁坡度适当放缓，或加做平台。土的湿度影响坑壁的稳定性时，应采用该湿度下土的天然坡度或采取加固坑壁的措施。当基坑的上层土质适合敞口斜坡坑壁条件时，下层土质为密实黏性土或岩石时可用垂直坑壁开挖，在坑壁坡度变换处应保留至少 0.5 m 的平台。

(2)坑壁有支撑的基坑

当基坑壁坡不易稳定并有地下水，或放坡开挖场地受到限制，或基坑较深、放坡开挖工程数量较大，不符合技术经济要求时，可根据具体情况，采取加固坑壁措施，如挡板支撑、钢木结合支撑、混凝土护壁及锚杆支护等。混凝土护壁一般采用喷射混凝土。根据经验，一般喷护厚度为 5~8 cm，一次喷护需 1~2 h。一次喷护如达不到设计厚度，应等待第一次喷层终凝后再补喷，直至要求厚度为止。喷护的基坑深度应按地质条件决定，一般不宜超过 10 m。

三、沉入桩基础施工

打入桩又叫沉入桩，是靠桩锤的冲击能量将预制桩打（压）入土中，使土被压挤密实，以达到加固地基的作用。沉入桩所用的基桩主要为预制的钢筋混凝土桩和预应力混凝土桩。沉入桩的施工方法主要包括：锤击沉桩、振动沉桩、射水沉桩、静力压桩以及钻孔埋置桩等。沉入桩的特点是：（1）桩身质量易于控制，质量可靠；（2）沉入施工工序简单，工效高，能保证质量；（3）易于水上施工；（4）多数情况下施工噪声和振动的公害大、污染环境；（5）受到运输和起吊等设备条件限制，单节长度有限。

（一）沉入桩的预制

预制桩是在工厂或施工现场制成的各种材料、各种形式的桩（如木桩、混凝土方桩、预应力混凝土管桩、钢桩等），用沉桩设备将桩打入、压入或振入土中。建筑施工领域采用较多的预制桩主要是混凝土预制桩和钢桩两大类。混凝土预制桩能承受较大的荷载、坚固耐久、施工速度快，是广泛应用的桩型之一，但其施工对周围环境影响较大，常用的有混凝土实心方桩和预应力混凝土空心管桩。钢桩主要包括钢管桩和 H 型钢桩两种，都在工厂生产完成后运至工地使用。

1. 钢筋混凝土实心桩

钢筋混凝土实心桩，断面一般呈方形。桩身截面一般沿桩长不变，实心方桩截面尺寸一般为 200 mm×200 mm~600 mm×600 mm。钢筋混凝土实心桩桩身长度：限于桩架高度，现场预制桩的长度一般在 25~30 m 以内；限于运输条件，工厂预制桩的桩长一般不超过 12 m，否则应分节预制，然后在打桩过程中予以接长，接头不宜超过 2 个。钢筋混凝土实心桩的优点：长度和截面可在一定范围内根据需要选择，由于在地面上预制，这种桩制作质量容易保证，承载能力高，耐久性好，因此，工程上应用较广。材料要求：钢筋混凝土实心桩所用混凝土强度等级不宜低于 C30；采用静压法沉桩时，可适当降低，但不宜低于 C20；预应力混凝土桩的混凝土强度等级不宜低于 C40；主筋根据桩断面大小及吊装验算确定，一般为 4~8 根，直径 12~25 mm，不宜小于 ϕ14 mm；箍筋直径 6~8 mm，间距不大于 200 mm，打入桩桩顶 2~3 d 长度范围内箍筋应加密，并设置钢筋网片；预制桩纵向钢筋的混凝土保护层厚度不宜小于 30 mm，桩尖处可将主筋合龙焊在桩尖辅助钢筋上，在密实砂和碎石类土中，可在桩尖处包以钢板桩靴，以加强桩尖。

2. 混凝土管桩

混凝土管桩一般在预制厂用离心法生产，桩径有 ϕ300 mm、ϕ400 mm、ϕ500 mm 等，每节长度 8 m、10 m、12 m 不等，接桩时，接头数量不宜超过 4 个。管壁内设 ϕ12~22 mm，主筋 10~20 根，外面绕以 ϕ6 mm 螺旋箍筋，多以 C30 混凝土制造。混凝土管桩各节段之间的连接可以用角钢焊接或法兰螺栓连接。由于用离心法成型，混凝土中多余的水分由于离心力而甩出，故混凝土致密、强度高，抵抗地下水和其他腐蚀的性能好。混凝土管桩应达到设计强度 100%后方可运到现场打桩。堆放层数不超过三层，底层管桩边缘应用楔形木块塞紧，以防滚动。

3. 预制桩吊运

钢筋混凝土预制桩应在混凝土达到设计强度等级的 70%方可起吊，达到设计强度等级的 100%才能运输和打桩。如提前吊运，必须采取措施并经过验算合格后才能进行，起吊时必须合理选择吊点,防止在起吊过程中过弯而损坏。当吊点少于或等于 3 个时,其位置按正负弯矩相等的原则计算确定;当吊点多于 3 个时,其位置按反力相等的原则计算确定。长 20~30 m 的桩,一般采用 3 个吊点。

4. 预制桩运输与堆放

打桩前,桩从制作处运到现场,并应根据打桩顺序随打随运。桩的运输方式,在运距不大时,可用起重机吊运;当运距较大时,可采用轻便轨道小平台车运输。严禁在场地上直接推拉桩体,堆放桩的地面必须平整、坚实,垫木间距应与吊点位置相同,各层垫木应位于同一垂直线上,堆放层数不宜超过 4 层。不同规格的桩,应分别堆放。预应力管桩达到设计强度后方可出厂,在达到设计强度及 14 d 龄期后方可沉桩。预应力管桩在节长小于或等于 20 m 时宜采用两点捆绑法,大于 20 m 时采用四吊点法。预应力管桩在运输过程中应满足两点起吊法的位置,并垫以楔形掩木防止滚动,严禁层间垫木出现错位。

(二)沉入桩的施工设备

预制桩的沉桩方法有锤击法、静力压桩法、振动法等。锤击法是利用桩锤的冲击克服土对桩的阻力,使桩沉到预定持力层,这是最常用的一种沉桩方法。打桩设备主要有桩锤、桩架和动力装置三部分。

1. 桩锤

桩锤对桩施加冲击力,将桩打入土中。桩锤主要有落锤、单动汽锤、双动汽锤、柴油锤、液压锤,目前应用最多的是柴油锤。柴油锤是利用燃油爆炸推动活塞往复运动而锤击打桩,活塞质量从几百公斤到数吨。用锤击沉桩宜重锤轻击,若重锤重击,则锤击功大部分被桩身吸收,桩不易打入,且桩头易被打碎。锤重与桩重宜有一定的比值,或控制锤击应力,以防桩被打坏。

2. 桩架

桩架是支持桩身和桩锤,将桩吊到打桩位置,并在沉桩过程中引导桩的方向,保证桩锤沿着所要求的方向冲击的打桩设备。常用的桩架形式有以下三种。

(1)滚筒式桩架。该桩架行走靠两根钢滚筒在垫木上滚动,其优点是结构比较简单、制作容易,但在平面转弯、调头方面不够灵活,而操作人员较多。适用于预制桩和灌注桩施工。

(2)多功能桩架。多功能桩架的机动性和适应性很大,在水平方向可做 360°旋转,导架可以伸缩和前后倾斜,底座下装有铁轮,底盘在轨道上行走。适用于各种预制桩和灌注桩施工。

(3)履带式桩架。该桩架以履带起重机为底盘,增加导杆和斜撑组成,用以打桩,其移动方便,比多功能桩架更灵活,可用于各种预制桩和灌注桩施工。

3. 动力装置

动力装置的配置取决于所选的桩锤,例如当选用蒸汽锤时,则需配备蒸汽锅炉和卷扬机。

(三)沉入桩的施工

打桩时,由于桩对土体的挤密作用,先打入的桩被后打入的桩水平挤推而造成偏移和变位或被垂直挤拔造成浮桩,而后打入的桩难以达到设计标高或入土深度,造成土体隆起和挤压,截桩过大。因此,群桩施工时,为了保证质量和进度,防止周围建筑物破坏,打桩前应根据桩的密集程度、桩的规格、长短以及桩架移动是否方便等因素来选择正确的打桩顺序。常用的打桩顺序是由一侧向单一方向进行,自中间向两个方向对称进行,自中间向四周进行。

打桩推进方向宜逐排改变，以免土壤朝一个方向挤压，而导致土壤挤压不均匀。对于同一排桩，必要时还可采用间隔跳打的方式。对于大面积的桩群，宜采用后两种打桩顺序，以免土壤受到严重挤压，使桩难以打入，或使先打入的桩受挤压而倾斜。大面积的桩群宜分成几个区域，由多台打桩机采用合理的顺序进行打桩。打桩时对不同基础标高的桩，宜先深后浅；对不同规格的桩，宜先大后小，先长后短，以防止桩的位移或偏斜。

打桩机就位后，将桩锤和桩帽吊起，然后吊桩一并送至导杆内，垂直对准桩位缓缓送下插入土中，垂直偏差不得超过 0.5%。然后固定桩帽和桩锤，使桩、桩帽、桩锤在同一铅垂线上，确保桩能垂直下沉。在桩锤和桩帽之间应加弹性衬垫，桩帽和桩顶周围四边应有 5~10 mm 的间隙，以防损伤桩顶。

打桩开始时，应先采用小的落距(0.5~0.8 m)做轻的锤击，使桩正常沉入土中 1~2 m 后，经检查桩尖不发生偏移后，再逐渐增大落距至规定高度，继续锤击，直至把桩打到设计要求的深度。最大落距不宜大于 1 m，用柴油锤时，应使锤跳动正常。在打桩过程中，遇有贯入度剧变、桩身突然发生倾斜、移位或有严重回弹、桩顶或桩身出现严重裂缝或破碎等异常情况时，应暂停打桩，及时研究处理。

打桩有"轻锤高击"和"重锤低击"两种方式，这两种方式，如果所做的功相同，但所得到的效果却不相同。轻锤高击，所得的动量小，而桩锤对桩头的冲击力大，因而回弹也大，桩头容易损坏，大部分能量均消耗在桩锤的回弹上，故桩难以入土。相反，重锤低击，所得的动量大，而桩锤对桩头的冲击力小，因而回弹也小，桩头不易被打碎，大部分能量都可以用来克服桩身与土壤的摩阻力和桩尖的阻力，故桩很快入土。此外，又由于重锤低击的落距小，因而可提高锤击频率，打桩效率也高，正因为桩锤频率较高，对于较密实的土层，如砂土或黏性土也能较容易地穿过，所以打桩宜采用"重锤低击"。

（四）试桩试验

各类工程基桩、地基和锚杆及支护工程检测方法及数量施工前试桩静载试验见表 2-1~表 2-3。

表 2-1　各类工程基桩检测方法及数量

基桩类型	检测要求	同类型桩抽检数量	说明
各类型基桩	试桩静载试验	由工程各方根据工程实际情况共同确定，但同一条件下基桩不应少于 3 根，当总桩数在 50 根以内时，不得少于 2 根	当设计有要求或满足下列条件之一时，施工前应采用静载试验确定单桩竖向抗压承载力特征值：①设计等级为甲级、乙级的桩基；②地质条件复杂、桩施工质量可靠性低；③本地区采用的新桩型或新工艺。对于端承型大直径灌注桩，当受设备或现场条件限制无法进行试桩静载试验时，可通过深层静载试验等间接方法确定端承力参数；对于地区经验丰富，认为不需要静载试验时应由工程各方进行书面明确
	抗拔与水平荷载试验	抽检数量不少于 1%，且不少于 3 根	对基桩抗拔承载力和水平承载力有设计要求时，应进行基桩抗拔荷载试验和水平荷载试验

表 2-1（续1）

基桩类型	检测要求	同类型桩抽检数量	说明
各类预制桩	低应变法	检测数量不少于总桩数的20%，且不少于10根；每个承台下不得少于1根	—
	用静载法或高应变法检测单桩承载力	地基基础设计等级为甲级（或说明中所列条件）的桩基工程静载试验抽检数量不少于总桩数的1%，且不少于3根，当总桩数在50根以内时，不得少于2根；非甲级的工程可采用高应变法检测单桩承载力，抽检数量不应少于总桩数的5%，且不得少于5根。采用高应变法进行打桩过程监测的工程桩或施工前进行静载试验的试验桩，如果试验桩施工工艺与工程桩施工工艺相同，桩身未破坏且单桩竖向抗压承载力大于2倍单桩竖向抗压承载力特征值，这类试验桩的桩数的一半可计入同方法验收抽检数量	对单位工程内且在同一条件下的工程桩，当符合下列条件之一时，应采用单桩竖向抗压承载力静载试验进行验收检测：①设计等级为甲级的桩基；②地质条件复杂、桩施工质量可靠性低；③本地区采用的新桩型或新工艺；④挤土群桩施工产生挤土效应。对上述条件以外的各类预制桩可采用高应变法，同时进行桩身完整性和单桩竖向抗压承载力检测。当需要检测的项目包括多个单位工程时，检测桩位还应覆盖到不同的单位工程
桩径<800 mm的各类灌注桩	用低应变法检测桩身完整性	柱下三桩或三桩以下的承台，每个承台抽检桩数不得少于1根。地基基础设计等级为甲级（或说明中所列条件）的桩基工程：柱下四桩或四桩以上承台抽检桩数不应少于相应总桩数的30%，且抽检总桩数不得少于20根；非甲级的工程：柱下四桩或四桩以上的承台抽检桩数不应少于相应总桩数的20%，且抽检总桩数不得少于10根	当满足下列条件之一时，柱下四桩或四桩以上的承台抽检桩数不应少于相应总桩数的30%，且单位工程抽检总桩数不得少于20根：①地基基础设计等级为甲级的桩基工程；②场地地质条件复杂的桩基工程；③施工工艺导致施工质量可靠性低的桩基工程；④本地区采用的新桩型或新工艺施工的桩基工程
	用静载法或高应变法检测单桩承载力	采用静载试验时，抽检数量不应少于总桩数的1%，且不得少于3根；当总桩数在50根以内时，不得少于2根；采用高应变法时，抽检数量不应少于总桩数的5%，且不得少于5根。采用高应变法进行打桩过程监测的工程桩或施工前进行静载试验的试验桩，如果试验桩施工工艺与工程桩施工工艺相同，桩身未破坏且单桩竖向抗压承载力大于2倍单桩竖向抗压承载力特征值，这类试验桩的桩数的一半可计入同方法验收抽检数量	符合下列条件之一的灌注桩，应采用静载试验进行单桩竖向抗压承载力检测：①地基基础设计等级为甲级的桩基工程；②场地地质条件复杂的桩基工程；③施工工艺导致施工质量可靠性低的桩基工程；④桩身有明显缺陷，对桩身结构承载力有影响，采用完整性检测方法难以确定其影响程度；⑤本地区采用的新桩型或新工艺施工的桩基工程。当需要检测的项目包括多个单位工程时，检测桩位还应覆盖到不同的单位工程

表 2-1（续2）

基桩类型	检测要求	同类型桩抽检数量	说明
桩径≥800 mm 的各类灌注桩	用低应变法或声波透射法检测桩身完整性	采用低应变法检测桩身完整性时，柱下三桩或三桩以下的承台，每个承台抽检桩数不得少于1根。地基基础设计等级为甲级（或说明中所列条件）的桩基工程：柱下四桩或四桩以上的承台抽检桩数不应少于相应总桩数的30%，且抽检总桩数不得少于20根；非甲级的工程：柱下四桩或四桩以上的承台抽检桩数不应少于相应总桩数的20%，且抽检总桩数不得少于10根。采用声波透射法检测桩身完整性时，抽检数量不应少于总桩数的10%，且不得少于10根	当满足下列条件之一时，柱下四桩或四桩以上的承台抽检桩数不应少于相应总桩数的30%，且单位工程抽检总桩数不得少于20根：①地基基础设计等级为甲级的桩基工程；②场地地质条件复杂的桩基工程；③施工工艺导致施工质量可靠性低的桩基工程；④本地区采用的新桩型或新工艺施工的桩基工程
	钻芯法	抽检数量不应少于总桩数的10%，且不得少于10根；采用钻芯法检测时，桩径小于1.2 m的桩，钻芯不得少于1孔；桩径为1.2~1.6 m的桩，钻芯不得少于2孔；桩径大于(含)1.6 m的桩，钻芯不得少于3孔	—
桩径≥1 200 mm 的人工挖孔桩	低应变法	采用低应变法抽检100%	—
	钻芯法	终孔前，采用超前钻进行100%桩端持力层检验时，采用钻芯法抽检桩身质量和桩身混凝土强度时抽检10%，且不少于10根；如果未按规范要求做超前钻，应采用钻芯法抽检30%，且不少于10根。桩径为1.2~1.6 m的桩，钻芯不得少于2孔；桩径大于(含)1.6 m的桩，钻芯不得少于3孔	—

注：①桥梁基桩应按100%进行桩身完整性检测。对各类预制桩，用低应变法检测桩身完整性；对各类灌注桩，用低应变法和声波透射法检测桩身完整性。

②桥梁基桩的单桩承载力检测按上述要求执行。

表 2-2 各类地基检测方法及数量

地基类型	检测要求	抽检数量	说明
天然土地基、处理土地基	标准贯入试验、静力触探试验、十字板剪切试验或圆锥动力触探试验	每200 m² 不应少于1个孔，且不得少于10孔；每个独立柱基不得少于1孔，基槽每20延米不得少于1孔	—
	平板荷载试验	每500 m² 不应少于1个点，且不得少于3点；对于复杂场地或重要建筑地基应增加抽检数量	当需要检测的项目包括多个单位工程时，检测点数还应覆盖到不同的单位工程

表 2-2（续）

地基类型	检测要求	抽检数量	说明
天然岩石地基	钻芯法	单位工程不少于 6 个孔	首选钻芯法检测，当岩石芯样无法制作成芯样试件时，应进行岩基荷载试验，对强风化岩、全风化岩宜采用平板荷载试验
	基岩荷载试验	每 500 m² 不应少于 1 个点，且不得少于 3 点	
复合地基和强夯置换墩	圆锥动力触探试验	抽检数量为总桩（墩）数的 0.5%~1%，且不得少于 3 根	振冲桩桩体质量和强度置换地基应采用圆锥动力触探试验等方法进行检测
	单桩竖向抗压荷载试验、钻芯法检测	抽检数量不应少于总桩（墩）数的 0.5%，且不得少于 3 根	水泥土搅拌桩和竖向承载旋喷桩应进行单桩竖向抗压荷载试验；砂石桩宜进行单桩荷载试验；水泥土搅拌桩和高压喷射注浆加固体的施工质量应采用钻芯法进行检测；水泥粉煤灰碎石桩应采用钻芯法进行桩身完整性检测
	复合地基平板荷载试验	抽检数量应为总桩（墩）数的 0.5%~1%，且不得少于 3 点	平板荷载试验可根据实际情况和设计要求采取三种形式：一是单桩（墩）复合地基平板荷载试验，二是多桩（墩）复合地基平板荷载试验，三是以上两种结合。无论采用哪种形式，总试验点数量（非受检桩数）应符合要求

注：地基分为天然地基和人工处理地基，其中天然地基包括天然土地基和天然岩石地基。人工处理地基包括处理土地基和复合地基，处理土地基主要有换填地基、预压处理地基、强夯处理地基、不加填料振冲加密处理地基、注浆地基等，复合地基主要有水泥土搅拌桩复合地基、高压喷射注浆桩复合地基、水泥粉煤灰碎石桩（CFG 桩）复合地基、振冲桩复合地基、碎石桩复合地基、夯实水泥土桩复合地基和强夯置换墩复合地基等。

表 2-3　各类基础锚杆及支护工程检测方法及数量

锚杆及支护类型	检测要求	检测方法及数量
基础锚杆	抗拔力试验	抽检数量不应少于锚杆总数的 5%，且不少于 6 根
护锚杆	极限抗拔力试验	锚杆施工前，为设计提供依据时开展的现场极限抗拔力试验各方有必要时可进行该项检测，不少于 3 根
	抗拔力验收试验	抽检数量不应少于锚杆总数的 5%，且不少于 6 根
支护土钉	抗拔力试验	抽检数量应为土钉总数的 0.5%~1%，且不得少于 10 根
支护用混凝土灌注桩	低应变法或钻芯法	采用低应变法，抽检数量不宜少于总桩数的 10%，且不得少于 10 根；采用钻芯法，抽检数量不宜少于总数的 2%，且不得少于 3 根

打桩质量评定包括两个方面：一是能否满足设计规定的贯入度或标高的要求；二是桩打入后的偏差是否在施工规范允许的范围内。

1. 贯入度或标高必须符合设计要求

桩端达到坚硬、硬塑的黏性土、碎石土，中密以上的粉土和砂土或风化岩等土层时，打桩的质量评定应以贯入度控制为主，桩端进入持力层深度或桩尖标高作为参考。当贯入度已达到而桩尖标高未达到设计要求时，应继续锤击 3 阵，其每阵 10 击的平均贯入度不应大于规定的数值。桩端位于其他软土层时，以桩端设计标高控制为主，贯入度作参考。

上述所说的贯入度是指最后贯入度，即施工中最后 10 击内桩的平均入土深度。贯入度的大小应通过合格的试桩或试打数根桩后确定，它是打桩质量标准的重要控制指标。最后贯入度的测量应在下列正常条件下进行：桩顶没有破坏；锤击没有偏心；锤的落距符合规定；桩帽与弹性垫层正常。打桩时如桩端达到设计标高而贯入度指标与要求相差较大，或者贯入度指标已满足，而标高与设计要求相差较大，如遇到这两种情况，说明地基的实际情况与原来的估计或判断有较大的出入，属于异常情况，都应会同设计单位研究处理，以调整其标高或贯入度控制的要求。

2. 平面位置或垂直度必须符合施工规范要求

桩打入后，桩位的允许偏差应符合规范的规定，预制桩(钢桩)桩位的允许偏差必须使桩在提升就位时对准桩位，桩身要垂直；桩在施打时，必须使桩身、桩帽和桩锤三者的中心线在同一垂直轴线上，以保证桩的垂直入土；短桩接长时，上下节桩的端面要平整，中心要对齐，如发现断面有间隙，应用铁片垫平焊牢；打桩完毕基坑挖土时，应制订合理的挖土方案，以防挖土而引起桩的位移或倾斜。

四、钻孔桩基础施工

(一)场地准备工作

灌注桩是指在工程现场通过机械钻孔、钢管挤土或人力挖掘等手段在地基土中形成桩孔，并在其内放置钢筋笼、灌注混凝土而做成的桩。依照成孔方法不同，灌注桩又可分为沉管灌注桩、钻孔灌注桩和挖孔灌注桩等几类。钻孔灌注桩是按成桩方法分类而定义的一种桩型，其特点为：与沉入桩中的锤击法相比，施工噪声和震动要小得多；能建造比预制桩直径大得多的桩；在各种地基上均可使用；施工质量的好坏对桩的承载力影响很大；因混凝土是在泥水中灌注的，因此混凝土质量较难控制。

施工前应根据施工地点的水文、工程地质条件及机具、设备、动力、材料、运输等情况，布置施工现场。具体如下。

(1)场地为旱地时，应平整场地、清除杂物、换除软土、夯打密实，钻机底座应布置在坚实的填土上。

(2)场地为陡坡时，可用木排架或枕木搭设工作平台，平台应牢固可靠，保证施工顺利进行。

(3)场地为浅水时，可采用筑岛法布置施工现场，岛顶平面应高出水面1~2 m。

(4)场地为深水时，根据水深、流速、水位涨落、水底地层等情况，采用固定式平台或浮动式钻探船。

(二)钻孔成桩施工准备

(1)钻孔场地应清除杂物、换除软土、平整压实。

(2)开钻前按照施工图纸要求在选定位置进行试桩，根据试桩资料验证设计采用的地质参数，并根据试桩结果确定是否调整桩基设计。根据地层岩性等地质条件、技术要求确定钻进方法和选用合适的钻具。

(3)对钻机各部位状态进行全面检查，确保其性能良好。

(4)浅水基础利用草袋围堰构筑工作平台。

(三)钻孔方法

钻孔灌注桩的施工，有泥浆护壁法和全套管施工法两种。

1. 泥浆护壁施工法

冲击钻孔、冲抓钻孔和回转钻削成孔等均可采用泥浆护壁施工法。该施工法的过程是：平整场地→泥浆制备→埋设护筒→铺设工作平台→安装钻机并定位→钻进成孔→清孔并检查成孔质量→下放钢筋笼→灌注水下混凝土→拔出护筒→检查质量。具体施工工序如下。

（1）施工准备

施工准备包括：选择钻机、钻具、场地布置等。钻机是钻孔灌注桩施工的主要设备，可根据地质情况和各种钻孔机的应用条件来选择。

（2）钻孔机的安装与定位

安装钻孔机的基础如果不稳定，施工中易产生钻孔机倾斜、桩倾斜和桩偏心等不良影响，因此要求安装地基稳固。对地层较软和有坡度的地基，可用推土机推平，再垫上钢板或枕木加固。

为防止桩位不准，施工中很重要的是定好中心位置和正确安装钻孔机。对有钻塔的钻孔机，先利用钻机的动力与附近的地笼配合，将钻杆移动大致定位，再用千斤顶将机架顶起，准确定位，使起重滑轮、钻头或固定钻杆的卡孔与护筒中心在一个垂线上，以保证钻机的垂直度。钻机位置的偏差不大于 2 cm，对准桩位后，用枕木垫平钻机横梁，并在塔顶对称于钻机轴线拉上缆风绳。

（3）埋设护筒

钻孔成败的关键是防止孔壁坍塌，当钻孔较深时，在地下水位以下的孔壁土在静水压力下会向孔内坍塌，甚至发生流砂现象。钻孔内若能保持孔壁地下水位高的水头，增加孔内静水压力，可以防止坍孔。护筒除起到这个作用外，同时有隔离地表水、保护孔口地面、固定桩孔位置和钻头导向作用等。

制作护筒的材料有木、钢、钢筋混凝土三种。护筒要求坚固耐用，不漏水，其内径应比钻孔直径大（旋转钻约大于钻机直径 20 cm，潜水钻、冲击或冲抓锥约大于钻机直径 40 cm），每节长度 2~3 m，一般常用钢护筒。

（4）泥浆制备

钻孔泥浆由水、黏土（膨润土）和添加剂组成，具有浮悬钻碴、冷却钻头、润滑钻具，增大静水压力，并在孔壁形成泥皮，隔断孔内外渗流，防止坍孔的作用。调制的钻孔泥浆及经过循环净化的泥浆，应根据钻孔方法和地层情况来确定泥浆稠度。泥浆稠度应视地层变化或操作要求机动掌握，泥浆太稀，排渣能力小、护壁效果差；泥浆太稠，会削弱钻头冲击功能，降低钻进速度。

（5）钻孔

钻孔是一道关键工序，在施工中必须严格按照操作要求进行，才能保证成孔质量。首先要注意开孔质量，为此必须对好中线及垂直度，并压好护筒。在施工中要注意不断添加泥浆和抽渣（冲击式用），还要随时检查成孔是否有偏斜现象。采用冲击式或冲抓式钻机施工时，附近土层因受到震动而影响邻孔的稳固。所以钻好的孔应及时清孔，下放钢筋笼和灌注水下混凝土。钻孔的顺序也应事先规划好，既要保证下一个桩孔的施工不影响上一个桩孔，又要使钻机的移动距离不要过远和相互干扰。

（6）清孔

钻孔的深度、直径、位置和孔形直接关系到成桩质量与桩身曲直。为此，除了钻孔过程中密切观测监督外，在钻孔达到设计要求深度后，应对孔深、孔位、孔形、孔径等进行检查。在钻孔检查完全符合设计要求时，应立即进行孔底清理，避免隔时过长以致泥浆沉淀，引起钻孔坍塌。对于摩擦桩，当孔壁容易坍塌时，要求在灌注水下混凝土前沉渣厚度不大于 30 cm；当孔壁不易坍塌时，不大于 20 cm。

（7）灌注水下混凝土

清完孔之后，就可将预制的钢筋笼垂直吊放到孔内，定位后要加以固定，然后用导管灌注混凝土，灌注时混凝土不要中断，否则易出现断桩现象。

2. 全套管施工法

全套管施工法的施工顺序是：平整场地→铺设工作平台→安装钻机→压套管→钻进成孔→安放钢筋笼→放导管→浇筑混凝土→拉拔套管→检查成桩质量。

全套管施工法的主要施工步骤除不需泥浆及清孔外，其他的与泥浆护壁法类同。压入套管的垂直度，取决于挖掘开始阶段的 5~6 m 深时的垂直度，因此应使用水准仪及铅锤校核其垂直度。

（四）钻孔故障及预防措施

1. 塌孔

预防措施：根据不同地层，控制使用好泥浆指标；在回填土、松软层及流砂层钻进时，严格控制速度；地下水位过高，应升高护筒，加大水头；地下障碍物处理时，一定要将残留的混凝土块处理清除；孔壁坍塌严重时，应探明坍塌位置，用砂和黏土混合回填至坍塌孔段以上 1~2 m 处，捣实后重新钻进。

2. 缩径

预防措施：选用带保径装置钻头，钻头直径应满足成孔直径要求，并应经常检查，及时修复；易缩径孔段钻进时，可适当提高泥浆的黏度，对易缩径部位也可采用上下反复扫孔的方法来扩大孔径。

3. 桩孔偏斜

预防措施：保证施工场地平整，钻机安装平稳，机架垂直，并注意在成孔过程中定时检查和校正；钻头、钻杆接头逐个检查调正，不能用弯曲的钻具；在坚硬土层中不强行加压，应吊住钻杆，控制钻进速度，用低速度进尺；对地下障碍物预先处理干净，对已偏斜的钻孔，控制钻速，慢速提升，下降往复扫孔纠偏。

（五）钢筋骨架吊放故障及预防措施

1. 钢筋笼安装与设计标高不符

预防措施：钢筋笼制作完成后，注意防止其扭曲变形；钢筋笼入孔安装时要保持垂直；混凝土保护层垫块设置间距不宜过大；吊筋长度精确计算，并在安装时反复核对检查。

2. 钢筋笼的上浮

钢筋笼上浮的预防措施：严格控制混凝土质量，坍落度控制在（18±3）cm，混凝土和易性要好；混凝土进入钢筋笼后，混凝土上升不宜过快；导管在混凝土内埋深不宜过大，严格控制在 10 m 以下，提升导管时，不宜过快，防止导管钩将钢筋笼带上等。

（六）混凝土的灌注要点

（1）混凝土采用 200~300 mm 钢导管灌注，导管采用吊车分节吊装，丝扣式快速接头连接。灌注前，对导管进行水密、承压试验。

（2）安装储料斗及隔水栓，储料斗的容积要满足首批灌注下去的混凝土埋置导管深度的要求，封底时导管埋入混凝土中的深度不得小于 1 m；首批混凝土方量是根据桩径和导管埋深及导管内混凝土的方量而定，将混凝土搅拌运输车内的混凝土倒入封底料斗内，由专人统一指挥，待全部准备好后将隔水栓拉起进行封底，同时混凝土搅拌运输车快速反转，加快出料速度。

（3）灌注开始后应紧凑连续地进行，不得中断，同时要防止混凝土从漏斗内溢出或从漏斗外掉入孔底；在灌注过程中，技术人员应经常检查孔内混凝土面的位置和混凝土质量，掌握拆除导管时间，严格控制导管埋深，防止导管提漏或埋管过深拔不出而出现断桩；导管埋入混凝土内的深度始终保持在 2~6 m，并做好灌注记录；测深时采用专用测绳及测锤进行，每测一次用钢尺检查深度，以钢尺测量为准，探测至混凝土面时手感有石子碰撞测锤为准，否则为砂浆或沉渣。

（4）灌注混凝土时，要保持孔内水头，防止出现坍孔。

（5）桩身混凝土灌注顶面高出设计桩顶高程 0.8~1.0 m，以保证桩头质量。

（七）钻孔灌注桩质量检验要求

（1）混凝土质量的检查和验收，应符合规范标准。每桩试件组数一般为 2 组。

（2）承包人应在监理工程师在场的情况下，对规定的钻孔桩，采用经监理工程师同意的无破损检测法，进行桩的质量检验和评价。小桥选有代表性的桩或重要部位的桩进行检测；中桥、大桥及特大桥的钻孔桩，应逐根进行检测。

（3）承包人应在工地配备能对全桩长钻取 70 mm 直径或较大芯样的设备和经过训练的工作人员，也可以分包给经监理工程师认可的钻探队来承担钻取芯样的工作。

（4）若设计有规定和监理工程师对桩的质量有疑问时，或在施工中遇到的任何异常情况，说明桩的质量可能低于要求的标准时，应采用的办法是钻取芯样对桩进行检验，以检验桩的混凝土灌注质量。对支承桩应钻到桩底 0.5 m 以下。钻芯检验应在监理工程师指导下进行，检验结果若不合格，则应视为废桩。

（5）当监理工程师对每一根成桩平面位置的复查、试验结果及施工记录都认可后，监理工程师应以书面形式进行批准，在未得到监理工程师的批准前，不得进行该桩基础的其他工作。

五、沉井与沉箱基础施工

沉井基础是以沉井法施工的地下结构物和深基础的一种形式，是先在地表制作成一个井筒状的结构物(沉井)，然后在井壁的围护下通过从井内不断挖土，使沉井在自重作用下逐渐下沉，达到预定设计标高后，再进行封底，构筑内部结构。该形式广泛应用于桥梁、烟囱、水塔的基础，例如水泵房、地下油库、水池竖井等深井构筑物和盾构或顶管的工作井。该井在技术上比较稳妥可靠，挖土量少，对邻近建筑物的影响比较小，沉井基础埋置较深，稳定性好，能支撑较大的荷载。沉井是一个无底无盖的井筒，一般由刃脚、井壁、隔墙等部分组成。

沉井按其截面轮廓分，有圆形、矩形和圆端形三类。

（1）圆形沉井水流阻力小，在同等面积下，同其他类型相比，周长最小，摩阻力相应减小，便于下沉；井壁只受轴向压力，且无绕轴线偏移问题。

（2）矩形沉井和等面积的圆形沉井相比，其惯性矩及核心半径均较大，对基底受力有利；在侧压力作用下，沉井外壁受较大的挠曲应力。

（3）圆端形沉井对支撑建筑物的适应性较好，也可充分利用基础的圬工，井壁受力也较矩形有所改善，但施工较复杂。

使用材料：有木沉井，砖、石沉井，混凝土沉井，钢筋混凝土沉井和钢沉井等。木沉井用木材较多，现很少采用。砖、石沉井过去多用于中小桥梁，现在常用的是钢筋混凝土沉井，或底节为钢筋混凝土，钢沉井多用于大型浮运的沉井。

外壁：沉井的外壁可做成铅直形、台阶形或斜坡形。斜坡形虽可减少周围的摩阻力，但下沉过程中容易倾斜；台阶形便于加高井壁。沉井的内部可根据需要作隔墙，划分成几个取土井，但取土必须对称设置，以利均衡挖土或纠正偏斜。取土井尺寸，须能容纳机械挖土斗自由上下。

（一）沉井的制作

陆地下沉井均采用就地制造。在浅水中，下沉井需先做围堰，填土筑岛出水面，再就地制造；在深水处，下沉井一般均采用在岸边陆地制造，浮运就位下沉。

就地制造沉井，井壁多为实体，自重较大，而刃脚部分面积小，重心较高，为使其在制造过程中不致因地面下沉而引起沉井开裂或倾倒，过去多在地面整平后，先铺垫木，以增加承压面积，再立模板制造沉井，下沉前需边抽垫木，边用砂将刃脚处填实，然后再挖土下沉。如今则用砂土夯实做成刃脚土模，表面抹层水泥，在土模内制造刃脚部分，既节约木料，又简化施工工艺。如我国枝城长江大桥引桥桥墩基础的沉井刃脚部分，就是用此法灌筑的。

水中沉井的施工：筑岛法——水流速不大，水深在 3 m 或 4 m 以内；浮运沉井施工——水流速较大，水深较深。

（二）沉井施工

沉井施工步骤：场地平整，铺垫木，制作底节沉井；拆模，刃脚下一边填塞砂、一边对称抽拔出垫木；均匀开挖下沉沉井，底节沉井下沉完毕；建筑第二节沉井，继续开挖下沉并接筑下一节井壁；下沉至设计标高，清基；沉井封底处理；施工井内设计和封顶等。

沉井下沉分排水和不排水下沉两种。在软弱土层中须采用不排水下沉，以防涌砂和外周边土坍陷，造成沉井倾斜及位移，必要时采取井内水位略高于井外水位的施工方法。出土机械可使用抓泥斗、空气吸泥机、水力吸泥机等。近代各国发展用锚桩及千斤顶将沉井压下的方法。此外，还有用大直径钻机在井底钻挖的方法，例如日本在圆形沉井内采用臂式旋转钻机，在硬黏土层内开挖，直径可达 11 m，由沉井外的屏幕反映操作情况及下沉速度。

沉井到达设计标高后，一般用水下混凝土封底。井孔是否填充，应根据受力或稳定要求决定，可填砂石或混凝土，但在低于冻结线 0.25 m 以上的部分应用混凝土或圬工填实，沉井基础的最后一道工序是灌筑顶盖。

沉井外壁和土的摩擦力是沉井下沉的主要阻力，为克服这种阻力，一是加大沉井壁厚或在沉井上部增加压重；二是设法减少井壁和土之间的摩擦力。减少摩擦力的方法很多，常用的有射水法、泥浆套法及壁后压气法。

（1）射水法。在沉井下部井壁外面，预埋射水管嘴，在下沉过程中射水以减小周边阻力。

（2）泥浆套法。在沉井井壁和土层之间灌满触变泥浆以减少摩擦力，触变泥浆是用黏性土、水、化学处理剂等按一定配合比搅拌而成，当静置时它处于"凝胶"状态，沉井下沉时它受到搅动，又恢复"溶胶"状态而大大减少摩擦力。

（3）壁后压气法。在井壁内预埋管路，并沿井壁外侧水平方向每隔一定高度设一排气龛，在下沉过程中，沿管路输送的压缩空气从气龛内喷出，再沿井壁上升，从而减少摩擦力。初步资料表明：在粉细砂层及含水量较大的黏性土层中，可以减少摩擦力30%以上，下沉速度加快（与气龛数和喷气量有关），且无泥浆套法的缺点，可在水中施工，不受冲刷的影响，但在卵石层及硬黏土层内效果较差。

（三）浮式沉井施工

浮运的沉井，在陆地先做底节，以减轻质量，在浮运到位后再接筑上部。为增加沉井的浮力，便于浮运，常采取以下三种方法。

（1）在钢沉井内加装气筒，浮运到位后，在沉井内部空间填充混凝土并接高沉井，为控制吃水深度，可在气筒内充压缩空气，待沉入河底预定位置后，再除去气筒顶盖，挖泥（或吸泥）下沉。此法用钢量大，制造安装都较复杂，宜用于深水大型沉井。美国旧金山奥克兰湾桥，第一次采用此法，该桥最大的沉井为60 m×28 m，内装55个直径4.5 m的气筒。中国在南京长江大桥也曾使用18.26 m×22.42 m、底节高11.65 m的钢沉井，内有20个直径3.2 m的气筒，浮运就位后，以钢筋混凝土将沉井接高至5 m，中间隔墙全部用预制件。

（2）将沉井做成双壁式使其能自浮，到位后在壁内灌水或灌筑混凝土下沉。这种沉井可用钢、木或钢筋混凝土制造。1972年我国在建造四川宜宾岷江公路桥时，将制造钢丝网水泥船的经验用于制造双壁浮运沉井。沉井外径12 m，高7.5 m，双壁厚1.3 m，网壁厚3 cm，中间一层钢筋网，4~6层钢丝网上抹水泥砂浆，重60 t，采用岸边制造，滑道下水，拉锚定位，灌水下沉。因这种材质的沉井具有较高的弹性和抗裂性，之后在四川南充嘉陵江大桥及湖南益阳桥修建时都曾经使用。

（3）在沉井底部加临时底板以增加浮力，待到位沉入河底后，再拆除底板，挖泥下沉。例如因风振而破坏的美国塔科马海峡桥，其水中桥墩基础为钢筋混凝土沉井，尺寸是20.1 m×36.6 m，曾用此法施工。

在深水处，采用浮式沉井施工时，有关沉井下水、浮运及悬浮状态下接高、下沉等，必须加以严密控制。

（1）各类浮式沉井在下水前，应对各节浮式沉井进行水密性试验，合格后方可下水。

（2）浮式沉井下水前，应制订下水方案。采用起吊下水时，应对起重设备进行检查，在河岸有适合坡度，采用滑称、牵引等方法下水时，必须严防倾覆。

（3）浮式沉井，必须对浮运、就位和落河床时的稳定性进行检查。

浮式沉井，定位落于河床前，应考虑潮水涨落的影响，对所有锚碇设备进行检查和调整，使沉井安全准确落位；浮式沉井落在河床后，应尽快下沉，并使沉井达到保持稳定的深度；随时观察沉井的倾斜、移位及河床冲刷情况。

（四）沉箱基础施工

沉箱下沉前需具备以下条件。

（1）所有设备已经安装、调试完成，相应配套设备已配备完全。

（2）所有通过底板管路均已连接或密封。

（3）基坑外围回填土已结束。

（4）工作室内建筑垃圾已清理干净。

（5）井壁混凝土已达到强度。

下沉过程中箱内的各种设备应架设牢固，箱外浇筑平台、脚手架等不应与箱壁连接。沉箱下沉加气应在沉箱下沉至地下水位以下 0.5~1 m 开始加气，施工现场应有备用供气设备。沉箱施工时，应首先保证工作室内气压的相对稳定，工作室内的气压原则上应与外界地下水位相平衡。沉箱在穿越砂性土等渗透性较高土层时，应维持气压略低于地下水位的水平。挖机取土下沉时应先在井格中央形成锅底，逐步均匀向周围扩大，应避免捣挖刃脚处土体，保证此处的土塞高度。当沉箱偏斜达到允许值的 1/4 时应进行纠偏。沉箱的助沉措施，可采用触变泥浆和压重措施，不宜使用空气幕助沉。

（五）施工事故的预防及治理

沉井施工时出现的问题主要有瞬间突沉、下沉搁置、沉井悬挂。

1. 瞬间突沉

现象：沉井在瞬间内失去控制，下沉量很大或很快，出现突沉或急剧下沉，严重时往往使沉井产生较大的倾斜或使周围地面塌陷。

原因分析：在软黏土层中，沉井侧面摩阻力很小，当沉井内挖土较深，或刃脚下土层掏空过多，使沉井失去支撑，常导致突然大量下沉或急剧下沉。当黏土层中挖土超过刃脚太深，形成较深锅底，或黏土层只局部挖除，其下部存在的砂层被水力吸空时，刃脚下的黏土一旦被水浸泡而造成失稳，会引起突然塌陷，使沉井突沉。当采用不排水下沉，施工中途采取排水迫沉时，突沉情况尤为严重。沉井下沉遇有粉砂层，由于动水压力的作用，向井筒内大量涌砂，产生流砂现象，而造成急剧下沉。

预防措施：在软土地层下沉的沉井可增大刃脚踏面宽度，或增设底梁以提高正面支承力；挖土时，在刃脚部位宜保留约 50 cm 宽的土堤，控制均匀削土，使沉井挤土缓慢下沉；在黏土层中要严格控制挖土深度（一般为 40 cm）不能太多，不使挖土超过刃脚，可避免出现深的锅底将刃脚掏空黏土层下有砂层时，防止把砂层吸空，控制排水高差和深度，减小动水压力，使其不能产生流砂或隆起现象，或采取不排水下沉的方法施工。

治理方法：加强操作控制，严格按次序均匀挖土，避免在刃脚部位过多掏空，或挖土过深，或排水迫沉水头差过大，在沉井外壁空隙填粗糙材料增加摩阻力；或用枕木在定位垫架处给以支撑，重新调整挖土，发现沉井有涌砂或软黏土因土压不平衡产生流塑情况时，为防止突然急剧下沉和意外事故发生，可向井内灌水，把排水下沉改为不排水下沉。

2. 下沉搁置

现象：沉井被地下障碍物搁住或卡住，出现不能下沉或下沉困难的现象。

原因分析：沉井下沉局部遇孤石、大块卵石、矿渣块、砖石、混凝土基础、管线、钢筋、树根等被搁置、卡住，造成沉井难以下沉。下沉中遇局部软硬不均地基或倾斜岩层。

预防措施：施工前做好地基勘察工作，对沉井壁下部 3 m 以内的各种地下障碍物，下沉前挖井取出。对局部软硬不均地基或倾斜岩层，采取先破碎开挖较硬土层或倾斜岩层，再挖较弱土层，使其均匀下沉。

治理方法：遇较小孤石，可将四周土掏空后取出；遇较大孤石或大块石、地下沟道等，可用风动工具或用松动爆破方法破碎成小块取出。爆破时炮孔距刃脚不小于 50 cm，其方向须与刃脚斜面平行，药量不得超过 200 g，并设钢板、草垫防护，不得用裸露爆破。钢管、钢筋、树根等可用氧气烧断后取出。不排水下沉，爆破孤石，除打眼爆破外，也可用射水管在孤石下面掏洞。

3. 沉井悬挂

现象：沉井下沉过程中，刃脚下部土体已经掏空，而沉井的自重仍不能克服摩阻力下沉，产生悬挂现象，有时将井壁拉裂。

原因分析：井壁与土壁间的摩阻力过大，沉井自重不够，下沉系数过小；沉井平面尺寸过小，下沉深度较大，遇较密实的土层，其上部有可能被土体夹住，使其下部悬空，有时将井壁拉裂。

预防措施：使沉井有足够的下沉自重；下沉前应验算沉井的下沉系数，应不小于 1.1~1.25。加大刃脚上部空隙，使井壁与土体间有一定空间，以避免被土体夹住。

治理方法：用 0.2~0.4 MPa 的压力流动水针沿沉井外壁缝隙冲水，以减少井壁和土体间的摩阻力；在井筒顶部加荷载，或继续浇筑上节筒身混凝土增加自重和对刃口下土体的压力，但应在悬空部分下沉后进行，以免突然下沉破坏模板和混凝土结构；继续第二层碗形挖土，或挖空刃脚土，必要时向刃脚外掏深 100 mm；在岩石中下沉，可在悬挂部位进行补充钻孔和爆破。

六、地下连续墙基础施工

(一)地下连续墙的分类与特征

由于目前挖槽机械发展很快，与之相适应的挖槽工法层出不穷，有不少新的工法已经不再使用膨润土泥浆，墙体材料已经由过去以混凝土为主而向多样化发展，不再单纯用于防渗或挡土支护，越来越多地作为建筑物的基础，所以很难给地下连续墙一个确切的定义。

一般地下连续墙可以定义为：利用各种挖槽机械，借助于泥浆的护壁作用，在地下挖出窄而深的沟槽，并在其内浇筑适当的材料而形成一道具有防渗(水)、挡土和承重功能的连续的地下墙体。

地下连续墙的分类如下。

按成墙方式可分为：桩排式、槽板式、组合式。

按墙的用途可分为：防渗墙、临时挡土墙、永久挡土(承重)墙、作为基础用的地下连续墙。

按墙体材料可分为：钢筋混凝土墙、塑性混凝土墙、固化灰浆墙、自硬泥浆墙、预制墙、泥浆槽墙(回填砾石、黏土和水泥三合土)、后张预应力地下连续墙、钢制地下连续墙。

按开挖情况可分为：地下连续墙(开挖)、地下防渗墙(不开挖)。

地下连续墙施工震动小、噪声低，墙体刚度大，防渗性能好，对周围地基无扰动，可以组成具有很大承载力的任意多边形连续墙代替桩基础、沉井基础或沉箱基础。它对土壤的适应范围很广，在软弱的冲积层、中硬地层、密实的砂砾层以及岩石的地基中都可施工。初期用于坝体防渗，水库地下截流，后发展为挡土墙、地下结构的一部分或全部。房屋的深层地下室、地下停车场、地下街、地下铁道、地下仓库、矿井等均可应用。

(二)地下连续墙施工工艺流程

在挖基槽前先做保护基槽上口的导墙，用泥浆护壁，按设计的墙宽与深度分段挖槽，放置钢筋骨架，用导管灌注混凝土置换出护壁泥浆，形成一段钢筋混凝土墙。逐段连续施工成为连续墙。施工主要工艺为导墙→泥浆护壁→成槽施工→水下灌注混凝土→墙段接头处理等。

1. 导墙

导墙通常为就地灌注的钢筋混凝土结构。主要作用是保证地下连续墙设计的几何尺寸和形状；容蓄部分泥浆，保证成槽施工时液面稳定；承受挖槽机械的荷载，保护槽口土壁不被破坏，并作为安装钢筋骨架的基准。导墙深度一般为 1.2~1.5 m，墙顶高出地面 10~15 cm，以防地表水流入而影响泥浆质量。导墙底不能设在松散的土层或地下水位波动的部位。

2. 泥浆护壁

通过泥浆对槽壁施加压力以保护挖成的深槽形状不变，灌注混凝土把泥浆置换出来。泥浆材料通常由膨润土、水、化学处理剂和一些惰性物质组成。泥浆的作用是在槽壁上形成不透水的泥皮，从而使泥浆的静水压力有效地作用在槽壁上，防止地下水的渗水和槽壁的剥落，保持壁面的稳定，同时泥浆还有悬浮土渣和将土渣携带出地面的功能。

在砂砾层中成槽，必要时可采用木屑、蛭石等挤塞剂防止漏浆。泥浆使用方法分静止式和循环式两种。泥浆在循环式使用时，应用振动筛、旋流器等净化装置。在指标恶化后要考虑采用化学方法处理或废弃旧浆，换用新浆。

3. 成槽施工

使用成槽的专用机械有：旋转切削多头钻、导板抓斗、冲击钻等。施工时应视地质条件和筑墙深度选用。一般土质较软，深度在 15 m 左右时，可选用普通导板抓斗；对密实的砂层或含砾土层，可选用多头钻或加重型液压导板抓斗；在含有大颗粒卵砾石或岩基中成槽，以选用冲击钻为宜。槽段的单元长度一般为 6~8 m，通常结合土质情况、钢筋骨架质量及结构尺寸、划分段落等决定。成槽后需静置 4 h，并使槽内泥浆比重小于 1.3。

4. 水下灌注混凝土

此过程采用导管法按水下混凝土灌注法进行，但在用导管开始灌注混凝土前为防止泥浆混入混凝土，可在导管内吊放一管塞，依靠灌入的混凝土压力将管内泥浆挤出，混凝土要连续灌注并测量混凝土灌注量及上升高度，所溢出的泥浆送回泥浆沉淀池。

5. 墙段接头处理

地下连续墙是由许多墙段拼组而成，为保持墙段之间连续施工，接头采用锁口管工艺，即在灌注槽段混凝土前，在槽段的端部预插一根直径和槽宽相等的钢管，即锁口管，待混凝土初凝后将钢管徐徐拔出，使端部形成半凹榫状。也有根据墙体结构受力需要而设置刚性接头的，以使前后两个墙段连成整体。

（三）地下连续墙的检测

地下连续墙槽底的沉渣必须清理，清理后的沉渣厚度不大于 200 mm。地下连续墙水下混凝土必须连续浇筑，严禁发生中断或导管进水现象。每槽段实际浇筑混凝土的数量严禁小于计算体积。

超声波地下连续墙检测仪利用超声探测方法，将超声波传感器浸入钻孔中的泥浆里，可以很方便地对钻孔四个方向同时进行孔壁状态监测，可以实时监测连续墙槽宽、钻孔直径、孔壁或墙壁的垂直度、孔壁或墙壁坍塌状况等；可以帮助改善钻孔质量、减少工作时间、降低工程费用，是进口设备所无法比拟的。目前超声波钻孔检测仪无论从成图清晰度、检测数据的准确性，还是机械性能等方面已经完全可以取代进口设备，而且检测图像更直观、清晰，对泥浆的适应能力更高。

第二节　桥梁墩台

桥梁墩台施工是建造桥梁墩台相关工作的总称。其主要工作有：墩台定位，放样，基础施工，在基础襟边上立模板和支架，浇筑墩台身混凝土或砌石，扎顶帽钢筋，浇顶帽混凝土并预留支座锚栓孔等。

一、概述

（一）桥梁墩台的组成及作用

桥梁墩台是桥梁的重要组成部分，称为桥梁的下部结构。它主要由墩台帽、墩台身和基础三部分组成，如图 2-1 所示。

桥梁墩台的主要作用是承受上部结构传来的作用效应，并通过基础又将此作用效应及本身自重传递到地基上。墩台主要决定桥梁的高度和平面上的位置，它受地形、地质、水文和气候等自然因素影响较大。

桥墩一般指多跨桥梁的中间支承结构物，它除承受上部结构的竖向力、水平力和弯矩外，还要承受流水压力、风力以及可能发生的冰压力、地震力、船只和漂浮物的撞击力等。桥台是设置在桥的两端、除了支承桥跨结构作用

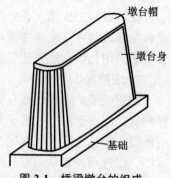

图 2-1　桥梁墩台的组成

的受力外，还是两岸接线路堤衔接的构筑物，它既要能挡土护岸，又要能承受台背填土及填土上车辆作用所产生的附加土侧压力。因此，桥梁墩台不仅本身应具有足够的强度、刚度和稳定性，而且对地基的承载能力、沉降量、地基与基础之间的摩阻力等也都提出一定的要求，以避免在这些作用下有过大的水平位移、转动或者沉降发生，这点对超静定结构桥梁尤为重要。

（二）桥梁墩台的一般类型及其适用条件

公路桥梁上常用的墩台形式大体上可归纳为两大类：重力式墩台和轻型墩台。

1. 重力式墩台

它的主要特点是靠自身重量来平衡外力而保持其稳定。因此，墩台身比较厚实，可以采用天然石材或片石混凝土砌筑。它适用于地基良好的大、中型桥梁，或漂流物较多的河流中。在盛产石料的山区，小桥也往往采用重力式墩台。重力式墩、台的主要缺点是圬工体积大，因而在河流中的阻水面积也较大。

2. 轻型墩台

轻型墩台的形式很多，而且都有各自的特点和使用条件。选择时必须根据桥位的地质、地形、水文和施工条件等因素综合考虑来确定。一般说来，这类墩台刚度小，在外荷载作用下会产生一定的弹性变形，因此往往采用钢筋混凝土来修建。

(三)墩台施工基本要求

(1)确保结构尺寸。墩台的位置、尺寸、强度、耐久性等均要符合设计要求,墩台表面平整美观。墩台的位置和尺寸如有较大偏差,可能会使墩台中的应力超过规定或稳定性达不到设计要求,甚至会架不上梁。

(2)选用合格材料。严格把关混凝土相关材料并通过试验控制施工质量,按规定进行混凝土的拌和、运送、浇筑、养护等工作,使墩台各部分的强度和耐久性等符合质量要求。

(3)处理接茬表面。墩台身施工前,应将基础顶面浮浆凿除,冲洗干净,整修联结钢筋。并在基础顶面测定中线、水平,标出墩台底面位置。

(4)确保模板质量。墩台身模板及支架应有足够的强度、刚度与稳定性。模板宜采用大块钢模板。模板接缝应严密,不得漏浆。采用整体吊装时,其吊装高度视吊装能力并结合墩台施工分段而定,一般宜为 2~4 m,并应有足够的整体性与刚度。

(5)合理留置施工缝。施工缝的位置应设置在结构受剪力较小和便于施工的部位,一般应垂直于结构的纵轴线,避开结构的薄弱环节。

(6)竣工测量复核。包括跨度,全桥中线、水平、跨度及支承垫石高程,并标出各墩台的中心线、支座十字线、梁端线及锚栓孔位置。施工中应确保支承垫石钢筋网及锚栓孔位置正确,垫石顶面平整,高程符合设计要求。暂不架梁的锚栓孔或其他预留孔,应排除积水将孔口封闭。

(7)降温防裂措施。浇筑大体积混凝土结构(或构件最小断面尺寸在 300 mm 以上的结构)前,根据结构截面尺寸大小预先采取必要的降温防裂措施,如搭设遮阳棚、预设循环冷却水系统等。

(8)允许误差。除设计有特殊规定外,墩台施工允许误差应符合表 2-4 规定。

表 2-4　墩台施工允许误差

序号	项目		允许误差/mm
1	墩台前后、左右边缘距设计中心线尺寸		+20, 0
2	简支梁与连续梁	支承垫石顶面高程	0, -3
		每孔(每联)梁一端两支承垫石顶面高差	3

注:其他梁型,支承垫石顶面高程允许误差按设计要求办理。

二、墩台施工基本方法

墩台施工方法通常分为两大类:一类是现场就地浇筑与砌筑;另一类是拼装预制的混凝土砌块、钢筋混凝土或预应力混凝土构件。前者工序简便,机具较少,技术操作难度较小,但是施工期限较长,需消耗较多的劳力和物力。后者的特点是可确保施工质量、减轻工人劳动的强度,又可加快工程进度,提高经济效益,该方法适用于场地狭窄,缺少砂石地区或干旱缺水地区。目前现场多采用就地浇筑的混凝土方法,主要包括两个工序:一是制作与安装墩台模板;二是混凝土浇筑,其中滑动钢模的采用大大加快了墩台施工的进度并提升了质量。

（一）就地浇筑墩台施工

桥梁墩台通常比较高，混凝土数量多，且位置分散，因此在墩台施工中，除要重视混凝土的施工质量外，还要根据现场地形和机具设备，合理布置拌和站，因地制宜地解决混凝土的运输问题，实现混凝土浇筑一条龙，使各工序紧密配合，以加快施工进度。拌和站有固定式和移动式两种布置方式，结合工地施工条件、墩台结构形式，选用各种运输机具，合理安排自混凝土工厂（或拌和站）至墩台的水平运输和从墩台地面到顶面的垂直运输，尽量减少混凝土在运输过程中的倒装次数，减少离析、漏浆，保证入模混凝土的质量。

墩台混凝土的灌筑，关键在于加强施工质量控制。在施工过程中应从混凝土的配合比、水灰比及坍落度三方面进行控制，并做好如下工作：

1. 基础施工

清除淤泥和杂物，并采取排水和防水措施；对干燥的非黏性土，用水湿润；对过于湿润的土，在基底设计标高下夯填一层 10～15 cm 厚片石或碎（卵）石层；对未风化的岩石，用水清洗，但其表面不得留有积水，然后铺一层厚 2～3 cm 的水泥砂浆，在水泥砂浆凝结前浇筑第一层混凝土。

桩基承台混凝土应在无水条件下浇筑，绑扎承台钢筋前，应核实承台底面高程及每根基桩埋入承台的长度，并应对基底面进行修整。承台底面以上到设计高程范围的基桩顶部应显露出新鲜混凝土面。基桩埋入承台长度及桩顶主钢筋锚入承台长度满足设计要求，钢管桩焊好桩顶连接件。承台底层钢筋网在越过桩顶处不得截断，承台混凝土应一次连续浇筑。

2. 墩台身施工

墩台身施工前，应将基础顶面浮浆凿除，冲洗干净，整修联结钢筋。并在基础顶面测定中线、保持水平，标出墩台底面位置。严格检查模板支架情况，模板内干净与否，木模板浇水湿润，脱模剂的涂刷情况，钢筋和预埋件的种类、规格、位置、接头、数量情况，提升塔架、工作平台、脚手架等是否安全可靠；材料过磅、运输车辆、溜槽、串筒、振捣器等混凝土灌筑用具是否齐全。

在墩台施工中，对同一墩台，不同部位所用的混凝土标号有时不同，水上水下部分因抗渗性要求不同，对混凝土的浇筑要求也不一样，其配合比也就相应有所变化。在钢筋密布的地方，还对粗骨料的粒径加以限制。因此，在施工中要切实做到按规定的数量和规格投料，不能凭经验办事，并按大体积坯工控制水化热。

墩台身钢筋的绑扎应和混凝土的灌筑配合进行。在配置第一层垂直钢筋时，应有不同的长度，同一断面的钢筋接头应符合施工规范。水平钢筋的接头，也应内外、上下互相错开。钢筋保护层的净厚度，应符合设计要求。如无设计要求时，则可取墩台身受力钢筋的净保护层不小于 30 mm，承台基础受力钢筋的净保护层不小于 35 mm。

混凝土的浇筑应在整个截面内进行，墩台身混凝土未达到终凝前，不得泡水。

（二）石砌墩台施工

石砌墩台是用片石、块石及粗料石以水泥砂浆砌筑的，具有就地取材和经久耐用等优点，在石料丰富地区建造墩台时，在施工期间允许的条件下，为节约水泥，应优先考虑石砌墩台方案。

1. 石料、砂浆与脚手架

石砌墩台是用片石、块石及粗料石以水泥砂浆砌筑的，石料与砂浆的规格要符合有关规定。浆砌片石一般适用于高度小于 6 m 的墩台身、基础、镶面以及各式墩台身填腹；浆砌块石一般用于高度小大于 6 m 的墩台身、镶面或应力要求大于浆砌片石砌体强度的墩台；浆砌粗料石则用于磨耗及冲击严重的分水体及破冰体的镶面工程以及有整齐美观要求的桥墩台身等。

将石料吊运并安砌到正确位置是砌石工程中比较困难的工序。当重量小或距地面不高时，可用简单的马凳跳板直接运送；当重量较大或距地面较高时，可采用固定式动臂吊机或桅杆吊机或井式吊机，将材料运到墩台上，然后再分运到安砌地点。用于砌石的脚手架应环绕墩台搭设，用以堆放材料，并支承施工人员砌镶面时定位行列及勾缝。脚手架一般常用固定式轻型手架（适用于 6 m 以下的墩台）、简易活动脚手架（适用在 25 m 以下的墩台）以及悬吊式脚手（适用于较高的墩台）。

2. 施工要点

在砌筑前应按设计图放出实样，挂线砌筑。砌筑基础的第一层砌块时，如基底为土质，只在已砌石块的侧面铺上砂浆即可，不需坐浆；如基底为石质，应将其表面清洗、润湿后，先坐浆再砌石。砌筑斜面墩台时，斜面应逐层放坡，以保证规定的坡度。砌块间用砂浆黏结并保持一定的缝厚，所有砌缝要求砂浆饱满。形状比较复杂的工程，应先做出配料设计图，注明块石尺寸；形状比较简单的，也要根据砌体高度、尺寸、错缝等，先行放样配好料石再砌。

砌筑方法：同一层石料及水平灰缝的厚度要均匀一致，每层按水平砌筑，丁顺相间，砌石灰缝互相垂直，灰缝宽度和错缝按规定办理。砌石顺序为先角石，再镶面，后填腹。填腹石的分层高度应与镶面相同；圆端、尖端及转角形砌体的砌石顺序，应自顶点开始，按丁顺排列接砌镶面石。

砌石采用坐浆法砌筑，即在定位挂线的基础上砌筑时首先铺一层砂浆，其厚度约为所砌石块高度的 1/5~1/4，再安砌大石块，然后用砂浆将大石块间隙灌满，随即用中小石块仔细嵌填到已灌满砂浆的空隙中，并将其中多余的砂浆挤出，做到既节省水泥又保证砌体质量。石块的上下层砌缝必须错开，错缝的距离最少是 8 cm。

砌石的一般顺序为：先砌角石，再砌面石，最后填腹。角石在砌石中很重要，它是控制左右方向和水平方向的关键所在，同时也控制上下层与层之间灰缝宽度，所以角石也叫定位石。角石应选比较方正、大小差不多的石块。角石砌好后就可以把线移挂到角石上，再砌面石。为了运送石料方便，外圈面石可在运送石料方向留一进料口，等填腹砌到缺口处，撤去跳板，再行封砌。填腹一般都采取向运送石料方向倒退砌的方法，填腹石的分层高度应与镶面高度相同。

(三）装配式墩台施工

装配式墩台（柱式墩、后张法预应力墩）施工适用于山谷架桥、跨越平缓无漂流物的河沟、河滩等的桥梁，特别是在工地干扰多、施工场地狭窄，缺水与沙石供应困难地区，其效果更为显著。其优点是：结构形式轻便，建桥速度快、圬工省，预制构件质量有保证等等。

装配式墩台有柱式墩台、后张法预应力墩台两种形式：

1. 装配式柱式墩台

柱式墩台包括双柱式、排架式、板凳式和刚架式等，施工时将桥墩分解成若干轻型部件，在工厂或工地集中预制，再运送到现场装配成桥梁。施工应注意以下几点：

（1）墩台柱构件与基础顶面预留杯形基座应编号，并检查各个墩、台高度和基座标高。

（2）墩台柱吊入基杯内就位时，应在纵横方向测量，确保柱身竖直度或倾斜度以及平面位置符合要求；对重大、细长的墩柱，需用风缆或撑木固定，方可摘除吊钩。

（3）在墩台柱顶安装盖梁前，先检查盖梁口预留槽眼位置。

（4）柱身与盖梁（顶帽）安装完毕，可在基杯空隙与盖梁槽眼处灌筑稀砂浆，待其硬化后，撤除楔子、支撑或风缆，再在楔子孔中灌填砂浆。

2. 后张法预应力装配式墩台

装配式墩台由基础、实体墩身和装配墩身三大部分组成。装配墩身由基本构件、隔板、顶板及顶帽四种不同形状的构件组成（见图 2-2），用高强钢丝穿入预留的上下贯通的孔道内，张拉锚固而成。安装构件关键是"平、稳、准、实、通"，即起吊平、构件顶面平、内外接缝要抹平；起吊、降落、松钩要稳；构件尺寸、孔道位置、中线、预埋件位置要准；接缝砂浆要密实；构件孔道要通。

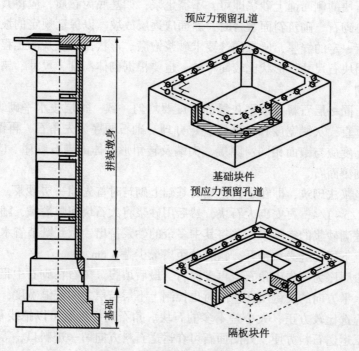

图 2-2　后张法预应力装配式墩

施工应注意以下几点：

（1）实体段墩台身灌注时要按拼装构件孔道的相对位置，预留张拉孔道及工作孔。

（2）构件的水平拼装缝采用的水泥砂浆，不宜过干或过稀。砂浆厚度为 15 mm 左右，便于调整构件水平标高，不使误差积累。

（3）构建起吊时，要先冲洗底部泥土杂物。同时在构件四角孔道内可插入一根钢管，下端露出约 30 cm 作为导向。

（4）注意测量纵横向中心线位置，检查中心线无误后方可松开吊钩。

（5）注意进行孔道检查，如孔道被砂浆堵塞无法通开时，只能在墩身内壁的相对位置凿开一小洞，清除砂浆积块，用环氧树脂砂浆修补。

三、高桥墩施工

高桥墩的特点是：墩高、圬工数量多而工作面积小，一般多在深沟狭谷、地势崎岖地区，施工条件差，因此高墩的施工工艺就有它独特的地方。

目前，我国桥墩高度已达到 80 m 以上的，结构多为薄壁空心。模板多采用滑动模板、翻转模板、爬升式模板及整体吊装式模板等。

（一）井架提升

高桥墩垂直提升混凝土的主要机械可用缆索吊机，吊机以及各种井架等。在只有少量高墩的工地或有条件搭设井架的工地，宜采用井架提升混凝土或以井架为杆，另安装扒杆来吊送混凝土，井架一般可用型钢或万能杆件组装。图 2-3 为非空心高墩的墩外井架布置。

图 2-4 为适用于薄壁空心墩中间的井架实例，塔架用万能杆件组拼，其上安装扒杆，作为提升混凝土吊斗及相关材料用，井架每隔 8 m 拼装一层水平支撑，用特制杆件与墩身预埋钢板焊接，从而减少井架的自由长度。水平支撑又作为灌注隔墙（板）的脚手架。井架分两次拼装而成。井架内设有阶梯，供操作人员上下。

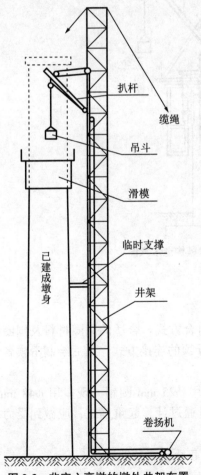

图 2-3 非空心高墩的墩外井架布置

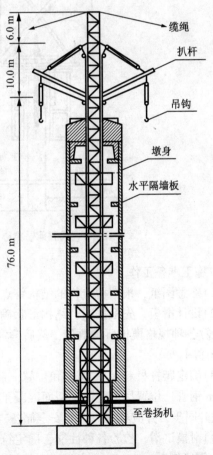

图 2-4 薄壁空心墩中间的井架示意图

（二）滑动模板施工

滑动模板施工方法是将模板整体安装在墩身周围，借助千斤顶的作用，在灌筑混凝土的同时使模板逐渐向上提升，所以只用一节模板就能灌筑整个墩身。这种方法也适用于修建烟囱、简仓、冷却塔、水塔、楼房等高层建筑。随着施工技术的发展，滑模也由螺旋千斤顶提升直坡滑模发展为液压千斤顶提升收坡滑模，这种方式解决了锥形空心墩的施工问题，扩大了滑模施工的应用范围，目前广泛用于铁路与公路的圆形、圆端形及矩形空、实心桥墩施工。

滑模主要由工作平台、内外模板、混凝土平台、工作吊篮和提升设备等组成，图 2-5 为圆开薄壁空心有坡度桥墩的滑动模板。

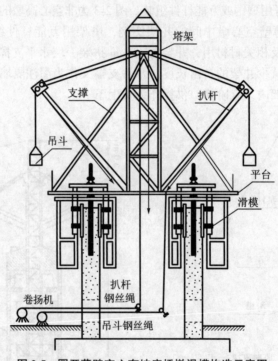

图 2-5 圆开薄壁空心有坡度桥墩滑模构造示意图

1. 施工准备工作

（1）熟悉图纸，根据构造物的结构特点确定滑升方案。

（2）设计滑模。先根据墩台结构形状确定模板的组合方式、合适的围圈材料及围圈断面，计算各种规格模板所需数量，然后确定模板与千斤顶的连接方式，最后绘制滑模各组成部分详图。

（3）确定爬杆材料及其数量和位置。爬杆以前常用 $\phi25$ mm 圆钢，现多用 $\phi48$ mm × $\phi35$ mm 钢管。位置尽可能位于截面混凝土中心；数量通过计算起重确定，应做到受力均匀，提升同步，并应具有一定的安全储备。

（4）滑模试滑，检验各种性能，确定符合要求后，再正式组装使用。

2. 钢筋绑扎

绑扎钢筋一般在组装模板之前完成。构造物水平钢筋第一次只能绑至和模板相同的高度，以上部分在滑升开始后在千斤顶架横梁下和模板上口之间的空隙内绑扎。为施工方便，竖向钢筋每段长度不宜过长。钢筋接长时，在同一断面内钢筋接头截面积不宜超过钢筋总截面积的50%。

3. 模板的组装

(1)组装顺序：千斤顶架→围圈→内模板→外模板→操作平台→千斤顶→爬杆→标尺或水位计→液压操作柜→液压管路→内外吊架。

(2)千斤顶架底面标高以基础表面最高点为准，偏低处用垫块垫好后再立顶架。顶架下横梁至模板上口的距离宜在45 cm，以便水平钢筋的绑扎。

(3)围圈应有一定的刚度，围圈接头采用刚性连接，并上下错开布置。特别是矩形大截面墩台，一定要和模板固定牢固，以防模板变形。

(4)对直坡式墩台，在安装模板时，下口应保持模板高度0.5%的锥度，同时要不超过断面尺寸误差要求。为减少滑升时的摩阻力，模板在安装前需涂抹润滑剂。

(5)液压千斤顶在组装前要做串联试压工作，加压到10 MPa，0.5 h后，检查千斤顶有无漏油现象，完好者才能安装，安装后的千斤顶应垂直。

(6)爬杆必须顺直，插入千斤顶时，必须保持垂直，并且要按不同长度错开布置，以避免把爬杆接头集中到一个断面上去。为增加其稳定性，可在其下端垫以10 mm厚钢板。

(7)油管在组装前应做试压工作。把若干根油管连接起来，加压到12 MPa，5 min后检查有无漏油或脱头现象。滑模组装后必须按设计要求的组装质量标准进行全面检查，发现问题要及时进行纠正，以免造成后患。

4. 混凝土配合比的设计

滑模混凝土宜采用半干硬或低流动度混凝土，要求和易性好，不易产生离析，泌水现象，坍落度应控制在3~5 cm范围内。混凝土出模强度是设计配合比的关键。强度过低，则混凝土容易坍塌，承受不了上部浇灌混凝土的自重；如强度过高，则模板与混凝土之间产生黏结，滑升困难，且容易发生拉裂、掉角现象。混凝土合适的出模强度为0.2~0.3 MPa。混凝土的凝固时间，初凝控制在2 h左右，终凝以4~7 h为宜。施工中如果出现因混凝土凝结硬化速度慢而降低滑升速度，可掺入一定数量的早强剂或速凝剂等外加剂，具体掺量应根据气温、水泥品种及标号经试验确定。

5. 混凝土的浇筑与模板滑升

(1)初浇初升。混凝土初次浇灌高度一般为60~70 cm，分2~3层浇灌，约需3~4 h，随后即可将模板升高5 cm，检查出模混凝土强度是否合格，合格后可以将模板提升3~5个千斤顶行程，然后对模板结构和液压系统进行一次检查，看是否工作正常，如正常即转入连续滑升。在滑升过程中，要经常检查和控制中心线，调整千斤顶升差，并穿插进行接长爬杆、焊接预埋铁件、预留孔洞、支承杆加固、特殊部分处理等工作。脱模后如表面有缺陷时，及时修理。当需用砂浆进行处理修饰时，采用水灰比略小于原混凝土，灰砂比与原混凝土相同的水泥砂浆，这样处理后颜色与原来一致。

(2)随浇随升。在正常气温下，混凝土的浇灌滑升速度为20~35 cm/h，继续绑扎钢筋。浇灌混凝土，开动千斤顶，提升模板，如此循环不断作业，直到完成结构工作量为止，平均每昼夜滑升2.4~7 m。每次浇灌混凝土应分段、分层交圈均匀进行，分层厚度一般为20~30 cm，每次浇灌至模板上口以下约10 cm为止。滑升速度应与混凝土凝固程度相适应，一般情况下，混凝土表面湿润，手摸有硬的感觉，可用手指按出深度1 mm左右的印子，或表面用抹子能抹平时即可滑升。脱模后8 h左右就需要进行混凝土养护。养护可根据具体情况采取养护液保水养护、缠裹塑料薄膜养护、附在吊架下环绕墩台身的带小孔水管养护。

（3）停升。因施工需要或因其他原因，中途不能连续滑升时应采取"停歇措施"。首先混凝土应浇灌到同一水平面，模板每隔 1 h 至少提升一个行程，以防模板与混凝土黏结导致拉裂已硬结的混凝土。再开始滑升时，应对液压系统进行运转检查，混凝土的接搓，应按施工缝进行处理。

（4）末浇。当混凝土浇至最后 1 m 时，注意抄平找正，要全面检查，最后分散浇平。浇灌要均匀，要注意变换浇灌方向，防止墩台倾斜或扭转。振捣时不得触动爬杆、模板和钢筋。

振捣器要插到下一层混凝土内深 5 cm 左右振捣。混凝土停止浇灌，模板应按"停歇措施"继续提升到与混凝土不再黏结为止。在混凝土强度达到设计强度的 70%时进行拆模工作，注意按一定顺序进行，以确保安全。

6. 注意事项

（1）控制墩台竖直度，在正常施工中，每滑升 1 m 就要进行一次中心校正。滑升中如发现偏扭，查明原因，逐渐纠正，纠正的方法一般是将偏扭一方的千斤顶相对提高 2 ~ 4 cm 后逐步纠正，每次纠正量不宜过大，以免产生明显的弯曲现象。

（2）操作平台水平度的控制：控制操作平台的水平度是滑模施工的关键之一，如果操作平台发生倾斜，将导致墩台扭转和滑升困难。为避免平台倾斜，平台上材料堆放要均匀，并注意混凝土浇筑顺利，还要经常进行观测和调整。具体做法是用水平仪观察各千斤顶高差，并在支承杆上画线，标记千斤顶应滑升到的高度，在同一水平面上的千斤顶其高不宜大于 20 mm，相邻千斤顶高差不宜大于 10 mm。

（3）爬杆弯曲：爬杆弯曲必须予以防止，否则会引起严重的质量和安全事故，爬杆的负荷要通过计算确定，如果负荷过大或脱空距离过大时，就会引起爬杆弯曲，平台倾斜也会使爬杆弯曲。若爬杆弯曲程度不大，可用钢筋与墩台主筋焊接固定，以防再弯；若爬杆弯曲较大时，应切去弯面部分，再补焊——截新杆；弯曲严重时，应切去上部，另换新杆，新杆与混凝土接触面应垫以 10 mm 厚钢靴。

（4）机具设备的备用：滑模施工重在连续作业，不宜中途停止，否则会增加接搓施工难度，工程质量也不易保证。为此，所有影响滑模施工的各种不利因素，必须予以周密考虑。特别是主要施工机具及电力供应，比如混凝土搅拌机、发电机等要有备用部分，以防不测。

（三）爬升式模板

用滑动模板施工，只需一节模板配合平台吊架、支承顶杆、穿心式千斤顶和提升混凝土设备等即可完成全部混凝土的灌筑工作。它具有施工进度快、节省劳力等优点，但由于滑模是在混凝土强度还较低的条件下脱模，故有可能使混凝土表面出现变形或环向沟缝，有时会因水平力的作用使滑模发生扭转。滑模在动态下灌筑混凝土，提升操作频繁，因而对中线的水平控制要求极严，稍有不当就会发生中线水平偏差。因而滑模施工方法在桥梁施工中已逐渐减少，有被爬升模板取代的趋势。

根据模板与支架爬升方法的不同，爬升式模板可以有多种形式。

（1）滑升式爬模：滑升式爬模由大块钢模、滑升桁架及脚手支架组成。它具有滑动模板和大模板施工的优点，克服了滑模的不足。其构造特点是在大面模板一侧设有竖向轨道，作为竖向桁架的爬升轨道，竖向桁架滑升带动水平桁架及作业平台整体上升，在桁架提升完成并固定后，拆除底下一节模板，并用扒杆起吊安装到顶部已灌筑混凝土的模板之上（即倒升），作为新的一节模板进行混凝土灌筑工作。

（2）翻板式爬模：滑升爬模兼有滑模施工与普通模板施工的优点，既像滑模那样有提升平台和模板提升系统，又像普通模板那样分节分段进行安装定位，可根据模板的安装能力制定模板的分块尺寸。但因滑升爬模更适宜采用大板式模板（因支承滑升架的需要），所以主要用于不变坡的方形塔柱施工，对于变坡的或者弧形截面的塔墩，应用翻板式爬模，可能更为方便。翻板式爬模的特点是没有滑升架和提升装置，模板也可由大板改成小块模板，以适应墩身变坡和随着墩高变化而引起的直径曲率变化。每套模板由 3 节同样规格的模板及配件组成，每节模板的高度约为 15~20 m，宽度可根据桥墩截面形状、尺寸及起吊设备能力拟定。翻板式爬模适用于变截面空心桥墩施工。

（3）爬升模板：这种模板与前两种不同之处是它只需一套模板，即可完成全部混凝土的灌筑工作。爬模所要解决的是模板与脚手架的自升，而滑升爬模所要解决的是吊机与脚手架的自升，模板的拆装仍由吊机（扒杆）完成。爬升模板从形式上可分为内爬式和外爬式两种。内爬式采用双层框架两套支腿，爬升时以下支腿顶紧，用外框架顶升内框架、内外模板和上支腿，然后顶紧上支腿，将外框架及下支腿提升上来，这样完成一次爬升循环。爬模的施工荷载都由预埋在结构表面的钢件（锚固螺栓或拉杆）承受。这与滑升爬模和翻模不同，后者靠钢模或模板与混凝土的黏结力传递施工荷载。外爬式钢模只用一套支架，靠预埋构件固定框架及内外模板，利用模板、框架的相互交替顶升完成混凝土的灌筑工作。

（4）墩帽模板：无论滑模还是各种形式的爬模，当混凝土灌筑至最后一节后，都需要对工作平台重新进行改装，以便灌筑墩帽混凝土。通常的办法都是按需要的高度预留牛腿孔洞，安装承托及过载梁，将平台托架下落，支承于牛腿过载梁上，拆除提升系统及其他不需要的附属设施后，即可立模绑扎钢筋并灌筑混凝土，而后利用墩帽，吊起托架，拆除牛腿，将整个工作平台徐徐下落至地面回收。

墩台顶帽施工前后均应复测其跨度及支承垫石标高。施工中应确保支承垫石钢筋网及锚栓孔位置正确，垫石顶面要求平整，高程符合设计要求。

四、钢筋混凝土柔性桥墩施工

柔性桥墩的特点是把一座桥梁的部分活动支座更换为固定支座，将桥墩与钢筋混凝土梁分组串联在一起，形成一个共同受力体系，使桥上因动载而产生的纵向水平力，传递到刚性桥墩上，使其他桥墩仅承受垂直荷载。

柔性墩截面小，在没有架梁以前，顶部是自由端，所以单独的墩身还不能视为稳固结构，事实上会有轻微摆动，因此，施工中应至少采取如下措施：

（1）模型板与脚手架应该保持互相分离，以免在脚手架上的活动影响模板，引起模板位置的移动。

（2）由于钢筋密、横撑接头处钢筋更为复杂，截面又小，灌筑混凝土不易捣固，因此必须采取分节立模、分节灌筑的方法。立模与灌筑交替进行。为此，模板必须按部位、按分节制成整体或整扇结构，以便快速吊立，缩短交替节拍。一般是将模板分成墩身（分节）、横撑、顶帽三部分，分节立模和灌注，组织两种专业工班，在各墩间流水作业。

五、墩台顶帽施工

1. 顶帽放线

墩台混凝土或砌石至离顶帽底约 30 cm 时，即测出墩台纵模中心轴线，并据以竖立顶帽模板，安装锚栓孔及安扎钢筋等。桥台顶帽放线时应注意不要以基础中心线作为顶帽背墙线，以免放错。模板立好后，在灌混凝土前应再次复核，以确保顶帽中心、锚栓位置方向以及支承垫石水平标高等不出差错。

2. 墩台顶帽模板

混凝土墩台帽模板：墩台顶帽系支承上部结构的重要部分(见图 2-6)，其尺寸位置与水平标高的准确度要求较严，墩台身混凝土灌注至顶帽下约 30 cm 处就预埋接榫停止灌注，以上部分混凝土待帽模立好后一次灌筑，以保证顶帽底有足够厚度的紧密混凝土，顶帽模板下面的一根拉杆可利用顶帽下层的分布钢筋担任，以节省铁件。

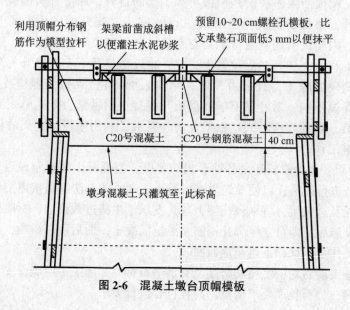

图 2-6　混凝土墩台顶帽模板

墩台顶帽背墙模板应注意加足纵向支撑或拉条，防止灌注混凝土时发生鼓肚，侵占梁端空隙。

石砌墩台顶帽模板：到达顶帽以下 20~30 cm 处即停止填腹石的砌筑，开始安装顶帽模型。先用两根大约 15 cm×15 cm 的方木用长螺栓拉夹于顶帽以下 30 cm 处。

3. 钢筋及锚栓孔

安扎顶帽钢筋时应注意将锚栓孔位置留出，如因钢筋过密无法避开锚栓孔，可将钢筋断开，并用短筋按规定绑扎。

锚栓孔应该下大上小，其模板可采用拼装式，当支承垫石混凝土强度达 2~5 MPa 后，即可拆除锚栓孔模板。

六、桥梁墩台附属工程施工

1. 桥梁墩台翼墙、锥坡施工要点

(1)石砌锥坡、护坡和河床铺砌层等工程，必须在坡面或基面夯实、整平后，方可开

始铺砌，以保证护坡稳定。

（2）护坡基础与坡角的连接面应与护坡坡度垂直，以防坡角滑走。片石护坡的外露面和坡顶、边口，应选用较大、较平整并略加修凿地块石铺砌。

（3）砌石时拉线要张紧，砌面要平顺，护坡片石背后应按规定做碎石倒滤层，防止锥体土方被水冲蚀变形。护坡与路肩或地面的连接必须平顺，以利排水，并避免背后冲刷或渗透坍塌。

（4）锥体填土应按设计高程及坡度填足。砌筑片石厚度不够时再将土挖去，不允许填土不足，临时边砌石边填土。锥坡拉线放样时，坡顶应预先放高约 2～4 cm，使锥坡随同锥体填土沉降后，坡度仍符合设计规定。

（5）锥坡、护坡及拱上等各项填土，宜采用透水性土，不得采用含有泥草、腐殖物或冻土块的土。填土应在接近最佳含水量的情况下分层填筑和夯实，每层厚度不得超过 0.30 m，密实度应达到路基规范要求。

（6）在大孔土地区，应检查锥体基底及其附近有无陷穴，并彻底进行处理，保证锥体稳定。

（7）干砌片石锥坡，用小石子砂浆勾缝时，应尽可能在片石护坡砌筑完成后间隔一段时间，待锥体基本稳定再进行勾缝，以减少灰缝开裂。

砌体勾缝除设计有规定外，一般可采用凸缝或平缝。浆砌砌体应在砂浆初凝后，覆盖养护 7～14 天。养护期间应避免碰撞、振动和承重。

2. 台后填土要求

（1）台后填土应与桥台砌筑协调进行。填土应尽量选用渗水土，如黏土含量较少的沙质土。土的含水量要适量，在北方冰冻地区要防止冻胀。如遇软土地基，为增大土抗力，台后适当长度内的填土可采用石灰土（掺 5% 石灰）。

（2）填土应分层夯实，每层松土厚 20～30 cm，一般应夯 2～3 遍，夯实后的厚度 15～20 cm，使密实度达到 85%～90%，并做密实度测定。靠近台背处的填土打夯较困难时，可用木棍、拍板打紧捣实，与路基搭接处宜挖成台阶形。

（3）石砌圬工桥台台背与土接触面应涂抹两道热沥青或用石灰三合土、水泥砂浆胶泥做不透水层作为台后防水处理。

（4）对于梁式桥的轻型桥台台后填土，应在桥面完成后，在两侧平行进行。

（5）台背填土顺路线方向长度，一般应自台身起，底面不小于桥台高度 2 m，顶面不小于 2 m。

第三章　桥梁上部结构施工

第一节　桥梁施工

一、简支梁桥施工

随着我国桥梁工程的不断发展，我国桥梁工程技术水平得到了有效提升，目前简支梁桥是我国应用时间较早且应用范围较广的一种桥梁类型。通过行业内部各专业人士的分析，在桥梁建设中简支梁桥是最能适应不同地形的一种桥梁结构，并且其结构相对简单，也便于施工，不但能满足大众对桥梁的日常需求，而且能保证桥梁的使用时间和质量。加强对简支梁桥施工技术的研究和挖掘，不仅有助于提高简支梁桥施工水平和整体建设质量，还对桥梁建设行业的健康发展有着积极的推动作用。

(一)简支梁桥结构概述

简支梁桥的结构主要包括上部结构、支座结构、墩台结构以及墩台基础结构。

第一，上部结构又包括主梁、横隔梁以及桥面板。桥面板是直接承受行车以及行人荷载的结构；主梁则是桥梁上部的主要承重结构，同时还起到跨越障碍的作用；而横隔梁主要是起到提高桥梁整体刚度的作用。

第二，支座结构的作用一方面是支撑桥梁上部结构，并将桥梁上部结构的荷载向下传递；另一方面还可以根据桥梁上部结构的荷载情况以及温度变化情况，提供相应的位移功能。

第三，墩台结构可以分为桥墩和桥台两部分。桥台主要是设置在桥梁的两侧，除了具有支撑桥梁上部结构的作用，还负责连接桥跨和路堤；而桥墩则是设置在桥台中间，负责支撑和连接相邻桥跨的结构。

第四，墩台基础结构主要包括桩基础和扩大基础两个类别。它需要根据桥梁工程实际情况进行合理选择，其作用主要是支撑桥梁墩台以及将荷载传递到地基，因此，墩台基础结构的建设质量对桥梁墩台的稳定性有着直接影响。

(二)简支梁桥就地浇筑施工技术

1. 施工准备工作

简支梁桥就地浇筑施工的准备工作，主要包括施工材料准备、施工设备准备、相关人员调配以及施工场地处理等内容。

对于施工材料和施工设备的准备，应专门委派管理人员进行管理和验收，确保施工材料的型号、材质以及性能符合施工需要，并保证施工设备的类型、数量以及运行状况可以满足施工要求，才能让施工材料和施工设备进入施工现场。

而相关人员的调配，一方面是工程管理人员的配备，另一方面则是施工团队的调度。同时，在施工开始前还需要由技术人员对项目管理人员和施工人员进行交底，确保项目管理人员和施工人员能够明确各个施工环节的工序，并对每个施工班组的任务进行分配。

施工场地的处理，首先，需要对地基进行换填和压实，并对搭设支架的区域进行平整和碾压，确保地基的密实程度能够满足支架搭设需要。其次，使用 C20 混凝土在地基上铺设 25 cm 左右的硬化层，从而确保支架搭设的稳定性，避免对桥梁后续施工产生影响。除此之外，还需要在地基周围 1 m 左右内设置排水沟，确保施工现场积水能够及时排出，避免因积水长时间浸泡而出现地基下沉的现象。

2. 支架的搭设以及底侧模板安装

支架的搭设主要是为后续施工提供支撑作用。具体要求如下：

第一，应先使用相应仪器进行箱梁中心线放线作业，并在底部清晰标示相应的位置。这一环节的施工人员应注意的是，标示的每个立杆点无论是在横向上还是在纵向上都应保持在一条直线上。

第二，按照之前标示的位置安置底托并设置立杆。底托的安放必须与地基紧密贴合，而立杆的设置应调整好垂直角度，在安装完第一层横杆后，才能开始安装第二层立杆和横杆，直至顶层。

第三，将工字钢以顺桥向的方式摆放到支架顶托，并使用钢筋等材料将工字钢固定牢靠，然后在工字钢上铺设方木以及竹胶板作为箱梁的底膜。

第四，底模和侧模的制作通常以 15 mm 厚的竹胶板和方木为主要材料，而梁体拐角处等位置的模板可以使用钢质材料进行制作。

在底模、侧模制作和铺设环节，施工人员应注意模板与混凝土的接触面应尽量保持平整、光滑，同时，模板的制作应便于安装和拆卸，且安装时应将模板固定牢靠。

第五，在支架和模板安装完成后，施工人员还应对支架和模板进行预压操作，其目的是减少支架和模板的变形以及沉降现象对后续施工产生的影响。在支架和模板预压环节，应避免出现偏载偏压的情况，按照 50%荷载、80%荷载以及 120%荷载进行分段预压，并做好支架和模板沉降量的观测和记录工作。

3. 钢筋绑扎与内模安装环节

钢筋绑扎与内模安装主要按照底板、腹板钢筋绑扎→内模安装→顶板钢筋绑扎→安装端头模板这一流程进行。

底板和腹板钢筋的交叉点应用铁丝捆绑或点焊等方式进行固定。在布置底板和腹板钢筋过程中，如果出现钢筋与预应力孔道波纹管相互影响的情况，则应对钢筋的布置进行合理调整，并做好波纹管及其接头位置的防护工作。

箱梁内模通常使用竹胶板为主要材料，内部使用方木进行支撑。同时，内模底部与钢筋骨架之间应按照保护层设计方案添加垫块。

内模安装作业完成后即可进行顶板钢筋的绑扎。在绑扎顶板钢筋时应尽量减小对预留浇筑空洞以及横向波纹管的影响，同时，还应严格按照设计方案进行张拉预留孔道的设置。然后，使用钢管将端头模板安装在侧模上，端头模板与侧模和内模的孔隙应用橡胶条等材料进行填充。最后再进行锚垫板的安装，在安装锚垫板时应注意将预留波纹管穿出锚垫板。

4. 混凝土浇筑环节

在开始混凝土浇筑作业之前，应对支架、模板、预应力管道以及预埋件等结构进行仔细检查，查看其牢固程度、数量及位置等是否符合设计要求和相关标准，并检查模板安装是否牢固、紧密以及振动器等施工设备运行状况是否良好，在确认无误后，方可进行混凝土浇筑施工。为了保证混凝土浇筑的强度，还应加强对混凝土本身的质量把控，在混凝土拌和过程中，应严格控制原材料的比例，包括水泥、粗细骨料、水等等。完成混凝土拌和以后，需要对混凝土进行检测，确保混凝土达到级配要求。

混凝土浇筑过程中，通常采用运输车泵送的方式将混凝土灌注进模内，在混凝土灌注时，还应使用振动设备对混凝土进行振捣，振动设备的数量可以根据现场实际情况进行确定，一般采用 8 个振动设备同时振捣混凝土。振捣作业应选用有丰富实践经验的人员进行操作。在混凝土振捣过程中，一方面应尽量避免碰触钢筋以及波纹管等物品，另一方面应严格按照相关标准和规范进行振捣作业，直至混凝土表现出表面平坦以及泛浆等振捣密实的标志后，操作人员再以边振捣边缓慢取出的方式撤出振动设备，并开始下一区域的混凝土浇筑和振捣作业。

混凝土浇筑作业通常按照底板、横梁、腹板以及顶板的顺序作业。在浇筑过程中应按照由两端到中间的方式进行连续灌注混凝土，如果没有特殊情况，不允许中途停止混凝土浇筑；如果中途必须停止混凝土浇筑，则应注意将时间控制在合理的范围之内，避免对混凝土浇筑质量产生不利影响。

5. 混凝土养护环节

为了保证混凝土浇筑施工能够达到预期效果，并提高混凝土结构整体施工质量，在完成混凝土浇筑作业且混凝土初凝后，应对混凝土结构进行养护。对顶板等外侧混凝土结构的养护，应先覆盖塑料膜以及麻袋并向混凝土结构洒水，然后为混凝土结构覆盖土工布等材料，降低混凝土结构表面的水分蒸发速度。对于箱梁内部的混凝土结构，可以采用洒水养护的方案，混凝土养护工作的持续时间应在 7 天以上。

6. 模板拆除以及预应力施工

当混凝土结构强度超过设计要求的 60% 时，即可进行内模及侧模的拆除作业。内模和侧模拆除作业应按照相关规范，选在混凝土结构温度以及外界环境温度适宜的时间开展，且在完成内模和侧模拆除后应立即进行混凝土洒水养护，避免对混凝土结构的性能造成影响。

预应力施工需要在混凝土结构的强度完全达到设计要求后开始，而且每个预应力预留孔道都应配备相应的钢绞线束、压力表以及油压泵等设备，并避免出现设备混用的情况。在开始预应力施工前，还需要对预应力预留孔道的通畅状况进行检查，避免预留孔道存在堵塞等问题。钢绞线束的穿入应按照由下到上、由内到外的顺序进行，同时，施工人员在穿入钢绞线束时应保持匀速、缓慢的方式操作。

在进行钢绞线束张拉作业前，应按照相关规范对锚垫板和孔道等结构进行检查，确认无误后，就可以安装千斤顶等张拉设备，并严格遵循相关标准和设计要求进行张拉作业。在进行预应力施工中的压浆作业时，施工人员应确保压浆作业不间断完成，如果中途因意外因素而停止，且停止时间在 40 min 以上，应将孔道冲洗干净并重新开始压浆作业，避免对预应力施工质量产生影响。

7. 底模和支架拆除环节

底模和支架的拆除应在完成钢绞线束张拉作业且压浆强度满足设计标准后方可进行。底模的拆除应按照从中间向端部以及先翼板后底板的顺序进行作业，并避免对箱梁造成影响和损害。

支架的拆除则应按照由上到下的顺序进行均匀拆除，在这一环节，施工人员应严格遵守安全施工规范，严禁将上层拆卸下的支架抛扔下去，且拆卸好的支架应堆放整齐。

（三）简支梁桥施工关键控制点

1. 混凝土浇筑质量控制点

混凝土浇筑质量控制主要是控制混凝土的强度以达到工程所要求的最佳指标，为确保混凝土的强度指标达到要求，要先从各原材料的选择开始。首先确保泥浆质量，特别是在浇筑混凝土时，要控制泥浆的性能指标（相对密度 1.05~1.2，黏度 17~20 mPa·s，含砂率<4%），以减小被压和混凝土灌注时的阻力。同时沉渣厚度应≤100 mm，一般需要控制在 50 mm 以内。由于桥体的建设主要使用到的是混凝土，混凝土的主要作用是承重，所以对于它的要求非常严格，混凝土是否达标也直接决定了桥体最终能否投入使用。首灌混凝土量要经过计算确定，要保证首灌后混凝土埋管 2.0 m 左右。导管的埋深对混凝土浇筑质量有很大影响，导管埋深应控制在 2~6 m，最小应≥2 m。在施工开始后就需要对一系列的施工工作进行监督，每一个施工步骤都要按照现场的施工标准进行，不可缺失。不能为了简便和节省时间就省略看似不重要的步骤，或是按照自己的习惯打乱施工步骤。比如在一些建筑施工中，经验较为丰富的工人会按照自己的习惯进行施工操作，但很可能在操作过程中没有按照规定，最终呈现的效果短期内是无法看出的，一段时间后桥梁问题就会显现出来，所以对于施工的监督是非常有必要的。对于预制梁板的制作需要确保无缝隙、无裂纹，选择合理的运输工具，并在预制梁板制作出后进行正确的养护，避免出现蜂窝、麻面等现象。

2. 梁体吊装与安装质量控制点

梁板等预制梁体达到安装标准后就应进行安装，预制梁体不可放置超过 3 个月的时间，所以梁体的预制和桥梁建筑的整体规划要统筹安排，不能盲目单独进行。在安装之前必须对梁体进行基础检查，包括有无裂缝、气孔、麻面、孔洞等现象，检查混凝土颜色是否一致。在安装时检查梁体与桥体的接触面是否平整、衔接是否完整。

3. 预应力张拉控制点

通过提前使工程构件承受压力或拉力，让工程构件能适应一定程度的弯曲或变形，提高工程构件的负荷能力尤为重要。工程结构构件承受外荷载之前，应施加预拉应力，提高构件的抗弯能力和刚度，推迟裂缝出现的时间，增加桥体的耐久性。张拉台座具有足够的强度和刚度，其抗倾覆安全系数不得小于 1.5，抗滑移安全系数不得小于 1.3。张拉横梁应有足够的刚度，受力后的最大挠度不得大于 2 mm。对预应力筋进行张拉时要保证钢筋不断裂，而钢丝、钢绞线在同一构件中时，断丝不能超过钢丝总数的 1%。预应力筋张拉顺序应对称张拉，当两端同时张拉时，两端不得同时放松，先在一端锚固，再在另一端补足张拉力后进行锚固。两端张拉力应一致，两端伸长值相加后应符合设计规定要求。同时需要注意是否存在没有预应力筋出厂材料合格证、预应力筋规格不符合设计要求、配套件不符合设计要求、张拉前交底不清、准备工作不充分、安全设施未做好、混凝土强度达不到设计要求、不张拉的情况。

4. 桥面铺装控制点

桥面在铺装时需要按照预定的铺装厚度和质量要求进行施工，并确保桥面平整、铺设均匀。桥面施工最主要的是横坡和纵坡的控制，还有就是排水系统处理。如果排水处理不当，很容易引起桥面长时间泡水，造成桥面翻浆。排水孔的位置应该低于桥面的最高高程，以便桥面水能及时通过排水孔顺畅地排出桥体。

二、连续梁桥施工

按所用材料特性不同，连续梁可分为钢筋混凝土连续梁和预应力连续梁两种。连续梁桥通常采用的截面形式有板式、T形和箱形。下面就钢筋混凝土连续梁和预应力连续梁分别予以介绍。

（一）钢筋混凝土连续梁施工

1. 钢筋混凝土连续梁桥简介

钢筋混凝土梁是用钢筋混凝土材料制成的梁。钢筋混凝土梁既可做成独立梁，也可与钢筋混凝土板组成整体的梁-板式楼盖，或与钢筋混凝土柱组成整体的单层或多层框架。钢筋混凝土梁形式多种多样，是房屋建筑、桥梁建筑等工程结构中最基本的承重构件，应用范围极广。

钢筋混凝土连续梁桥与简支梁桥和悬臂梁桥相比较，有许多明显的优点。①从结构上看，连续梁是超静定结构在荷载作用下，跨中弯矩比相应的多个简支梁小得多，从而减小了梁的截面，节省圬工和钢材。②连续梁桥的中墩上只需设一个支座，与简支梁桥比较，可以减少中墩的厚度，减小了桥墩对水流的挤束和局部冲刷，因而降低了下部结构的工程造价。③连续梁桥具有较大的刚度，整体性好，抗震性能好。④当连续梁桥一跨受有荷载时，其他各跨都将发生弯曲，并且形成平滑的弹性曲线，从而可以减少活载的冲击作用，这在多孔静定梁中一般是办不到的，在高速公路上修建连续梁桥以减少桥面接缝中，对提高营运质量更为重要。

鉴于上述优点，新中国成立以来，我国修建了不少钢筋混凝土连续梁桥，按照跨径的构造区分，有等跨的、不等跨的，有等截面的、变截面的；按照钢筋混凝土种类区分，有普通钢筋混凝土的，预应力钢筋混凝土的；按照截面形式区分，有板梁式矩形梁、T形梁、工字梁、槽形梁和箱形梁；按照施工方法，有现浇梁、预制梁和预制现浇叠合梁。

2. 现浇钢筋混凝土连续箱梁施工工艺

目前在高速公路和桥梁项目广泛采用现浇混凝土桥梁结构。现浇连续箱梁作为上部结构中的重要部位，主要包括普通钢筋混凝土结构和预应力钢筋混凝土结构，其施工质量直接影响到整个工程项目的外观形象，甚至在一定程度上对工程项目的使用寿命产生影响。

接下来，以贵州某桥梁工程为例，对现浇钢筋混凝土连续箱梁施工工艺进行探讨。

（1）工程概况

贵州某桥梁工程中，有一段桥梁采用现浇钢筋混凝土连续箱梁工艺，现浇箱梁的总长为 120 m，四跨分别为 25 m、35 m、35 m、25 m。现浇钢筋混凝土连续箱梁宽度为 12.0 m，底板的宽度为 8.0 m，箱梁的高度为 1.8 m。该段现浇钢筋混凝土连续箱梁总计使用钢筋 239.6 t，标号 C50 混凝土 1 480 m³，钢绞线 18.5 t。该箱梁结构的上部采用的是钢筋混凝土预应力连续箱梁；下部结构形式为柱式桥墩、肋式桥台和钻孔灌注桩基础。

（2）施工方案

该段现浇钢筋混凝土连续箱梁通过对比分析研究，采用满堂支架进行二次浇筑的施工工艺。通过分析发现，如果采用全断面一次浇筑的方法，箱梁底板很可能出现无法振捣密实的情况，水平分层进行两次浇筑施工可以很好地解决这个问题。每段箱梁都分两次来进行浇筑施工，第一层从底板开始浇筑至腹板变截面处，接着安装顶板的模板并绑扎顶板的钢筋，然后进行第二次混凝土浇筑至顶板。混凝土材料使用的是项目部自拌混凝土，通过运输车运至施工现场，然后通过混凝土输送泵将混凝土输入模板中。

（3）施工工艺

①支架施工

支架地基处理：场地加固应该先清理表面然后进行整平，并用压路机进行压实或者人工夯实，承台施工过程中开挖出的基坑，采用每层 20 cm 厚度的填土进行人工回填，并夯实到承台的顶面标高，地基的压实度大于 85%后进行碎石垫层的铺设施工并压实，然后浇筑条形混凝土基础。在该基础处理过程中，混凝土的顶面预留 0.5%的横坡，并在基础两侧铺设排水沟，以便让雨水或积水能够及时排出，避免增大地基土的含水量使地基承载力降低。

支架设计与构造：本工程中使用的支架是常用的 HBL−240 型脚手架，进行横桥向布置，在横桥向支架间距为 60 cm，在纵桥向支架间距也是 60 cm。首先算出混凝土箱梁的中心线坐标，以便确定箱梁的边线和中线，然后测出混凝土的顶面标高。通过箱梁的标高、槽钢的高度和底模厚度分析出调节杆的调节长度和支架的层数，支架位置由箱梁的中心线和横断面间距来确定。

支架的施工要点：在拼装方块四周和全高布置剪力杆和斜杆，斜杆与地面的夹角为 45°，剪力杆用钢扣件牢固连接在立杆上。在支撑架进行拼装的过程中必须检查每根立杆是否出现松动，保证拼接的节点紧密。支架立杆应该严格控制其垂直度，保证立杆的整体稳定性。当管道混凝土强度达到设计强度的 90%以上才能开始拆除支架，卸架应该从跨中开始拆除，然后向两端进行拆除。支架拆除时应按照先上后下，先水平杆和持力杆后分配梁及底模的顺序对称均匀拆除，拆除时严禁抛扔，各种材料必须由上向下传递，集中堆码整齐。

②支座安装

盆式支座的地脚螺栓和支座板下采用 C40 环氧树脂混凝土锚固支座。支座安装时，先用全站仪精确放样，弹出支座十字线，柱顶钻孔、埋设四脚螺栓，环氧树脂混凝土嵌孔，支座整体吊装、对位、调平，支座不设预偏量。支座安装前应清洗或擦干净，不得有油污杂屑；橡胶圆板在钢盆内应捣实，排除盆内空气。

③模板安制

在支架上托上面沿桥纵向铺设 10 cm×10 cm 的方木，在纵向方木上沿横桥向铺设 10 cm×10 cm 的方木，横向方木上铺设 1 220 mm×2 440 mm×15 mm 规格的烤漆清水板。模板安装确保板面平整，纵向和横向拼缝必须在一条直线上，模板拼缝时要用双面胶条粘贴密实，竹胶板用圆钉沿四周与方木钉牢，铁钉间距不大于 30 cm。先安装底模，然后安装外侧模，待腹板钢筋安装完后再安装内模，最后安装顶板钢筋。

④支架预压

支架搭设完成后进行底模的铺设，然后进行堆载预压，以保证支架具有可靠的承载能力；同时减小和消除支架出现的非弹性变形和地基可能发生的不均匀沉降，保证现浇钢筋混凝土箱梁的浇筑质量。本工程中加载材料采用的是砂袋，试压的最大加荷载载为设计值的 1.2 倍。

⑤钢筋制作安装

钢筋混凝土连续箱梁钢筋包括底板、腹板、横隔板和顶板钢筋及防撞护栏、伸缩缝的预埋钢筋。

⑥箱梁混凝土浇筑

混凝土浇筑是要由低向高处进行，注意对称浇筑。在施工过程中应派专人负责支架和模板的变形及沉降观测，如发现问题及时处理。现浇梁的浇筑最好安排在白天进行。现浇梁的养护设备和设施必须事先准备妥当，制定详细的养护方案，确保梁体的混凝土质量。其他要求和施工方法与预制箱梁相同。

⑦预应力筋的张拉与安装

钢绞线采用的是常用的 ϕ15.24 mm 高强度低松弛预应力钢绞线。塑料波纹管根据要求由厂家供货，波纹管进场时需认真检查，孔径、刚度须满足制孔要求，使用前进行复验。波纹管接头采用套接方法，长度根据施工需要截制。在立内侧模板前在波纹管内穿好纵向钢束，或与波纹管配套安装。在张拉前，千斤顶、压力表、油压泵系统要按实际工作状态进行配套校验，确定张拉力与仪表读数关系。配套校验的设备分组进行编号，不得混用。安装张拉体系前先检查锚垫板、孔道和连接器等，锚口平面必须与管道垂直，锚孔中心要对准管道中心，孔道内应畅通无杂物，钢绞线应能在管内自由滑动，检查合格后，安装千斤顶进行张拉。钢束张拉严格按设计规定的顺序张拉。同一孔道内的压浆工作应一次完成，不得中途停断。如果压浆受阻、中断时间超过 40 min 时，应及时清洗孔道内的水泥浆，重新进行压浆。最后采用与箱梁同等级的混凝土进行封锚。

（4）施工规范

现浇钢筋混凝土连续箱梁一直都是公路桥梁项目施工过程中的重点和难点，为实现工程项目的质量优质、项目精品的目标，必须要有科学的施工工艺，进行统一的管理安排和科学施工，从项目的各个方面认真加强质量控制，严格执行《公路桥涵施工技术规范》（JTG/T 3650—2020）和《公路工程质量检验评定标准 第一册 土建工程》（JTG F80/1—2017）的规定，从而保证现浇钢筋混凝土连续箱梁的施工质量。

（二）预应力连续梁施工

1. 预应力连续梁简介

预应力连续梁是一种预应力技术在桥梁建筑工程中的应用，这项技术主要应用在混凝土工程中。通过在混凝土工程中应用预应力连续梁，可以使混凝土在构造过程中及时产生预应力，达到减小甚至完全消除外在荷载带来的拉应力，可有效提高混凝土的抗压强度，有效预防混凝土发生破裂。预应力连续梁在 20 世纪 80 年代后在道路桥梁工程领域得到了广泛的应用。

预应力连续梁拥有两个明显的优势。

第一，实用性比较强。将预应力连续梁应用在桥梁建筑工程中，可以减少材料的用量及结构截面积。目前，土地资源紧张问题日益加剧，应用预应力连续梁可以缩减立交桥的高度以及引道的长度，从而能够有效减少对土地资源的占用，可提高桥梁的经济效益与社会效益。同时，应用预应力连续梁，还有利于预防混凝土裂缝问题的发生，实现了建筑结构的改良，能够有效确保桥梁建筑的质量。

第二，空间效应较好。桥梁建筑结构设计施工过程中，应综合考虑地下管道敷设情况、城市规划情况等，并在此基础上进行精准布局。将预应力连续梁应用在桥梁建筑工程中，能够使桥梁结构的受力体系更加复杂，实现了受力情况的改善与均衡，有利于提高桥梁建筑的抗渗性、抗裂性，有效减少甚至避免碱、盐、水等物质对桥梁的腐蚀，可以延长桥梁的使用寿命。

2. 预应力连续梁施工技术要点

(1) 地基处理技术

桥梁建筑中应用预应力连续梁时，地基处理是一项基础性内容，应注意以下几点：第一，地基处理前，应对施工现场进行全面调查，以施工标准为依据，对标高进行合理控制，从而为地基施工奠定良好的基础；第二，地基施工中，应确保施工的连续性，注意预防不均匀沉降；第三，地基施工中，应注意顶面，确保顶面平整，在两侧设置纵向排水沟，确保降水可以顺利流出；第四，地基施工结束后，应开展承载试验，即在施工现场设置承压板，设置合理的竖直荷载，对承压板的压力、地基变形程度进行准确检测，并将检测结果绘制成曲线图。如果曲线趋向于直线，说明地基的抗剪强度大于剪应力，整体相对稳定。

(2) 支架施工技术

桥梁建筑中应用预应力连续梁时，支架施工是一个非常重要的环节。支架施工中，应注意以下几点：第一，施工前应进行测量放样，确定支架的平面方位，对所有支架结构进行全面检查，以确保支架施工质量；第二，支架施工过程中，应严格按照设计方案的要求进行施工，在选择搭设方式的时候，可以从中间向两端，也可以从一端到另一端。不建议从两端向中间，以避免支架搭建过程中合龙失败，影响施工质量。

(3) 底板安装与预压施工

桥梁建筑中应用预应力连续梁时，底板安装与预压施工也是一个关键内容。在底模、支撑梁搭设与安装过程中，应严格按照设计方案进行操作。一般分为预测、预压、卸载3 个步骤。第一，预测。预测指综合考虑地基、支架的情况，对预压观测点进行设置。地基预测点设置在每跨的 1/4 处、1/2 处以及 3/4 处，支架观测点设置在桥墩边缘 1/4 跨处、1/2 跨处以及 3/4 跨处。3 个地基预测点、3 个支架观测点要对称布设。第二，预压。预压荷载包括钢筋混凝土重量、外模板重量和底模重量 3 个方面。第三，卸载。卸载完成后，不仅要在观测点位置进行观测，还要检查地面、支架、模板受载后的变化情况，并对记录的数据进行仔细分析，计算各点的沉降值和平均沉降值。

3. 预应力连续梁施工的注意事项

(1) 确保参数准确

在桥梁建筑工程中，结构参数是基本资料，确保资料的真实性、准确性是保障施工方案合理性、科学性的重要前提。例如，混凝土必须满足设计要求，才能进行多层多跨预应力筋张拉施工，以保障施工安全、施工质量。

(2) 采取科学的监测手段

桥梁建筑施工中应用预应力连续梁时，应采取相应的监测手段，以保障施工进度符合安全施工标准的要求。例如，应采取有效的检测手段对机械设备进行检测，确保其符合工程要求。预应力连续梁施工中，如果设备不符合要求，则会影响施工质量。加强对施工工艺的监管，对施工条件进行准确分析，才能确保工程质量。

（3）结合工程实际情况进行施工

桥梁建筑施工中应用预应力连续梁时，必须结合工程的实际情况。例如，针对跨度比较大的桥梁，一般采用2~5孔一联的方式，以减少连续梁过长而导致的附加影响、维护费用。再如，预应力连续梁施工中，可根据实际情况选择等跨或不等跨、等高或不等高的结构形式。

4. 预应力连续梁技术的应用

（1）受弯构件

在桥梁施工中，一般混凝土受弯和受拉性能差，需采用预应力技术改善弯拉性能，充分发挥其受压性能，弥补不足的抗弯拉性能。碳纤维因施工简单、强度高，广泛应用于加固桥梁钢筋混凝土受弯构件。由于加固前构件有初始的压应变和拉应变，混凝土达极限压应变时，构件也达极限承载力，也就是说，混凝土应变增量决定碳纤维最终应力，但构件初始应变过大会破坏应力程度差的碳纤维构件。因此，在桥梁实际施工中，向碳纤维施加一定预应力，可使碳纤维具有一定初始拉应力，从而有效防止碳纤维强度遭到破坏。

（2）钢筋混凝土多跨连续梁

钢筋混凝土多跨连续梁大型桥梁结构复杂，受不同弯矩作用，一般情况下，可将钢筋混凝土多跨连续梁分为两个区域，即支座处负弯矩区和跨中处正弯矩区。混凝土结构抗剪性能和抗拉性能通常较差，当桥梁的抗剪性能和抗拉性能达不到施工要求时，可采用施工简单的粘贴碳纤维方法进行适当加固，提高负弯矩区和正弯矩区的抗剪性能和抗拉性能。有时虽然可以加大梁下截面，对桥梁承载力进行提高，但会增加桥梁结构自重，严重影响桥梁使用功能。因此，预应力技术在钢筋混凝土多跨连续梁施工中的应用，可增强其支座处和跨中处抗剪性能和抗拉性能。

5. 预应力连续梁在桥梁建筑中的有效应用策略

（1）合理选择材料与工具

桥梁建筑施工中应用预应力连续梁时，为确保施工质量，应对施工中用到的各种材料、工具进行合理选择。钢绞线与锚具是主要的材料、工具，在实际施工中应对其进行优化，从而充分发挥预应力连续梁的作用与优势。钢绞线的类型较多，比较常用的包括普通钢绞线、矫直回火性钢绞线以及低松弛性钢绞线等，应根据工程要求对钢绞线进行合理选择。其中低松弛性钢绞线具有施工方便、成本较低、效果较好的优势，因此得到了广泛应用。在选择钢材时，应注意钢材表面状态、伸长率、断裂荷载度、产品规格要求等指标。常用的锚具包括机械锚、摩阻锚，应根据不同的施工方法合理选择锚具。

（2）科学确定施工方案

为确保预应力连续梁的顺利施工，在施工前应制定科学、可行的施工方案。施工单位应对城市建设规划以及道路交通、给排水、电力、燃气等线路的布置情况进行全面调查、分析，充分考虑各方面的因素，制定科学、合理的施工方案，以减少返工现象。一方面，应做好与各管线单位的沟通协调工作以及长远规划，避免施工过程中对管线布置进行反复调整；另一方面，应严格按照国家标准规范的要求，对施工方案进行制订、审批，避免竣工验收的时候由于工程不达标而导致无法完工。

一般情况下，混凝土工程是桥梁建筑施工中难度较高的部分，在使用高质量施工材料的基础上，也要设置科学的应急预案。混凝土施工中，应确保供电设备、运输设备、搅拌设备、泵送设备等准备齐全、功能完好。混凝土工程施工中，对振捣技术有着较高的要求，在振捣过程中应确保振动棒快速插入，而拔出振动棒的时候要缓慢进行。同时还要根据混凝土的实际情况，对振捣时间进行合理确定，确保无气泡，否则便要进行二次振捣。

（3）做好加固施工

桥梁建筑施工中，一般需要采取加固的方式提高桥梁的承载性能。加固施工过程中，需要进行构件补强，也可以改善构件结构。加固的方法有很多，如可以通过加固桥面补强层、提高外部预应力、改变受力体系等方式来提高桥梁的承载性能。但是，在加固施工中应用预应力技术，可以使桥梁在受拉区产生拉应力，进而起到良好的加固效果。同时，采取预应力技术也可以达到节约资源与降低成本的目的。桥梁建筑施工过程中，碳纤维也得到了广泛应用，有些碳纤维具有较高的强度，施工也比较方便，且会产生与混凝土应变增量有关的应力。

如果混凝土的初始应力大于碳纤维产生的应力，则桥梁构件便会遭受破坏，导致碳纤维无法发挥其应有的作用。面对这样的情况，应合理使用预应力技术，提前进行加载，使其具备一定的初始应力基础，以提高碳纤维的整体效用。

（4）加强施工质量管控

预应力连续梁施工中，应加强对施工质量的管控，可以从以下几个方面入手。第一，提高施工精度。施工过程中，连续梁悬臂浇筑可以不断对各节段的误差进行调整，从而实现提高精准度、经济效益的目标，保障施工效果。第二，设置施工预留拱度，找出施工的最佳参考标准，减少不利因素。同时也可以结合施工人员的经验进行适当调整，以确保连续梁的悬臂浇筑质量。例如，箱梁钢绞线施工中需要注意很多事项，尤其要高度重视预应力张拉中钢绞线的张拉顺序，横向的钢绞线是自上而下地进行拉张，在腹板拉张中则是自下而上地进行张拉。在拉张后应根据环境情况，对预应力管道进行压浆作业，并避免在雨天施工。第三，建立科学的质量监管体系，严格遵循相关规范标准的要求进行质量检查，签订质量保证书，确保技术人员的专业能力过关，确保相关数据的准确性，从而保障工程施工质量。

三、悬臂梁桥施工

（一）悬臂梁桥简介

悬臂梁桥指的是以一端或两端向外自由悬出的简支梁作为上部结构主要承重构件的梁桥。悬臂梁桥可分为单悬臂梁桥、双悬臂梁桥、多孔悬臂梁桥、带挂孔的T形悬臂梁桥等多种形式。在工程上最常用的悬臂梁桥有单悬臂梁桥、双悬臂梁桥两种。单悬臂梁是简支梁的一端从支点伸出以支承一孔吊梁的体系；双悬臂梁是简支梁的两端从支点伸出形成两个悬臂的体系，其构造比较复杂、行车不够平顺，目前已较少采用。

悬臂梁桥一般为静定结构，结构内力不受地基变形影响，对基础要求较低。

悬臂梁桥虽然在力学性能上优于简支梁桥，可适用于更大跨径的桥梁方案。但由于悬臂梁桥的某些区段同时存在正、负弯矩，无论采用何种主梁截面形式，其构造较为复杂。而且跨径增大以后，梁体重量快速增加，不易采用装配式施工，往往要在费用昂贵、速度缓慢的支架上现浇。

（二）悬臂施工工艺的概况

在桥梁工程建设中，悬臂施工工艺主要在一些跨度比较大的连续箱桥梁施工中得到广泛应用，这种施工技术在具体施工时首先以桥梁的桥墩为中心，然后向桥墩的两侧设置对称的箱梁，而箱梁的强度必须能满足相应的设计要求，再利用悬臂逐步接长的施工技术方法。

悬臂施工工艺是桥梁施工技术的一个重要组成部分，它按照桥梁梁体的建造方式，可分为悬臂浇筑工艺与悬臂拼装工艺两种。在现阶段的桥梁施工中，主要使用的是悬臂浇筑工艺，它指的是在桥梁施工时，利用悬吊式的活动脚手架（即挂篮）在桥梁墩的两侧对称均匀地浇筑 3~8 m 的混凝土，每浇筑一段，混凝土的强度达到了一定的要求规定之后，便张拉纵向预应力的钢绞线，然后再向前移动悬吊式活动脚手架，如此再进行下一段的施工作业。而悬臂拼装工艺指的是采用移动式或固定式的悬拼装吊机慢慢将预制的桥梁段起吊到位，然后再将环氧树脂胶当作接缝材料，对预应力钢束进行应力施加，使各桥梁段连接成一个整体。悬臂施工工艺在桥梁施工中可以不受相关地形环境影响，而且对一些地形环境较复杂、跨度较大的桥梁，这种施工技术能得到更好的应用体现。到目前为止，悬臂施工工艺不再仅限于悬臂桥梁的建设施工，在一些混凝土浇筑而成的跨度较大的连续性桥梁施工中也有广泛应用。但相应的，这种施工工艺技术因施工工期长、施工技术有所欠缺，还有待提升。

（三）悬臂施工工艺在桥梁施工中的应用

在桥梁施工中，悬臂施工工艺主要包括 0 号墩的施工、悬吊式活动脚手架设计施工、悬臂浇筑以及桥梁的边缘跨度合龙等。其具体应用主要如下：

1. 0 号墩施工

0 号墩的施工是整个桥梁施工的重点项目内容，其施工质量的好坏直接关系着桥梁整体质量的高低。0 号墩是最开始的桥墩，是后续进行施工建设的前提保障，首先要设计出 0 号墩的支架结构，具体指的是桥梁墩的下方支架通过斜拉的方式与桥梁墩的上方进行联系，而其中的下方支架有利于模板进行施工，而且对于降低荷载也有很好的作用；其次就是要仔细分析钢筋与模具的具体位置，同时针对已经设计好的支架结构进行预压工作，以防止其发生变形，并且在钢筋与模具安装好后，可以实行混凝土的浇筑工作，同时测试其强度；最后则是要对顶板进行处理与养护，在其强度与张拉力度达到相应标准之后再进行支架浇筑与模板的拆除工作，同时在拆装的过程中要保证桥梁墩的总体结构完整无破损。

2. 悬吊式活动脚手架设计施工

在桥梁施工中，挂篮的设计施工非常重要，它的支撑点要设置在已经浇筑成功的箱梁上面，并保证其受力水平足够。在具体进行设计时，挂篮的设计位置并不是一成不变的，而是应该随着施工阶段的变化而发生变化。在现阶段施工中，过去的那种老旧挂篮技术已经渐渐被淘汰，现在多数使用的是自锚平衡式的结构挂篮。

3. 悬臂的浇筑施工

在桥梁施工工艺中，悬臂的浇筑质量对桥梁的整体质量会产生较大的影响。在一些跨度较大的桥梁工程建设中，悬臂的浇筑跨度直径通常在 50 m 以上，并且在施工时要仔细注意一些细节方面的问题：①在安装模板时要保证其稳定性，防止因混凝土浇筑时的冲击力影响到模板的放置位置，同时还要保证混凝土表面与模板的紧密靠拢与平整性，在浇筑过程中防止其褶皱不平；②对混凝土进行浇筑作业时要确保其凝结度，并且在箱梁的具体施工过程中，要分批次地进行浇筑，同时还要对挂篮等相关设备进行压重测试，以防止混凝土出现开裂的现象。③对接缝位置进行相关的施工处理，如在拆模过程中会出现端口不整齐的现象，可以进行凿毛等措施处理，确保桥梁段之间的接缝紧密性，与此同时，也要保证对接缝处的钢筋与锚具等设备的质量。④在预应力管道的安装施工上，要保证前后梁体段之间的衔接性，可以利用胶布等带黏性物体进行黏补，防止浆料进入其中，从而影响前后梁体段之间的衔接性能。⑤在混凝土进行浇筑前可适当提高其整体强度，可以在其中加入适当比例的添加剂，以确保混凝土达到相应的强度要求，从而在最后的模板拆卸时起到一些帮助作用。

4. 桥梁的边缘跨度合龙施工

在桥梁施工过程中，桥梁边缘跨度的合龙施工也是施工的关键所在，其主要决定着桥梁整体结构的稳定性和牢固性，更能提高桥梁整体的荷载能力。在桥梁具体的边缘跨度合龙施工时，选择的挂篮设备要与桥梁段的合龙长度要短，同时要注意天气的影响，避免因温度过高而使合龙施工不能正常进行；另外在合龙施工时，要在所需的混凝土中增加相应的添加剂，并提高合龙时的工程强度，避免后期在拉张时出现裂缝等现象；最后在合龙施工时，应利用相关锁定技术将桥梁墩两侧的悬臂进行一定时间的固定连接，并且在完成混凝土的浇筑与养护，还有后期的拉张测试后，再实行锁定解除工作。

（四）悬臂梁桥的施工实例

华南路二期一标工程位于广州市白云区太和镇境内。起点位于京珠高速公路与北二环高速公路的交叉点，然后向南跨过梅岙水库，沿库区边缘行进，于接近本标段终点处再跨越梅岙水库。本标段路线大多处于库区，交通不太方便，而梅岙二号大桥是整个华南路二期工程中的难点和重点。本工程梅岙二号大桥为三跨连续预应力箱梁。主跨为 48 m+90 m+48 m 三跨预应力连续箱梁，采用单箱单室截面，顶面宽 13 m，底面宽 7.6 m，中支座断面梁高 4.5 m，跨中及边跨现浇段梁高 2.5 m，梁高按二次抛物线变化。箱梁顶板 28 cm，底板由 50 cm 按二次抛物线变至 30 cm，中支座断面腹板厚 50 cm，靠近跨中及边跨断面腹板厚 35 cm。梅岙二号大桥采用挂篮悬臂浇筑，该大桥轴线位于 R = 2 200 m 的缓和曲线及圆曲线上。由于桥梁位于竖曲线及平面曲线上，纵横坡变化较大，为简化设计与施工，采用横向等截面及调整梁体纵横向立模标高来适应纵横坡的变化。路面超高旋转轴为中央分隔带边缘。下面从几个主要方面浅谈悬臂梁桥的施工。

1. 挂篮的安装

挂篮组拼后，全面检查安装质量，并做载重试验，以测定其各部分的变形量；在 0 号块浇筑完成并获得要求的强度后，在梁面拼装挂篮，拼装时在梁段两端对称进行；挂篮的操作平台下设置安全网，防止物件坠落，以确保施工安全，挂篮四周设置了围护；挂篮行走时，须在挂篮尾部压平衡重，以防倾覆。浇筑混凝土梁段时，必须在挂篮尾部将挂篮与梁进行锚固；模板预拱度的选取方面，考虑到拆架后梁体微量下沉，要求跨中设向上预拱度为 $L/600$（L 为跨径）。

2. 悬臂梁段混凝土浇筑

挂篮就位后，安装并校正模板吊架，此时对浇筑预留梁段混凝土进行抛高，以使施工完成的桥梁符合设计标高。抛高值包括施工期结构挠度，因挂篮重力和临时支承释放时支座产生的压缩变形等；模板安装前核准中心位置及标高，模板与前一段混凝土面应平整密贴；安装预应力预留管道时，应检查是否与前一段预留管道接头严密对准，并用胶布包贴，防止灰浆渗入管道。管道四周应布置足够的定位钢筋，确保预留管道位置正确，线形和顺。为了避免浇筑混凝土时振动棒损坏管道，采用了双套管法的施工方案（即波纹管内穿套可循环使用的硬塑管）；浇筑时必须对混凝土拌和质量和坍落度严格控制，混凝土泵送坍落度12~14 cm，以防止混凝土表面出现水泡气孔等现象。为确保清水混凝土外观效果，所用混凝土严禁在施工现场加减水剂；浇筑混凝土时，从前端开始，应尽量对称平衡浇筑。浇筑时应加强振捣，并注意对预应力预留管道的保护；混凝土梁段浇筑周期为6 d，为提高混凝土早期强度，以加快施工速度，在设计混凝土配合比时，应加入早强剂。为防止混凝土出现过大的收缩、徐变，应在配合比设计时按规范要求控制水泥用量；混凝土浇筑过程中，应时常检查模板支架有无下沉、鼓凸、撑开、倾侧、预埋件有无移位等情况；梁段拆模后，应对梁端的混凝土表面进行凿毛处理，以加强接头混凝土的连接；箱梁梁段混凝土浇筑，采用一次浇筑法，在箱梁顶板中部留一窗口，混凝土由窗口注入箱内，再分布到底模上；箱梁梁段浇筑混凝土时，为了消除浇筑混凝土时引起挂篮变形，应采取下列方法：①浇筑混凝土时根据混凝土重量变化，随时调整吊带高度；②将底模梁支承在千斤顶上，浇筑混凝土时，随混凝土重量的变化，随时调整底模梁下的千斤顶，抵消挠度变形。

3. 张拉

张拉顺序按设计钢束编号进行，在张拉顶板预应力钢束时，其顺序是每箱四束时，先同时张拉两边两束，再同时张拉里面两束。钢束以两端同时逐级张拉的方法进行，两端千斤顶张拉应同步，由专人指挥。钢丝束伸长值与计算伸长值相差不应超出6%。

张拉程序：第一步先将钢丝束略微张拉，以消除钢丝束松弛状态，并检查孔道轴线、锚具和千斤顶是否在一条直线上。要保证钢丝束中每根钢丝基本受力均匀。

钢丝束张拉顺序如图3-1所示。

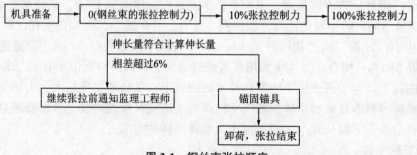

图3-1　钢丝束张拉顺序

准备工作就绪后，千斤顶要缓缓进油，同时用锤轻轻敲击锚环，并调整千斤顶位置，使孔道、锚具、千斤顶的轴线互相重合，调整钢丝的长度，便于正式张拉时钢绞线受力均匀。到达初应力时，千斤顶受力一定程度后尾端开始上翘，此时应放松悬吊千斤顶的手动葫芦，停止进油，在千斤顶的端处钢丝上划线做记号，作为测量钢丝张拉伸长值的基点（也可根据千斤顶的行程量度伸长量）。

由初应力到超张拉共分六级进行，两端千斤顶同时分级张拉，由专人指挥，尽量做到同步进行。每增加一级力，使升压速度接近相等，拉到超张拉力时，关掉电机稳住进油量，持荷5 min，以减少钢丝松弛的影响，使钢丝应力趋于稳定状态，并检查钢绞线有无滑丝，如有，则应及时按规范处理。

锚固控制张拉。为减少预应力损失，可先压紧一端锚塞，另一端补足张拉控制力后再压紧锚塞，测量钢绞线伸长值，量出的两次钢绞线束伸长量之差即为自锚作用产生的回缩量。此值与锚具生产厂提供的数值及设计单位采用的计算数值比较,应在容许范围之内。

千斤顶缓缓回油退锚。为卸锚方便,工具锚板孔中和夹片锥面,应均匀涂抹石蜡。拆卸工具锚时,若夹片不易脱离锚板孔,应锤击锚板振落夹片,绝不可敲击夹片。将所有数值记录入表。

张拉时如果锚头处出现滑丝、断丝或锚具损坏,应立即停止操作进行检查,并做出详细记录。当滑丝、断丝数量超过规定的容许值时,应抽换钢丝。

张拉完毕后,应尽快(24 h 内)进行压浆,以免钢绞线日久锈蚀,并可减轻锚具负担,防止滑丝的出现。

4. 合龙段施工

合龙段是由两个挂篮向一个挂篮过渡,先拆除一个挂篮,用另一个挂篮走行跨过合龙段至另一端悬臂施工梁段上,形成合龙段施工支架。在施工过程中,合龙段会受到昼夜温差影响,现浇混凝土的早期收缩、水化热影响,已完成梁段混凝土的收缩、徐变影响,结构体系的转换及施工荷载等因素影响。因此,需采取必要措施,以保证合龙段的质量。

(1)合龙段长度选择。合龙段长度在满足施工要求的前提下,应尽量缩短,一般采用1.5~2 m。本工程合龙段的长度选用 2 m。

(2)合龙温度选择。合龙应该选在温度较低的时候,如施工的时候是夏天,应选择在晚上合龙,并用草袋等覆盖,并加强接头混凝土养护,使混凝土早期结硬过程中处于升温受压状态。

(3)合龙段混凝土选择。混凝土中加入减水剂、早强剂,以便及早达到设计要求强度。混凝土达到强度后应及时张拉预应力束筋,防止合龙段混凝土出现裂缝。

(4)合龙施工是连续梁体系转换的重要环节,它对保证成桥质量至关重要。刚构合龙的原则是低温灌注,又拉又撑又抗剪。合龙前使两悬臂端临时连接,保持相对固定,以防止合龙混凝土在早期因为梁体混凝土的热胀冷缩开裂。同时选择在一天中的低温、变化较小时进行混凝土施工,保证混凝土处于温升受压的情况下达到终凝,避免受拉开裂。按照设计的合龙顺序为先两个边跨合龙再中跨合龙,而后完成体系转换,形成连续刚构。

5. 案例总结

梅砦二号大桥在施工过程中反复进行施工→计测→判别→反馈控制→施工的循环过程,使全桥施工得到严格的控制。由于施工方法正确、监控得当,该大桥可不用调整而直接进行合龙,且挠度误差和轴线偏位都在规范允许范围之内。

第二节　拱　桥　施　工

拱桥是以承受压力为主的结构,故用作建桥的材料主要是石料(料石、块石或片石等)、混凝土(少筋或无筋)、钢筋混凝土和钢管混凝土,特大跨径时可采用全钢材料。

接下来,主要介绍现浇混凝土施工、装配式混凝土施工、钢管混凝土施工三种拱桥施工方法。

一、现浇混凝土拱桥施工

对现浇混凝土拱桥进行有支架施工是一种传统的施工方法，也是应用最广泛的一种方法。现在，还有一种无支架的悬臂现浇施工方法也在逐步被广泛应用。下面重点介绍有支架现浇施工方法，其主要施工程序有材料的准备、拱圈放样、拱架制作与安装、拱圈及拱上建筑施工等。

(一)拱架的形式和构造

就地浇筑混凝土拱圈时需搭设拱架，以支承拱圈和上部结构的全部或部分重量，同时还要保证拱圈的形状符合设计要求。拱架的设计和施工都比较复杂，是决定拱桥施工成败的关键。拱架要有足够的强度、刚度和稳定性，同时拱架又是一种临时结构，因此要求它构造简单，装拆方便，节省材料并能重复使用，以加快施工进度，减少施工费用。拱架的种类很多，按形式的不同可分为满堂式拱架、少支架拱架、拱式拱架等；按使用材料的不同可分为木拱架、钢拱架、竹拱架、竹木拱架及土牛拱胎等。

1. 满堂式拱架

满堂式拱架的优点是施工可靠，技术简单，木材和铁件规格要求低；缺点是材料用量多且损耗率较高，受洪水威胁大。其在水深流急、漂流物较多及要求通航的河流上不能采用。满堂式拱架通常由拱架上部(简称拱架或拱盔)、卸拱设备、拱架下部(支架或脚手架)三部分组成。拱架上部是由立柱、斜撑和拉杆等组成的拱形桁架，如图3-2(a)所示，下部是由立柱及横向联系(斜夹木和水平夹木)组成的支架，上、下部之间放置卸拱设备(砂筒、木马或千斤顶等)，如图3-2(b)所示。

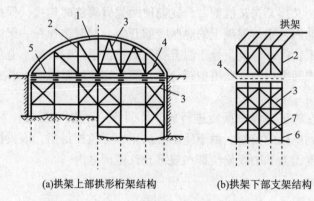

(a)拱架上部拱形桁架结构　　　(b)拱架下部支架结构

1—弓形木；2—立柱；3—斜撑；4—卸拱设备；5—水平拉杆；
6—桩木；7—水平夹木。

图3-2　满堂式拱架的构造

拱架上部在斜撑上钉以弧形垫木以满足拱腹的曲线要求，通常将斜撑和弧形垫木合称为弓形木(梳形木)。弓形木支承在立柱或斜撑上，跨度为 1.5~2.0 m。其上放置横梁，间距为 0.6~0.7 m，横梁上再纵向铺设 30~50 mm 厚的模板，如图3-3(a)所示。

当拱架横向间距较小时，也可不设横梁，直接在弓形木上铺设 30~50 mm 厚的模板，如图3-3(b)所示。拱架下的水平拉杆为系杆。拱架节点应构造简单，避免采用复杂的节点和接头形式，连接处要紧密，以保证拱架在荷载作用下变形最小且变形曲线圆顺。满堂式拱架常用的节点构造如图3-4所示。

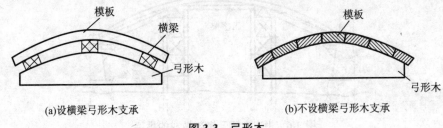

(a)设横梁弓形木支承　　　　　　　　(b)不设横梁弓形木支承

图3-3　弓形木

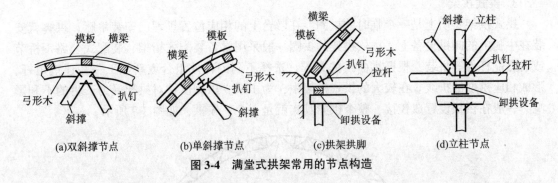

(a)双斜撑节点　　　(b)单斜撑节点　　　(c)拱架拱脚　　　(d)立柱节点

图3-4　满堂式拱架常用的节点构造

每一拱肋下应有1~2榀拱架，拱圈之下则视拱圈宽度和重量大小可设多榀。拱架之间要有充分的横向连接系。

一般来说，满堂式拱架适合跨度不大、高度较小、基础较好的拱桥。

2. 少支架拱架

在通航河流需预留一定的桥下净空，或在水深、桥高以及其他不适宜采用满堂式拱架的条件下，可采用有中间支承的墩架式拱架。墩架式拱架用少数框架式支架加斜撑来代替数目众多的立柱，在墩架上设置横梁，横梁上安装卸拱设备，再安装拱盔，如图3-5所示。该种拱架的材料用量较满堂式拱架少，构造也不复杂，且能在桥下留出适当的空间，是实际施工中较常用的一种拱架形式。

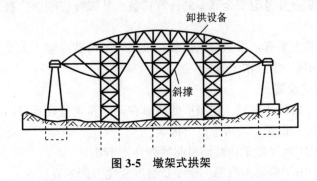

图3-5　墩架式拱架

另一种常用的少支架拱架为用工字梁及墩架做成的拱架，如图3-6所示。工字梁的跨度可达12~15 m，间距为1 m左右，用纵向及横向连接系支承。这种拱架可利用常备式构件拼装，节省木材及劳动力，且桥下净空较宽。

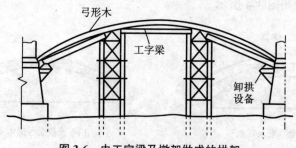

图 3-6　由工字梁及墩架做成的拱架

3. 拱式拱架

拱式拱架实质上是一个临时的拱圈，在墩台上的相应位置预埋、安装牛腿，拱脚就安装在牛腿上的卸拱设备上。拱式拱架的拱圈一般采用常备装配式桁架、装配式公路钢桥节或者万能杆件等拼装，根据拱曲线的差异，选择不同的杆件组合或新加工一些连接短杆，形成相应拱度的折线。在较大的拱式拱架中，为了减少拱脚位移对拱架受力产生的不利影响，一般在拱顶设置成铰接，整个拱架其实就是一个三铰拱，如图 3-7 所示。

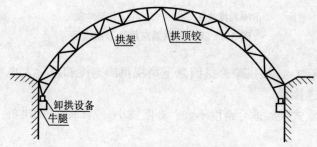

图 3-7　三铰拱式拱架结构示意图

（二）拱架施工要点

1. 拱架的计算荷载

拱架的设计计算与其他结构物的设计计算一样，根据拱架结构的特点，选择合理的计算图式，选定符合实际并考虑安全储备的计算荷载，从强度、刚度、稳定性等方面进行计算和验算。

拱架的计算荷载主要有：拱架自重荷载、拱圈圬工荷载、施工人员及机具荷载、其他可能产生的荷载(如风、雪、水流等)。

2. 拱架预拱度的设置

为保证结构竣工后尺寸准确，控制拱肋线形在设计和规范要求以内，在拱架施工时需设置预拱度。预拱度的设置主要考虑以下因素：

(1)拱架和支架因承受施工荷载而引起的弹性变形 δ_1。

(2)超静定结构由于混凝土收缩、徐变及温度变化引起的挠度 δ_2。

(3)承受推力的墩台，由墩台水平位移产生的拱圈挠度 δ_3。

(4)由结构重力引起的梁或拱圈的弹性挠度 δ_4。

(5)受载后，由于杆件接头的挤压和卸拱设备压缩而产生的非弹性变形 δ_5。

(6)拱架基础受载后的非弹性变形(沉陷) δ_6。

拱架拱顶的预拱度为：

$$\delta = \delta_1 + \delta_2 + \delta_3 + \delta_4 + \delta_5 + \delta_6 \qquad (3-1)$$

$$\delta_1 = \sum \frac{\sigma h}{E} + 1.5\,n \qquad (3-2)$$

式中，σ 为立柱内的压应力；h 为立柱的高度；E 为立柱材料的弹性模量；n 为拱架中横纹承压的杆件接缝数。

$$\delta_2 = \frac{(l/2)^2 + f^2}{f} \times (\alpha \times \Delta t) \qquad (3-3)$$

式中，l 为拱圈计算跨径；f 为拱圈计算矢高；α 为拱圈材料线膨胀系数；$\triangle t$ 为拱圈合龙温度与月平均气温之差，再加上混凝土收缩的换算温度。

$$\delta_3 = \frac{l}{4f}\Delta l \qquad (3-4)$$

式中，$\triangle l$ 为拱脚相对水平位移量。

$$\delta_4 = \frac{(l/2)^2 + f^2}{f} \times \frac{\sigma}{E} \qquad (3-5)$$

式中，σ 为拱圈恒载产生的平均压应力。

$$\delta_5 = \delta_{5A} + \delta_{5B} \qquad (3-6)$$

式中，δ_{5A} 为拱顶铰杆件接头的挤压挠度，δ_{5B} 为拱顶铰采用木垫板、木楔或砂筒所产生的拱度。

$$\delta_{5A} = 2\,k_1 + 3\,k_2 + 2\,k_3 \qquad (3-7)$$

式中，k_1 为顺纹木料的接头数目；k_2 为横纹木料的接头数目；k_3 为木料与金属或木料与圬工的接头数目。

拱顶铰采用木垫板、木楔或砂筒所产生的挠度为：

$$\delta_{5B} = (10 - 20)\frac{s}{f} \qquad (3-8)$$

式中，s、f 为半拱的弦长和矢高。

不同的基础下沉量 δ_6 不同：枕梁在砂土上为 5 mm，枕梁在黏土上为 10~20 mm；砂土中的桩为 5 mm，黏土中的桩为 10 mm。

拱顶外的其余各点一般近似按二次抛物线分配，即：

$$\delta_x = \delta \frac{1 - 4\,x^2}{l^2} \qquad (3-9)$$

式中，δ 为拱顶总预拱度；δ_x 为距拱顶水平距离 x 处的预拱度；l 为拱桥计算跨径。

3. 拱架的制作、安装

根据设计拱轴线和各点的预拱度值，计算出拱轴线各处的实际高程值。选择一放样场地（如已完成的路面等），利用相对坐标放出实际拱架拱轴线，据此进行拱架杆件的制作、拱（箱）肋侧模的分块和制作。

拱架的杆件加工好后，先进行试拼，根据试拼情况进行可能的局部修整，再进行拱架的正式搭设。

拱架的正式搭设应根据拱架的类型分别采用不同的方法。满堂式拱架一般在桥孔中逐杆进行安装，三铰拱式拱架可采用整片吊装的方法安装，大跨度的钢拱架一般采用悬臂法逐节拼装，还有一些钢拱架可以采用转体法进行安装。

4. 拱架的试压

拱架试压的加载重量及顺序根据拱圈分段、分层现浇的加载情况进行模拟。考虑到拱圈的曲线形式，以及在各部位加载时拱架变形情况的不同，为了操作方便和安全，拱架试压一般采用砂袋加载的方式进行。

5. 拱架的卸落和拆除

现浇混凝土拱圈拱架的拆除期限应符合设计规定；设计无规定时，在拱圈混凝土强度达到设计强度的85%后，方可卸落拆除。拱架的卸落一般选在一天中温度最高时进行，按照设计规定的程序进行。若设计无规定，应拟订详细的卸落程序，分几个循环卸完，卸落量开始时宜小，以后逐渐增大，在纵向应对称、均衡卸落。满堂式拱架可从拱顶向拱脚依次卸落，拱式拱架可在两个支座处同时卸落。多孔拱桥卸架时，若桥墩容许承受单孔施工荷载，可单孔卸落，否则应多孔同时卸落或连续孔分阶段卸落。卸落时，应由专人观测拱圈挠度和墩台变化，并详细记录。

（三）现浇混凝土拱圈施工

拱桥拱圈的浇筑流程同梁桥的浇筑流程基本相似，即支架施工→安装模板→绑筋→浇筑混凝土→养护→拆模→拆支架。拱圈混凝土浇筑与梁桥混凝土浇筑的最大不同点在于浇筑的顺序，拱圈的就地浇筑顺序应满足以下要求：①同一拱圈拱顶两侧，同一跨上、下游，相邻跨间的施工应遵循对称、平衡的原则；②加载各个阶段时，桥墩受到的偏心应力最小；③加载各个阶段时，拱架的应力、变形最小；④拱架的变形应在拱圈合龙成型前完成，以尽量减小拱肋有害内部应力；⑤拱圈分段接缝处应避开应力集中部位（如立柱、横系梁等位置）；⑥拱圈封拱合龙在拱顶处完成，且尽量选择在较低温度下进行。

拱圈的浇筑方法一般包括以下几种。

（1）连续浇筑

跨径小于16 m的拱圈或拱肋混凝土，应按拱圈全宽从两端拱脚向拱顶对称、连续浇筑，并在拱脚混凝土初凝前全部完成。如预计不能在限定时间内完成，则应在拱脚处预留一个隔缝，最后浇筑隔缝混凝土。

（2）分段浇筑

跨径大于或等于16 m的拱圈或拱肋，为避免拱架变形和混凝土收缩产生裂缝，应沿拱跨方向分段浇筑。分段位置应以能使拱架受力对称、均匀和变形小为原则。拱式拱架宜设置在拱架受力反弯点、拱架节点、拱顶及拱脚处。满堂式拱架、少支架拱架宜设置在拱顶、1/4部位、拱脚及拱架节点等处。分段长度一般为6～15 m。各段的接缝面应与拱轴线垂直，各分段点应预留间隔槽，其宽度一般为0.5～1.0 m。当有钢筋接头时，其宽度还应满足钢筋接头的需要。

分段浇筑程序应符合设计要求，且对称于拱顶进行，使拱架变形保持对称、均匀和尽可能小。填充间隔缝混凝土时，应由两拱脚向拱顶对称进行。拱顶及两拱脚间隔缝应在最后封拱时浇筑，间隔缝与拱段的接触面应事先按施工缝进行处理。间隔缝的位置应避开横撑、隔板、吊杆及刚架节点等处。间隔缝的宽度以便于施工操作和钢筋连接为宜，一般为500～1 000 mm。

浇筑间隔缝混凝土应在拱圈分段混凝土强度达到85%设计强度后进行。为缩短拱圈合龙和拱架拆除的时间，间隔缝内的混凝土可采用强度比拱圈高一等级的半干硬性混凝土。封拱合龙温度应符合设计要求，如设计无规定，一般宜接近当地的年平均温度。

（3）箱形截面拱圈（或拱肋）的分段、分环浇筑

大跨径拱桥一般采用箱形截面的拱圈（或拱肋），为减轻拱架负担，一般采取分环、分段浇筑方法。分段的浇筑方法与上述相同。分环一般是分成两环或三环，分成两环时，先分段浇筑底板（第一环），然后分段浇筑肋墙、隔墙与顶板（第二环）；分三环时，先分段浇筑底板（第一环），然后分段浇筑肋墙、隔墙（第二环），最后分段浇筑顶板（第三环）。

二、装配式混凝土拱桥施工

相对拱桥主拱圈就地浇筑施工中存在的受高度、跨度、地形等的限制而言，拱圈的装配式施工就显得更有优势。它可以不受桥下水流及通航的影响，跨越能力强，适应性强，施工速度快，也比较稳妥、安全。另外，拱桥上部结构的轻型化、装配化大大加快了拱桥的施工速度。要提高拱桥的竞争力，拱桥必须向轻型化和装配化的方向发展。

装配式混凝土拱桥施工是在预制场地进行混凝土拱桥各构件的制造，然后在桥位进行装配的施工方法。拱桥的装配式施工方法主要有支架拼装法、拱上架梁吊机法、缆索吊装法等，其中以缆索吊装法最为常见。

（一）支架拼装法

这种方法从就地浇筑施工方法优化而来。其将分段浇筑的拱段在桥下放平预制，按照加载顺序依次吊装在拱架上，最后按照就地浇筑拱圈的方法支架现浇间隔槽合龙拱圈。采用这种施工方法时，拱圈预制和下部结构施工可平行作业，施工快，但需要吊装设备。这种施工方法一般在矮墩、小跨径的拱桥中使用。

（二）拱上架梁吊机法

拱上架梁吊机方式主要有步履式和移动式，由千斤顶或卷扬机牵引行走，通过后平衡装置保持稳定，并逐节段安装外伸。起吊安装时，吊机与主体结构锚固，结构稳定性好，有利于构件的准确定位和安装。吊机的起吊重量、起吊速度、最大悬臂长度等根据主体结构的形式以及施工单位的经验和习惯确定。重庆朝天门长江大桥的拱上架梁吊机起重能力达 2 100 t·m，吊幅为 30.5 m。

（三）缆索吊装法

在峡谷或水深流急的河段上，或在通航的河流上需要满足船只的顺利通行时，可选用缆索吊装法。缆索吊装法由于具有跨越能力强，水平和垂直运输机动、灵活，适应性强，施工比较稳妥、方便等优点，成为拱桥施工中使用最为广泛的方法。

缆索吊装施工顺序：在墩台两侧安装索塔，拱桥构件通过主索上的起重设备吊装、运输，依次拼装，并利用扣索将拼装悬臂斜拉稳定，直至全拱合龙。具体施工过程如下。

1. 构件的预制

（1）拱肋构件坐标放样

对于装配式混凝土拱桥，拱肋坐标放样与有支架施工拱肋坐标放样相同，采用直角坐标法放出基肋大样。坐标系采用以基肋内弧下弦为 z 轴，以垂直方向为 y 轴，每隔 1 m 在 x 轴上分别量出内、外弧的 y 坐标，以此放样。在放样时应注意各接头的位置，力求精确，以减少安装困难。

（2）拱肋立式预制

采用立式浇筑方法预制拱肋，具有起吊方便，节省木材的优点。常用的预制方法有：

①土牛拱胎立式预制，如图 3-8 所示；②木架立式预制；③条石台座立式预制，条石台座由数个条石支墩、底模支架和底模等组成。

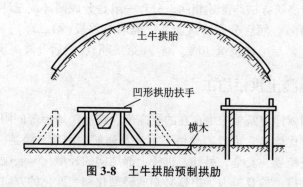

图 3-8　土牛拱胎预制拱肋

（3）拱肋卧式预制

①木模卧式预制。当预制拱肋数量较多时，宜采用木模，如图 3-9(a)所示。当浇筑截面为 L 形或倒 T 形时（双曲拱桥拱肋），拱肋的缺口部分可用黏土砖或其他材料垫砌。

②土模卧式预制。如图 3-9(b)所示，在平整好的土地上，根据放样尺寸挖出与拱肋尺寸大小相同的土槽，然后将土槽壁仔细抹平、拍实，铺上油毛毡或水泥袋，便可浇筑拱肋。

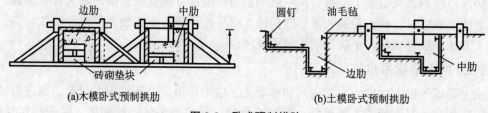

(a)木模卧式预制拱肋　　　　　　　　　　(b)土模卧式预制拱肋

图 3-9　卧式预制拱肋

③卧式叠浇。当采用卧式预制的拱肋混凝土强度达到设计强度的 30% 后，可在其上安装侧模，浇筑下一片拱肋，如此连续浇筑称为卧式叠浇。

拱箱可分为底板、侧板、横隔板及盖板等，通常各板均采用卧式法分别预制。侧板长度可为两横隔板间距离，其上、下缘长度差应通过计算确定，一般上缘短 50 mm，下缘短 90 mm 左右，以便能组装成折（曲）线形。拱箱可在节段底模上进行组拼。

2. 拱肋分段与接头形式

（1）拱肋分段

当拱肋跨径在 30 m 以内时，可不分段或仅分两段；当拱肋跨径为 30~80 m 时，可分三段；当拱肋跨径大于 80 m 时，一般可分五段。拱肋分段吊装时，理论上接头宜选择在拱肋自重弯矩最小的位置及其附近，但因为分段一般为等分，所以各段重力基本相同，吊装设备较省。

（2）拱肋的接头形式

①对接。拱肋分两段吊装时多采用对接形式，如图 3-10(a)、(b)所示。

对接接头在连接处为全截面通缝，要求接头的连接材料强度高，一般采用螺栓或电焊钢板等。

②搭接。分三段吊装的拱肋，因接头处在自重弯矩较小的部位，一般宜采用搭接形

式，如图 3-10(c)所示。分五段吊装的拱肋，边段与次边段拱肋的接头也可采用搭接形式。搭接接头受力较好，但构造复杂，预制也较困难，需用样板校对、修凿，以保证拱肋安装质量。

③现浇接头。用简易排架施工的拱肋，可采用主筋焊接或主筋环状套接的现浇接头，如图 3-10(d)所示。

接头处的混凝土强度等级应比拱肋混凝土强度等级高一级。连接钢筋、钢板(或型钢)的截面要求，应按计算确定。钢筋的焊缝长度，应满足《公路钢筋混凝土及预应力混凝土桥涵设计规范》(JTG 3362—2018)的有关规定。

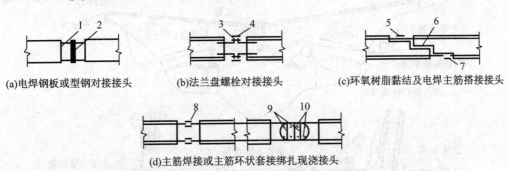

(a)电焊钢板或型钢对接接头　　(b)法兰盘螺栓对接接头　　(c)环氧树脂黏结及电焊主筋搭接接头

(d)主筋焊接或主筋环状套接绑扎现浇接头

1—预埋钢板或型钢；2—电焊缝；3—螺栓；4、5、7—电焊；6—环氧树脂；8—主筋对接和绑焊；
9—箍筋；10—横向插。

图 3-10　拱肋接头形式

3. 拱座

拱肋与墩台的连接称为拱座。拱座主要有插入式、预埋钢板法、方形拱座、钢绞连接几种形式。其中，插入式及方形拱座因其构造简单、钢材用量少、嵌固性能好等优点，使用较为普遍。

4. 拱肋起吊、运输及堆放

装配式混凝土拱桥构件在脱模时，混凝土的强度不应低于设计所要求的吊装强度，若设计无要求，一般不得低于设计强度的 75%。拱肋移运起吊时的吊点位置应为设计图上的设计位置，以保证移运过程稳定、安全。当采用两点吊时，吊点位置一般可设在离拱肋端头(0.22~0.24)L(L 为拱肋长度)处。当拱肋较长或曲率较大时，应采用三点吊或四点吊，采用三点吊时，除跨中设一吊点外，其余两吊点可设在离拱肋端头 0.2L 处；采用四点吊时，两个外吊点一般设在离拱肋两端头 0.17L 处，两个内吊点可设在离拱肋两端头 0.37L 处。起吊设备可采用三角木扒杆、木马凳和履带吊车等。场内运输可采用龙门架、胶轮平板挂车、汽车甲板车、轨道平车或船只等机具进行。拱肋堆放时应尽可能卧放，特别是矢跨比小的构件(拱肋、拱块)，卧放时应设置三处垫木，垫木位置应在拱肋中央及距两端0.15L 处，三个垫点应同高度。当拱肋必须立放时，应搁放在符合拱肋曲度的弧形支架上，或者支三个支点，其位置在中央及距两端 0.2L 处，各支点高度应符合拱肋曲度，以免拱肋折断。

堆放构件的场地应平整夯实，不致积水。当因场地有限而采用堆垛时，应设置垫木。堆放高度依构件强度、地面承载力、垫木强度以及堆放的稳定性而定，一般以 2 层为宜，不应超过 3 层。构件应按吊运及安装次序顺序堆放，并留适当通道，防止越堆吊运。

5. 缆索吊装设备

缆索吊装设备又称缆索起重机，主要用于高差较大的垂直吊装和架空纵向运输，吊运质量从几吨到几十吨，纵向运距从几十米到几百米。缆索吊装设备主要用在跨度大，地势复杂、起伏不平或其他起重机设备不易到达的施工现场。

缆索吊装设备由主索、天线滑车、起重索、牵引索、起重及牵引绞车、主索锚碇、塔架、缆风索等主要设备和扣索、扣索锚碇、扣索排架、扣索绞车等辅助设备组成。缆索吊装设备布置方式如图 3-11 所示。

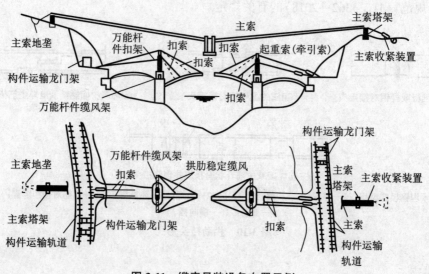

图 3-11 缆索吊装设备布置示例

（1）主索

主索又称承重或运输天线，它横跨桥墩，支承在两岸塔架的索鞍上，两端锚固于锚碇上，吊运构件的行车支承于主索上。主索的直径、型号、根数等，可根据索塔距离（主索跨度）、设计垂度、起吊重量等计算出主索所承受的拉力而确定。

（2）起重索

起重索套绕于天线滑车组，做起吊重物之用。起重索一端与绞车滚筒相连，另一端固定于对岸的锚碇上。这样，当行车在主索上沿桥跨做往复运动时，可保持行车与吊钩间的起重索长度不随行车的移动而改变，如图 3-12 所示。

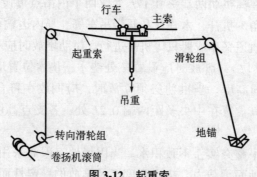

图 3-12 起重索

（3）牵引索

牵引索是牵引天线滑车沿主索作水平移动的拉绳。其套绕方法有两种，即每岸各设一台绞车，一台用于前进牵引，一台用于后退牵引。牵引索一端固定在滑车上，另一端与绞车相连。

（4）结索

结索用于悬挂分索器，使主索、起重索和牵引索不致相互干扰，它仅承受分索器重力及自重。

（5）扣索

在装配式混凝土拱桥吊装中，为了暂时固定拱箱（肋）分段所用的钢丝索称为扣索。扣索（图3-13）分为墩扣、塔扣和天扣等几种。

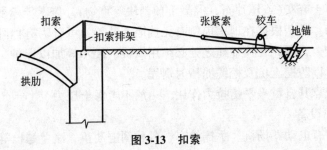

图3-13 扣索

（6）缆风索

缆风索又称浪风索或抗风索，主要用于稳定塔架（或索架和墩上排架），调整和固定预制构件的位置。

（7）横移索

如果缆索吊装设备只设置一道主索，可用横移索横移预制构件就位，且其方向应尽可能与预制的轴线垂直。

（8）天线滑车

天线滑车又称骑马滑车或跑车，由跑车轮、起重滑车组和牵引系统三部分组成。

（9）塔架及索鞍

塔架是用来提高主索临空高度和支承各种受力钢索的结构物，由塔身、塔顶、塔底等组成。塔身多用万能杆件或贝雷桁节拼成的钢塔架，塔底应采用浆砌片石或片石混凝土基础。塔顶设置索鞍，索鞍用于放置主索、起重索、扣索等，以减小钢绳与塔架间的摩阻力，索鞍构造见图3-14。

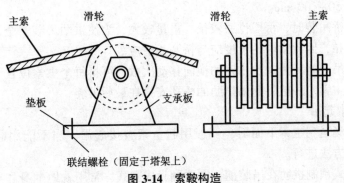

图3-14 索鞍构造

（10）地锚

地锚亦称地垄或锚碇，用于锚固主索、扣索、起重索及绞车等。地锚的可靠性对缆索吊装的安全有决定性影响，故对其设计与施工都必须予以高度重视。按照承载能力的大小及地形、地质条件的不同，地锚的形式和构造可以是多种多样的。工程实践中可利用桥梁墩、台作为锚碇，以节约材料，否则需设置专门的地锚。

立垄式地垄适用于土质地层。地垄柱以枕木、圆木或方木制作，挖坑埋入土中。当荷载较大时，常在立垄的后方加设一个或两个立垄，以缆绳相连，共同受力，称为双立垄或三立垄。

桩式地垄是以打入土中一定深度的木桩作为地垄，分单桩垄、双桩垄和三桩垄几种。

卧垄式地垄亦称困垄，是埋入土中的横置木料，缆索或千斤绳系于木料上的一点或数点。卧垄埋好后填土夯实（或压片石、混凝土预制块等重物）。卧垄能承受较大的拉力，一般可达 30~500 kN。卧垄根据在地垄前侧有无挡墙等装置，可分为有挡卧垄和无挡卧垄两种。卧垄抗拔力较大，因此在拴缆绳之处必须用铁板、硬木等加以保护。卧垄设置地点必须有较好的地质，以防挖土坑及挖缆绳槽时坍塌。

混凝土地垄依靠其自重来平衡拉力作用，一般不考虑土压力。

（11）其他附属设备

其他附属设备有电动卷扬机、手摇绞车、各种倒链葫芦、法兰螺栓等。

6. 缆索吊装

将预制拱肋和拱上结构通过平车等运输设备移运至缆索吊装位置，之后将分段预制的拱肋吊运至安装位置，利用扣索对分段拱肋进行临时固定。吊装应自一孔桥的两端向中间对称进行。一般吊装程序为：边段拱肋吊装及悬挂→次边段拱肋吊装及悬挂→中段拱肋吊装及拱肋合龙→拱上构件的吊装或砌筑安装等。

（1）利用缆索进行拱肋安装的原则

①单孔桥吊装拱肋的顺序常由拱肋合龙的横向稳定方案确定。对于肋拱桥，在吊装拱肋时应尽早安装横系梁。为加强拱肋的稳定性，需设横向临时连接系，以加快施工进度。

②多孔桥吊装时应保证合龙的拱肋片数所产生的单向推力不超过桥墩的承受能力。对于高墩，应以桥墩的墩顶位移值控制单向推力，位移值应小于 $L/600 \sim L/400$。

③吊装可采用分段单基肋合龙成拱的方法。跨度较大（如大于 70 m）时，应采用双基肋或多基肋合龙，此时基肋间的横系梁或横隔板必须紧随拱段的拼装及时焊接。只有在横联临时连接后，才可拆除两肋的起重索和扣索。

④吊装时，每段拱肋须待下端连接并设置好扣索及风缆后，方可拆除起重索，并使上端高于设计位置 50~100 mm。

⑤大跨径拱桥吊装时，每段拱肋较长，重量较大，为使拱肋吊装安全，应尽量采用正吊、正落位、正扣，因此索塔的宽度应与桥宽相适应。

⑥采用缆索吊装时，为减少主索的横向移动次数，可将每个主索位置下的拱肋全部吊装完毕后再移动主索。一般将起吊拱肋的桥孔安排在最后吊装。

（2）拱肋缆索起吊

拱肋由预制场运到主索下面后，一般用起重索直接起吊。当不能用起重索直接起吊时，可采用下列方法进行。

①翻身。卧式预制拱肋在吊装前，需要翻身成立式，常用就地翻身和空中翻身两种方

法。所谓就地翻身，即先用枕木垛将平卧拱肋架至一定高度，使其在翻身后两端头不致碰到地面，然后用一根短千斤顶将拱肋吊点与吊钩相连，边起重拱肋边翻身直立；所谓空中翻身，即先在拱肋的吊点处用一根穿有手链滑车的短千斤顶穿过拱肋吊环，将拱肋兜住并挂在主索吊钩上，然后收紧起重索起吊拱肋，当拱肋起吊至一定高度时，缓慢放松手链滑车，使拱肋翻身为立式。

②掉头。根据桥下情况，可选择用装肋的船或车等进行掉头。

③吊鱼。当拱肋从塔架下通过后，在塔架前起吊而塔架前场地不足时，可先用一辆跑车吊起一个吊点并向前牵出一段距离后，再用另一辆跑车吊起第二个吊点。

④穿孔。拱肋在桥孔中起吊时，最后几段拱肋常在该孔已合龙的拱肋之间穿过，俗称穿孔。

(3)拱肋缆索吊装合龙方式

边段拱肋悬挂固定后，就可以吊运中段拱肋并进行合龙。拱肋合龙后，通过接头、拱座的连接处理，使拱肋由铰接状态逐步成为无铰拱。因此，拱肋合龙是拱桥无支架吊装中的一项关键工作。拱肋合龙的方式比较多，主要根据拱肋自身的纵向与横向稳定性、跨径大小、分段多少、地形和机具设备条件等不同情况，选用不同的合龙方式。

①单基肋合龙。拱肋整根预制吊装或分两段预制吊装的中小跨径拱桥，当拱肋高度大于$(0.009 \sim 0.012)L$(L为跨径)，拱肋底宽为肋高的$60\% \sim 100\%$，且横向稳定系数不小于4时，可以进行单基肋合龙，嵌紧拱脚后松索成拱。单基肋合龙的最大优点是所需要的扣索设备少，相互干扰也少，因此可用在扣锁设备不足的多孔桥跨中。

②悬挂多段拱脚段或次拱脚段拱肋后单基肋合龙。对于拱肋分三段或五段预制吊装的大中跨径拱桥，当拱肋高度不小于跨径的1/100，且其单基肋合龙横向稳定安全系数不小于4时，可悬扣边段或次边段拱肋，用木夹板临时连接两拱肋后，单根拱肋合龙，设置稳定缆风索，成为基肋。待第二根拱肋合龙后，立即安装拱顶段及次边段的横夹木，并拉好第二根拱肋的风缆。如横系梁采用预制安装，则应将横系梁逐根安上，使两肋及早形成稳定、牢固的基肋。其余拱肋的安装，可依靠与基肋的横向连接达到稳定。

③双基肋同时合龙。当拱肋跨径大于等于80 m，或虽小于80 m，但单基肋合龙横向稳定安全系数小于4时，应采用双基肋同时合龙的方法。即当第一根拱肋合龙并调整轴线，楔紧拱脚及接头缝后，松索压紧接头缝，但不卸掉扣索和起重索，然后将第二根拱肋合龙，并将两根拱肋横向连接、固定。拉好风缆后，再同时松卸两根拱肋的扣索和起重索，这种方法需要两组主索设备。

④留索单肋合龙。当采用两组主索设备吊装而扣索和卷扬机设备不足时，可以先用单基肋合龙方式吊装一片拱肋合龙。待合龙的拱肋松索成拱后，将第一组主索设备中的牵引索、起重索用卡子固定，抽出卷扬机和扣索，移到第二组主索中使用。待第二片拱肋合龙并将两片拱肋用木夹板横向连接、固定后，再松起重索并将扣索移到第一组主索中使用。

三、钢管混凝土拱桥施工

1990 年，我国第一座钢管混凝土拱桥在四川省北部旺苍县建成，大桥跨径为 115 m。钢管混凝土拱桥是以钢管为拱圈外壁，在钢管内浇筑混凝土，使其形成由钢管和混凝土组成的拱圈结构。由于管壁内填满混凝土，故提高了钢管壁受压时的稳定性，同时由于钢管内的混凝土受钢管的约束，故提高了混凝土的抗压强度和延性。由于钢管的重量小、刚度大，吊装方便，故钢管可以作为拱圈施工的劲性支架，钢管本身就是模板。这些优点给大跨度拱桥施工创造了十分有利的条件。钢管混凝土拱桥断面尺寸较小，结构很轻巧，且钢管外壁涂有色彩绚丽的油漆，拱桥建筑造型极佳。由于具有上述这些优点，钢管混凝土拱桥在全国各地很快得到了推广和应用。据不完全统计，我国已建和在建的钢管混凝土拱桥约 50 座。

（一）钢管混凝土拱桥的构造特点

（1）拱肋截面形式

钢管混凝土结构的主要特点之一，是钢管对混凝土的套箍作用使钢管内的混凝土处于三向受力状态，提高了混凝土的抗压强度和变形能力。基于上述原因，目前的钢管混凝土拱桥基本上由圆形钢管组成。当跨度较小时，可以采用单圆管；当跨度在 150 m 以内时，一般采用两根圆形钢管上下叠置的哑铃形截面，这是已建成拱桥中采用最多的截面形式；当跨径超过 150 m 时，采用桁架形截面较合理。在劲性骨架的钢筋混凝土拱桥中多采用桁架形截面。常用的拱肋截面形式如图 3-15 所示。

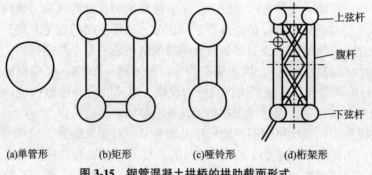

|（a）单管形　　　　（b）矩形　　　　（c）哑铃形　　　　（d）桁架形|

图 3-15　钢管混凝土拱桥的拱肋截面形式

（2）钢管混凝土拱桥结构形式

近几年随着钢管混凝土拱桥在全国各地的发展，我国已修建了各种结构形式的钢管混凝土拱桥。

①中承式拱桥。这是目前钢管混凝土拱桥中应用最多的一种结构形式。由于桥面位置在拱的中部，可以随引桥两端接线所需的高度上下调整，所以适应性强；当地质条件较好时，一般均采用有推力的中承式拱桥，如浙江新安江大桥即为有推力的中承式钢管混凝土拱桥。当地质条件较差，桥墩不能承受较大水平推力或受地形条件限制时，可以采用中承式带两个半跨的自锚结构形式。益阳南县茅草街大桥为中承式钢管混凝土系杆拱桥，广东南海三山西大桥和三峡对外公路上的莲沱大桥均为中承式自锚结构形式。

②下承式系杆拱桥。当地质条件较差或受城市道路接线高度的限制时，往往采用下承式系杆拱桥结构形式，拱脚的推力由系杆承受。目前，下承式钢管混凝土系杆拱桥的系杆形式分为两种：一种是上、下部结构采用刚接联结，系杆仅用体外预应力钢束组成的柔性系杆形式；另一种是上部结构简支结构支承于桥墩的刚性系杆形式。柔性系杆形式结构简单，施工方便，可节省一根尺寸较大的系梁。如四川旺苍东河桥和浙江轻纺大桥均为柔性系杆下承式钢管混凝土拱桥。刚性系杆形式中有一根刚度较大的系梁联系着两端拱脚，能承受较大压力，对系梁内预应力钢束的张拉较柔性系杆安全。如浙江义乌望园大桥和杭州新塘路大桥均为刚性系杆下承式钢管混凝土拱桥。

③上承式拱桥。当桥梁两岸地势较高或桥梁要跨过深谷时，采用上承式钢管混凝土拱桥是较合理的桥型方案。上承式钢管混凝土拱桥的桥面系在拱圈的顶面，可以采用多片拱肋。在多片拱肋之间和拱肋顶面的立柱排架之间均可以进行纵、横向联系，这就大大加强了大跨度拱桥施工中的稳定性，保证了施工的安全。三峡对外公路上的黄柏河大桥和下牢溪大桥均为上承式钢管混凝土拱桥。

（二）钢管拱肋制作

钢管混凝土拱桥所用的钢管材料一般采用 Q235 钢和 16 Mn 钢。钢管由钢板卷制成形，管节的长度由钢板宽度确定，一般管节长度为 120~180 cm。管节一般为直管，钢板厚度一般为 10~20 mm。采用桁架形截面时，上、下弦之间的腹杆由于直径较小，可以直接采用无缝钢管。拱肋制作的关键在于拱肋在放样平台上的精确放样和严格控制焊接质量，应尽量减少工地高空焊接。严格控制钢管拱肋的制作质量，为拱肋的安装和拱肋内混凝土的浇筑提供了安全保证。

（三）拱肋放样和拱肋段的拼装

将半跨拱肋在混凝土地面上按 1∶1 进行放样。沿放样的拱肋轴线设置胎架，在大样上放出吊杆位置、段间接头位置以及混凝土灌注孔位置。拱肋分段的长度主要考虑从工厂到工地的运输能力，主要分段接头应避开吊杆孔和混凝土灌注孔的位置。当采用汽车运输时，管段长度以 10 m 左右为宜。横向风撑等杆件与拱肋的焊接，应根据拱肋安装方法而定。当采用整孔安装或半孔安装时，风撑应在工地安装前焊完；当采用缆索安装时，风撑可在拱肋吊装完成后焊接。分段拱肋运至工地后，再在工地上进行放样，将几段拱肋拼装成安装长度。在拱肋安装前，应对拱肋尺寸和焊缝质量进行检查。

（四）拱肋安装和拱肋内混凝土的浇筑

（1）钢管拱肋的安装

我国已建成的钢管混凝土拱桥中，采用最多的施工方法为缆索吊装法，其次为转体施工法，另外还有支架施工法、整体大节段吊装法和拱上爬行吊机施工法等。

（2）钢管拱肋内混凝土的浇筑

①泵送顶升浇灌法。泵送顶升浇灌法是在钢管拱肋拱脚的位置上安装一个带闸门的进料支管，直接与泵车的输送管相连，由泵车将混凝土连续不断地自下而上灌入钢管拱肋，无须振捣。

②吊斗浇捣法。在钢管拱肋顶部每隔 4 m 开一孔，作为浇筑孔和振捣孔。混凝土用吊斗运至拱肋灌注孔，通过漏斗流入孔内，由插入式振捣器对混凝土进行振捣。

③灌注用混凝土的要求。灌注用混凝土的配合比除满足强度指标外，还应注意混凝土坍落度的选择。对于泵送顶升浇灌法，粗集料粒径可采用 0.5~3 cm，水灰比不大于 0.45，坍落度不小于 15 cm；对于吊斗浇捣法，粗集料粒径可采用 1~4 cm。为满足上述坍落度的要求，应掺入适量的减水剂。为减小收缩量，可掺入适量的混凝土微膨胀剂。

④大跨径钢管混凝土灌注要求。混凝土灌注时可以分环或分段浇筑，灌注时应从拱脚向拱顶对称进行。大跨径拱肋灌注混凝土时应对拱肋变形和应力进行监测，并在拱顶附近配置压重，以保证施工安全。

⑤钢管内混凝土的灌注质量。钢管内混凝土是否灌满、混凝土收缩后与钢管壁是否形成间隙往往是较为担心的问题。采用小铁锤敲击钢管听声音的方法是十分简单有效的，当

用小铁锤敲击发出声音时，可采用钻孔进行检查，也可用超声波进行检查。对有空隙的部位应进行钻孔压浆补强。

(五)钢管混凝土劲性骨架

钢管吊装质量小，钢管内灌注混凝土后刚度大，钢管对混凝土的约束作用提高了混凝土的强度和变形能力，这些突出的优点使钢管混凝土结构适宜作为大跨径钢筋混凝土拱桥的施工劲性骨架。跨径为 420 m 的四川万县长江大桥和孔径为 312 m 的广西巴江大桥均采用钢管混凝土结构作为施工劲性骨架，这已成为一个发展趋势。浙江省金华市双龙大桥就是采用钢管混凝土结构作为劲性骨架的。双龙大桥的主桥为中承式钢筋混凝土箱形肋拱桥，跨径为 168 m，桥面宽为 28 m。箱形拱肋为变截面，拱肋的拱顶高度为 3.5 m，拱脚高度为 4.5 m。拱肋宽度在桥面以上为 2 m，在桥面以下逐渐加宽，至拱脚处时截面宽度为 3.6 m。箱形拱肋的顶底板厚度为 40 cm，侧面腹板厚度为 30 cm。每片箱形拱肋的四个角点部位布置 4 根直径为 402 mm 的钢管。腹杆采用型钢，通过节点板与钢管焊接成桁架。

劲性骨架分 3 段进行吊装：中间段长度为 68 m，重力为 1 290 kN；两边段长度为 50 m，重力为 1 040 kN。劲性骨架吊装采用两副龙门架吊机和临时施工支架，先将两边段吊装就位，用临时支架支承，再用两台吊机将中段提升就位，用临时螺栓连接，拱脚为铰接。对合龙后的拱轴线进行调整后，将接头焊接、拱脚固结。劲性骨架钢管内的混凝土采用泵送顶升。钢管内混凝土达到强度后，设模板吊架，立模、绑扎钢筋。拱肋混凝土采用分环、分段浇筑，先浇筑底板混凝土，再浇筑腹板和顶板混凝土。由于拱桥跨度大，施工荷载大，故在施工中混凝土浇筑的分段、分环顺序和数量应严格按计算结果进行。在施工中应对拱肋的变形和应力进行监测，以确保施工安全。

拱桥还有其他一些施工方法，如转体施工法、悬臂浇筑施工法等，这里不再一一赘述。

第三节　斜拉桥施工

一、施工概述

一般来说，斜拉桥的基础、墩台和索塔施工与其他桥型基本相同，但上部结构的施工有其特殊性。对于大跨径斜拉桥的上部结构主要采用悬臂浇筑或悬臂拼装的施工方法，对于中小型斜拉桥，可根据桥址所处的地形和结构本身的特点，采用支架法、顶推法或平转法等施工方法。

斜拉桥属于高次超静定结构，其设计和施工高度耦合，所采用的施工方法和安装程序与成桥后的主梁线形及结构的内力状态有着密切的关系，在施工阶段随着斜拉桥的结构体系和荷载状态的不断变化，结构内力和变形也随之发生变化，并决定成桥后结构的受力及线形。为确保斜拉桥在施工过程中的结构受力状态和变形始终处在合理、安全的范围内，并且成桥后主梁的线形符合预期的设计效果，在施工过程中必须严密施工控制。《公路桥涵施工技术规范》(JTG/T 3650—2020)规定："斜拉桥施工前应全面了解设计的要求和意图，根据结构的特点和受力特性，编制施工组织设计，做好施工过程控制，使成桥线形、内力符合设计和监控的要求。"

二、索塔施工

索塔有混凝土索塔和钢索塔两种。索塔的构造要比一般的桥墩复杂，塔柱可以是倾斜的，塔柱之间可能设置横梁，并且塔内需设置前后交叉的管道以备斜拉索穿过锚固，塔顶设置塔冠并有避雷装置，沿塔壁需设置检修的步梯，因此塔的施工要根据设计和构造要求统筹兼顾。钢索塔具有造价高、施工精度高、抗震性好、维护要求高等特点。混凝土索塔则有价格低廉、整体刚度大、施工简便、成桥后养护和维修少等特点。现代斜拉桥中，一般采用混凝土索塔。

(一) 混凝土索塔施工

混凝土索塔的施工有支架现浇、预制拼装、滑升模板浇筑、翻转模板浇筑、爬升模板浇筑等多种方法。

根据斜拉桥的受力特点，索塔要承受巨大的竖向轴力，还要承受部分弯矩。斜拉桥的设计对成桥后索塔的几何尺寸和轴线位置的准确性要求都很高。在施工过程中，混凝土塔柱受施工偏差、基础沉降、风荷载、混凝土收缩、徐变、温度变化等因素影响，其几何尺寸和平面位置都会发生变化，如施工控制不当，很容易导致缺陷，甚至产生次内力。因此不管采取何种施工措施，在斜拉桥的施工过程中都必须实行严格的施工控制，确保索塔施工质量及内力分布满足设计和规范要求。

索塔施工的工艺流程为：测量放样、设备安装→塔座施工→下塔柱施工→下横梁施工→中塔柱施工→上横梁施工→上塔柱施工→塔顶建筑施工→拆除支架、起重设备。

混凝土索塔的塔柱分为下塔柱、中塔柱和上塔柱，一般可采用支架法、滑模法、爬模法分节段施工，常用的施工节段大小划分为 1~6 m 不等。在塔柱内，常常设有劲性骨架，劲性骨架在加工厂加工，在现场分段超前拼接，精确定位劲性骨架安装定位后，可供测量放样、立模、钢筋绑扎、拉索钢套管定位用，也可供施工受力用。劲性骨架在倾斜塔柱中，其功能作用更大，它的设计往往结合构件受力需要设置。当塔柱为倾斜的内倾或外倾布置时，应考虑每隔一定的高度设置受压支架(塔柱内倾)或受拉拉杆(塔柱外倾)来保证斜塔柱的受力、变形和稳定性。

《公路桥涵施工技术规范》(JTG/T 3650—2020) 规定："索塔横梁施工时，根据其结构、重量及支撑高度，应设置可靠的模板和支撑系统，其强度、刚度和稳定性必须满足要求，支撑系统的弹性和非弹性变形、基础不均匀沉降、日照温差等因素对支撑的影响应控制在容许范围以内，必要时应设支承千斤顶调控。体积过大的横梁可分次浇筑。"倾斜塔柱施工时，必须对各施工阶段塔柱的强度和变形进行验算，应分高度设置主动横撑，使其线形、内力、倾斜度满足设计要求并保证施工期结构的安全。

索塔混凝土的浇筑可采用吊斗提升法输送混凝土，有条件时应采用商品泵送混凝土工艺，一次泵送混凝土高度可达 200 m 上，具有施工速度快、机械化程度高、浇筑质量易控制等特点。《公路桥涵施工技术规范》(JTG/T 3650—2020) 另规定混凝土布料应按一定的平面距离布设串筒，并控制其倾落高度不超过 2 m，确保混凝土不离析。混凝土应分层浇筑，每层厚度不超过 300 mm。

（二）钢主塔施工

钢索塔一般采用预制拼装的施工办法，分为工厂分段预制加工和现场吊装安装两大施工阶段。钢索塔施工应对垂直运输、吊装高度、起吊吨位等施工方法进行充分考虑。钢索塔应在工厂分段焊接加工，事先进行多段立体试拼装合格后方可出厂。主塔在现场安装，常常采用现场焊接或高强度螺栓连接，焊接和螺栓混合连接的方式。经过工厂加工制造和立体式拼装的钢塔，在正式安装时应予以施工测量控制，并及时用填板或对螺栓孔进行扩孔来调整轴线和方位，防止加工误差、受力误差、安装误差、温度误差和测量误差的积累。

《公路桥涵施工技术规范》（JTG/T 3650—2020）规定：“钢索塔与钢混结合段或基础的连接采用螺栓锚固时，承压板与混凝土之间必须保持密切接触，混凝土表面应抛光磨平并对承压板进行机械加工切削。采用埋入式锚固时，必须保证底座的安装精度。轴线偏差≤3 mm，顶面标高容许误差≤1.5 mm，垂直度偏差≤1/4 500。塔柱节段和横梁吊装前应进行稳定性验算，对必要部位应进行临时加固，并应进行试吊，确认无误后方可起吊安装。”

钢主塔的防锈蚀措施，可以采用耐候钢材，也可采用喷锌层。但国内外绝大部分钢塔仍采用油漆涂料，一般可保持使用的年限为 10 年。油漆涂料常采用两层底漆、两层面漆，其中三层由加工厂涂装，最后一道面漆由施工安装单位最终完成。

（三）索塔拉索锚固区塔柱施工

拉索锚固区的施工，应根据不同的锚固形式来选择合理的方案。拉索在塔顶部的锚固形式主要有交叉锚固、钢梁锚固和箱形锚固等。

1. 交叉锚固

如图 3-16 所示，将横截面设计成 H 形实心截面，并且各锚固断面间均设有加劲横隔板，则横隔板同时可做工作平台，这样就免去了搭设工作支架的麻烦，使得施工、维修、调索、换索等均较方便。中小跨度斜拉桥的拉索较多采用交叉锚固形式。施工步骤为：①立劲性骨架；②钢筋绑扎；③拉索套筒的制作及定位；④立模；⑤浇筑混凝土及养护。

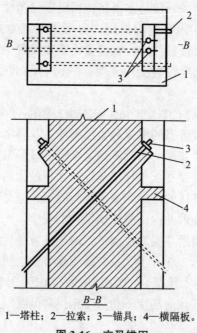

1—塔柱；2—拉索；3—锚具；4—横隔板。

图 3-16　交叉锚固

2. 钢梁锚固

如图 3-17 所示，一般大跨径斜拉桥多采用对称拉索锚固，其方法之一是采用拉索钢横梁锚固构造。该方法对塔柱横截面要求相对较高，可为施工提供足够的空间。

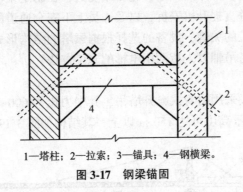

1—塔柱；2—拉索；3—锚具；4—钢横梁。

图 3-17　钢梁锚固

除横梁施工部分外，其余和交叉锚固施工基本相似，其施工顺序为：立劲性骨架→钢筋绑扎→套筒安装→套筒定位→装外侧模→混凝土浇筑→横梁安装。

拉索锚固钢横梁，应按桥梁钢结构的加工要求在加工厂完成，并经严格验收合格后方可出厂完成。在施工组织设计中，选择塔吊的起重高度和起重能力应考虑钢横梁的要求。当钢横梁太重，主塔的垂直起吊能力不能适应时，宜修改设计，将其分部件用高强螺栓连接，现场组拼安装，但必须事先在加工厂预拼装合格。

由于主塔塔柱空心断面尺寸有限，设施多，空间紧凑，同时支承钢横梁的塔壁混凝土牛腿占据一定的空间，安装有诸多不便，因此在施工前应仔细研究细部尺寸及安装方法，并与塔柱施工方法相协调。

3. 箱形锚固

如图 3-18 所示，其调索、检查、维修方便，并改善了外观，但预应力施工较为复杂。

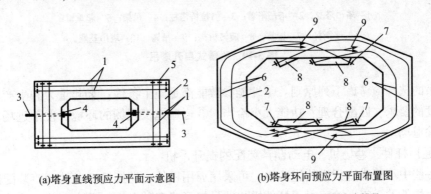

(a)塔身直线预应力平面示意图　　　(b)塔身环向预应力平面布置图

1—直线预应力筋；2—塔体；3—拉索；4—拉索锚具；5—直线预应力锚具；
6—塔身环向预应力筋；7—螺母锚固端；8—锚头混凝土；9—预埋锚固端。

图 3-18　箱形锚固

拉索平面预应力箱形锚固段为空心柱，其施工程序为：立劲性骨架→钢筋绑扎→套筒安装→套筒定位→安装预应力钢管及钢束→模板安装→混凝土浇筑养护→施加预应力→压浆。

平面布置的预应力分为体内有黏结预应力束和体外预应力束，一般采用体内有黏结预应力束。由于塔柱为承压结构，所以要确保管道不漏浆，绝不允许"开仓"浇筑混凝土，要特别注意保护管道，严格检查。施加预应力时，为防止施工不便带来的损失，应以伸长量和张拉力进行双控。

（四）索塔施工的起重设备

索塔施工属高空作业，工作面狭小，施工难度大，在制定索塔施工方案时，必须详细考虑设备的水上运输、垂直提升机安拆，以及人员上下安全通道的布置等问题。其中设备的选择与布置是索塔施工的关键，设备的选择根据索塔的结构形式、规模、桥位地形等条件而定。目前一般采用塔吊辅以人货两用电梯的施工方法。

1. 塔吊

在索塔施工中，一般采用附着式自升塔吊，其中力矩为 $600 \sim 2\,500$ kN·m 不等。起重力可达 100 kN 以上，起重高度可达 150 m 以上，其结构如图 3-19 所示。

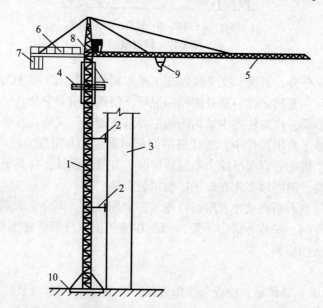

1—塔吊塔身；2—塔吊附着；3—斜拉桥塔柱；4—吊架；5—起重臂；

6—平衡杆；7—配重；8—旋转机构；9—吊钩；10—塔吊基座。

图 3-19　附着式自升塔吊

塔吊的选择应考虑下列原则：①性能参数能满足施工条件；②起重力和生产效率满足施工进度的要求，匹配合理、功能大小恰当；③适应施工现场的环境，便于进场、安装架设和拆除退场。

2. 通用杆件、卷扬机、电动葫芦装配的提升吊机

在一些中小规模直索塔的施工中，可采用通用杆件、卷扬机、电动葫芦装配的提升吊机来解决构件的垂直运输。通用杆件拼装的吊架形式多种多样，千变万化，可根据实际索塔的结构形式进行搭设。如图 3-20 所示是常见的提升吊机示意图。

3. 爬升吊机

爬升吊机由起重机扒杆、旋转装置、升降幅装置、卷扬机、爬升架、爬升用起吊天梁六部分组成。采用爬升吊机施工时，首先应在塔上安装护轨，起重机沿护轨逐段爬升，再逐段施工。该方法具有安装简便、经济实用的特点，但要求起重机本身质量较小且塔柱垂直，如图 3-21 所示。

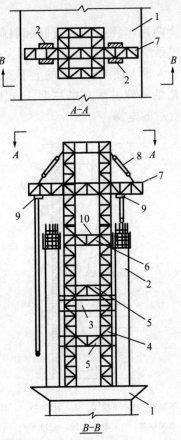

1—主梁；2—索塔；3—索塔横梁；4—万能杆件支架；5、6—支架横梁附着；7—起重横梁；
8—支承滑轮组；9—电动葫芦；10—工作平台。

图 3-20　提升吊机

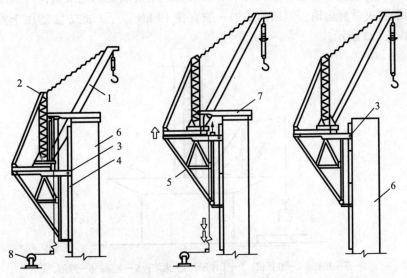

1—起重扒杆；2—调幅转轮；3—定位销；4—爬升轨道；5—爬升托架；
6—已浇索塔；7—爬升挂梁；8—卷扬机。

图 3-21　爬升吊机

4. 人货两用电梯

用于斜拉桥索塔施工的人货两用电梯一般有直爬和斜爬式两种，主要由轨道架、桥箱、驱动机构、安全装置、电控系统、提升接高系统等几大部分组成，具有构造简单、适用性强、安装可靠等特点，能极大地方便施工人员的上下及小型机具与材料的运输。

电梯一般布置在顺桥向索塔的一侧并附在塔柱上，电梯布置如图 3-22 所示。施工中应根据索塔的高度和形状选用合适的电梯。

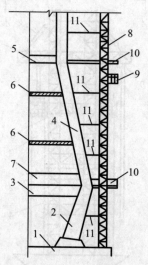

1—承台；2—下塔柱；3—下横梁；4—中塔柱；5—中塔柱横梁；
7—主梁；8—电梯钢架；9—电梯；10—标准平台；11—附着杆。

图 3-22　电梯布置示意图

5. 摇头扒杆和卷扬机

在一些规模较小的索塔施工中，为了节约设备使用费或受场地限制，可以用摇头扒杆辅以卷扬机来解决垂直运输，但所吊重力一般宜在 10 kN 以下。此方法适用于独塔结构的斜拉桥，如图 3-23 所示。

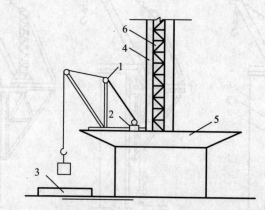

1—摇头扒杆；2—卷扬机；3—工作船；4—索塔；5—主梁；6—塔吊。

图 3-23　摇头扒杆与卷扬机垂直运输示意图

(五)索塔模板施工工艺

索塔施工的模板按照结构形式不同分为提升模板和滑模。

提升模板按其吊点不同可分为依靠外部吊点的单面整体模板逐段提升、多节模板交替提升(翻转模板)及本身带爬架的爬升模板(爬模)。滑模只适用于等截面的垂直塔柱,具有一定的局限性。

提升模板法因适应性强、施工速度快的优点,被大量采用。无论采用提升模板还是滑模,均可实现无支架施工。

模板的材料有多种,塔柱一般采用钢板或竹胶板加工制作,模板骨架用型钢制成桁架式。为确保模板结构安全、可靠,模板必须具有足够的强度和刚度。出厂前要进行整体组装,合格后才能出厂。

1. 单面整体提升模板

对于截面尺寸相同,外观质量要求一般的混凝土索塔施工,可采用单面整体提升模板。施工时先制作和组拼模板,分块组装,模板下端须夹紧塔壁以防止漏浆,然后进行混凝土全模板高度浇筑,混凝土达到规定强度后,将模板拆成几块后提升并重新组装,继续施工,如图3-24所示。

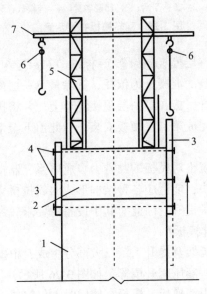

1—已浇索塔;2—待浇阶段;3—模板;4—对拉螺杆;

5—劲性骨架;6—手拉葫芦;7—横梁。

图3-24 单面整体提升模板示意图

单面整体提升模板可分为组拼式钢模和自制式钢模。每一节段的浇筑高度根据索塔尺寸、模板数量和混凝土浇筑能力而定,一般为3~6 m。

单面整体提升模板施工简单。在没有吊机的情况下,可利用索塔内的劲性骨架作为支撑,用手拉葫芦提升。但在索塔截面形状尺寸变化较大,混凝土接缝要求美观的情况下,其使用具有一定的局限性。

2. 翻转模板(多节模板交替提升)

翻转模板由内外模、对拉螺杆、护栏及内工作平台等组成,不必设内外脚手架,如图

3-25 所示。模板的大小可根据施工能力灵活选用，一般情况下，每套模板沿高度方向分为标准节和接缝节，标准节一般高为 3 m，接缝节一般高为 1.0~1.5 m。

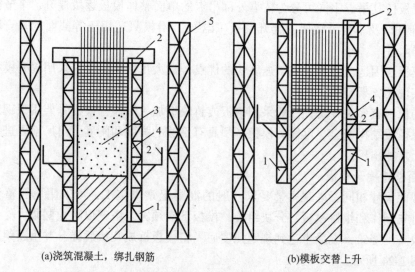

(a)浇筑混凝土，绑扎钢筋   (b)模板交替上升

1—模板桁架；2—工作平台；3—已浇墩身；4—外模板；5—脚手架。

图 3-25　翻转模板布置示意图

施工程序为：先安装第一层模板（接缝节+标准节+接缝节），浇筑混凝土，完成一个基本阶段的施工；再以已浇的混凝土为依托，拆除最下一层的接缝节和标准节，顶节接缝不拆除，把标准节向上提升，接在第一层顶接缝节上，并将拆下的接缝节架设在标准节上，安装对拉螺杆和内撑，完成第二层模板安装。如此由下至上依次交替上升，直至达到设计的施工高度为止。

这种模板系统是依靠混凝土对模板的黏着力自成体系，制造简单，构件种类少，混凝土接缝较易处理，施工速度快，能适应各种结构形式的斜拉桥索塔施工，但模板本身不能爬升，要依靠塔吊等起重设备提升，因此对其中设备的要求较高。

3. 爬模（自备爬架的提升模板）

爬模系统一般由模板、爬架及提升系统三大部分组成，根据提升设备不同可分为倒链手动爬模、电动爬架拆翻模、液压爬升模等，如图 3-26 所示。

爬模系统的模板一般采用钢模板，模板在使用时不仅需要满足自身功能的要求，还要承受并传递爬架工作荷载，所以在其加劲肋满足刚度需要的基础上应加强。

爬架可采用万能杆件组拼，也可用型钢加工，主要由网架和联结导向滑轮提升结构组成。爬架沿高度方向分为两个部分：下部为附墙固定架，包括两个操作平台；上部为操作层工作架，包括 2 个以上操作平台。爬架总高度及结构形式根据塔柱构造特点、拟配模板组拼高度及施工现场条件综合确定，常用的高度为 15~20 m 左右。

爬架提升系统由爬架提升设备和模板拆翻提升设备两部分组成。爬架提升设备一般可采用倒链葫芦、电动机或液压千斤顶，模板拆翻提升设备则可采用倒链葫芦、电动葫芦或卷扬机。在爬升过程中要求提升速度不可太快，以确保同步平稳。

爬模施工前须先施工一段爬模安装锚固段，俗称爬模起始段。待起始段施工完成后拼装爬模系统，依次循环进行索塔的爬模施工。根据爬模的施工特点，无论采用何种提升方式，相对其他施工方法其均有施工速度快、安全可靠，对设备要求不高的特点。但此法对折线形索塔适应性较差，故一般在直线形索塔施工中应用较为广泛。

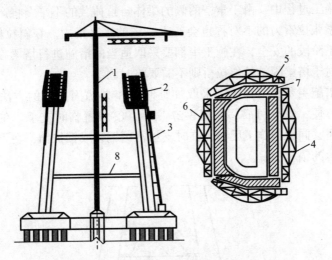

1—塔吊；2—爬模；3—电梯；4—1号爬架；5—2号爬架；
6—3号爬架；7—活动脚手架；8—临时支架。

图 3-26　爬模系统示意图

（六）索塔施工测量控制

索塔在施工过程中，受施工偏差、混凝土收缩徐变、基础沉降、风荷载和温度变化等因素影响，其几何尺寸及平面位置可能发生变化，会对结构受力产生不利影响。因此在施工的全过程中，应采取严格施工测量控制措施对索塔施工进行定位指导和监控。除了应保证各部位的几何尺寸正确之外，还应进行主塔局部测量系统与全桥总体测量系统接轨。

索塔局部测量常采用全站仪三维坐标法或天顶法进行测量，时间一般应选择 22：00—7：00 日照之前的时段内，以减小日照对主塔造成的变形影响。此外，随着主塔高度不断升高，也应选择在风力小的时机进行测量，并对日照和风力的影响予以修正。

三、主梁的施工方法

斜拉桥主梁施工方法与梁桥大致相同，一般可分为顶推施工法、平转施工法、支架施工法和悬臂施工法四种。在这几种方法中，由于悬臂法适用范围较广而成为斜拉桥施工最常用的方法，其他几种很少被使用。

悬臂施工法分为悬臂浇筑法和悬臂拼装法。悬臂浇筑法是在塔柱两侧用挂篮对称逐段浇筑主梁混凝土，悬臂拼装法是先在塔柱区现浇（对采用钢梁的斜拉桥为安装）一段放置起吊设备的起始梁段，然后用适宜的起吊设备从塔柱两侧依次对称拼装梁体节段。

（一）悬臂浇筑法

悬臂浇筑法是大部分混凝土斜拉桥主梁施工的主要方法。

1. 特点和适用范围

该施工方法不需要搭设支架；不影响桥下交通，不受季节、河道水位的影响；施工模板可多次周转使用，节省材料；适用于任何跨径的斜拉桥主梁的施工。但应严格控制挂篮的变形和混凝土收缩、徐变的影响以及混凝土的超重，相对于悬臂拼装法，其施工周期较长。

2. 临时固结措施

在主梁悬臂施工过程中，由于索塔两侧的梁体自重荷载的不平衡将产生一定的倾覆力矩，且两侧的拉索张拉索力的不对称也会产生一定的水平推力。在斜拉桥用悬臂施工时，为确保结构在施工阶段的安全，在施工中都要采取适当的措施进行塔梁临时固结，待施工完毕后再拆除。对于塔梁固结的斜拉桥则不需要临时固结。

临时固结的措施主要有两种：①采取加临时支座并锚固主梁的方法。该方法构造简单，制作和装拆方便，安全可靠，如图 3-27 所示。②设置临时支承。在塔墩两旁设立临时支承与临时支座共同承担施工反力，临时支承常用钢管或钢护筒，在下塔柱上设置预埋件，用作临时支承的锚座。

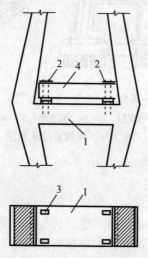

1—下横梁；2—锚筋；3—临时固结支座；4—0号块。

图 3-27　临时固结支座构造

3. 悬臂浇筑施工

斜拉桥主梁的悬臂浇筑与一般预应力混凝土梁式桥悬臂浇筑的施工工序基本相同，但由于斜拉桥结构较复杂，超静定次数高，拉索的位置和锚头的相对尺寸务必要精确，否则将引起结构内力的较大变化，影响工程质量。

在施工之前要做好主梁悬臂浇筑分段，节段的长度根据斜拉索的节间长度、梁段重量进行划分，一个节段长度可采用一个索距或半个索距；当梁的单位重量较小时，可采用两个索距长度一次浇筑。

对于无索区主梁施工，一般在支架上或托架上进行施工。在混凝土浇筑前要先对支架或托架进行预压以消除各种因素引起的非弹性变形。混凝土在达到强度要求后，施加预应力，然后拼装挂篮，进行主梁的悬臂浇筑施工。

斜拉桥主梁悬臂施工采用的挂篮形式很多，各有特色，归纳起来可分为后锚点挂篮、劲性骨架挂篮和前支点挂篮 3 种。其中前支点挂篮结构合理，能充分发挥斜拉索的效用，并且节段浇筑长度及承重能力大，是目前最常采用的施工方法。

前支点挂篮也称牵索式挂篮，如图 3-28 所示为桁架式前支点挂篮示意图，是将挂篮后端锚固在已浇梁段上，并将待浇段的斜拉索锚固在挂篮前端，待混凝土达到设计要求的强度后，拆除斜拉索与挂篮的连接，使节段重力转换到斜拉索上，再前移挂篮。前支点挂篮的优越性在于它使得原本悬臂受力变成了简支梁受力，这使得浇筑长度大大提高，施工速度加快。不足之处是在浇筑一个节段混凝土的过程中要进行分阶段调索，工艺复杂，挂篮与拉索之间的套管定位难度大。

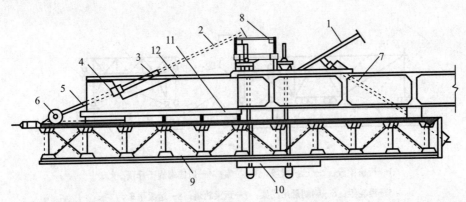

1—已浇梁段斜拉索；2—待浇梁段前支点斜拉索；3—索管；4—拉索锚具；5—接长拉杆；6—千斤顶；7—水平力平衡杆；8—挂篮上横梁；9—挂篮桁架；10—悬挂升降系统；11—下底模；12—顶板底模。

图 3-28　桁架式前支点挂篮示意图

(二)悬臂拼装法

悬臂拼装法是先在塔柱区现浇一段放置起吊设备的起始梁段，然后用适宜的起吊设备从塔柱两侧依次对称安装预制节段，使悬臂不断伸长直到合龙。非塔、梁、墩固结的斜拉桥采用悬臂拼装法施工时，需要采取临时固结措施，方法与悬臂浇筑法相同。此法对预制场地和起重设备要求较高，且在施工中受施工地形及气候的影响较大，所以在实际施工中较少采用。

1. 特点和适用范围

悬臂拼装法由于主梁是预制的，墩塔与梁可以平行施工，因此可缩短工期，加快施工进度，减少高空作业。主梁预制混凝土龄期较长，收缩和徐变影响小，梁段的断面尺寸和浇筑质量容易得到保证。但该方法需配备一定的吊装设备和运输设备，要有适当的预制场地和运输措施，对安装的精度要求高。

2. 梁段的预制、移运和整修

主梁在预制场地的预制要考虑安装顺序，预制台座要按设计要求设置预拱度，各梁段依次串联预制，以确保各梁段相对位置及斜拉索与预应力管的相对尺寸。预制块件的长度划分以梁上水平索距为标准，并根据起吊能力决定，采用一个索距或将一个索距段分为有索块和无索块两个节段预制安装。块件的预制工序、移运和整修均与一般预制构件相同。

3. 预制块件拼装的基本程序

(1)主梁预制块件按先后顺序，从预制场通过轨道或驳船运至桥下吊装位置；

(2)通过起吊工具将块件提升至安装标高；

(3)进行块件连接与接缝处理，接头有干接头和湿接头两种，一般与梁式桥悬拼类似；

(4)张拉纵向预应力筋；

(5)进行斜拉索的挂索与张拉，并调整标高。

对于一个索段主梁分两个节段预制拼装，一般情况下，安装有索块后，挂索一起初张至主梁基本返回设计线，再安装无索块。悬拼施工时主要控制主梁块件和相邻已成梁段的相对高差，使之与设计给定的相对高差相吻合，以保证主梁的线形与设计相符。主梁悬臂拼装法示意图如图3-29所示。

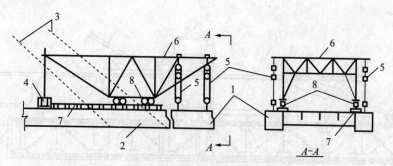

1—待拼梁段；2—已拼梁段；3—拉索；4—后锚螺旋千斤顶；

5—滑轮组；6—钢制悬吊门架；7—运梁轨道；8—运梁平车。

图3-29　主梁悬臂拼装法示意图

四、拉索施工

(一)拉索的制作和防护

为保证拉索的质量，斜拉索的制作不宜在现场施工制作，要走工厂化和半工厂化的道路，并对拉索进行跟踪检验。斜拉索的防护分为临时防护和永久防护。临时防护为从出厂到开始永久防护的一段时间。临时防护的时间，每座桥的长短不一，一般为1~3年。永久防护为拉索钢材下料到桥梁建成的长期使用期间，分为内防护和外防护。内防护是直接防止拉索锈蚀，外防护是保护内防护材料不致流出、老化等。

(二)拉索的安装

1. 放索及索的移动

斜拉索的起运通常是采用类似电缆盘的钢结构盘，然后运输到现场。根据拉索的不同卷盘方式，分为立式转盘放索和水平转盘放索两种，如图3-30所示。放索过程中，由于索盘自身的弹性和牵引产生的偏心力，会使转盘转动时产生加速，导致散盘，危及施工人员的安全，所以对转盘要设置刹车装置，或以钢丝绳作为尾索，用卷扬机控制放索。

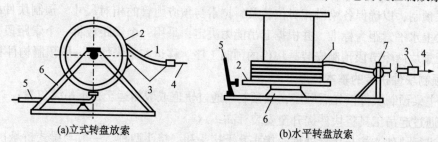

(a)立式转盘放索　　　　　　　(b)水平转盘放索

1—拉索；2—索盘；3—锚头；4—卷扬机牵引；5—刹车；

6—支架、托盘；7—导向滚轮

图3-30　放索示意图

在放索和安索过程中，要对斜拉索进行拖移，由于索自身弯曲或者与桥面直接接触，在移动中就可能损坏拉索的保护层或损伤索股。为了避免这类事情发生，可采用下述方法：

（1）如果索盘由驳船运来，对于段索一般可直接将索盘吊到桥面上，利用放索支架放索；对于长索一般在船上设置放索支架放索，此时需要在梁段设置转向装置以利于索的移动。

（2）滚筒法是在桥面设置一条滚筒带，当索放出后，滚筒带沿滚筒运动。滚筒制作时要根据斜拉索的布置及刚柔程度，选择适宜的滚筒半径，以免滚轴压折，摩擦阻力增加。滚筒之间的间距要保持合理，防止拉索与桥面接触。

（3）移动平车法。在斜拉索上桥后，每隔一段距离垫一个平车，由于桥面不平整，平车的车轮不宜过小。与滚筒法一样，车距要保持合理，防止拉索与地面接触。

（4）导索法。在索塔上部安装一根斜向工作悬索，当斜拉索上桥后，前端栓牵引索，每隔一段距离放置一个吊点，使拉索沿着导索运动，这种方法能省去大型牵索设备，能安装成卷的斜拉索。

（5）垫层法。对于一些索径小、自重轻的斜拉索，可在主梁面上铺设麻袋、草包、地毯等柔软的垫层，就地拖移。

2. 斜拉索的塔部安装

塔部安装锚固端的方法有吊点法、吊机安装法、脚手架法、钢管法等。塔部安装张拉端的方法有分步牵引法、桁架床法。对于两端皆为张拉端的斜拉索，可选择其中适宜的方法。脚手架法、钢管法和桁架床法需要搭设支架，其安装复杂、速度慢，只适用于低塔稀索的情况。这里主要介绍吊点法、吊机安装法及分步牵引法。

（1）吊点法。吊点法分为单吊点法和多吊点法。

单吊点法是在离锚具下方一定的距离设一个吊点，索塔的吊架用型钢组成，配有转向滑轮。单吊点法施工简单，安装迅速，但起重索的拉力大，拉索在吊点处弯折角度大，故一般适用于较柔软的短拉索。

多吊点中吊点分散、弯折小，在同一指挥下，可使斜拉索均匀起吊，因吊点较多，易保持索大致呈直线状态，两端无须用大吨位千斤顶牵引。

（2）吊机安装法。采用索塔施工时的提升吊机，用特制的扁担梁捆扎拉索起吊。拉索前端由索塔孔道内伸出的牵引索引入索塔拉索锚孔内，简单快速，不易损坏拉索，但要求吊机有较大的起重能力。

（3）分步牵引法。根据斜拉索在安装过程中索力逐渐增大的特点，分别采用不同的工具，将拉索安装到位。首先用大吨位的卷扬机将索张拉端从桥面提升到预留孔外，然后用穿心式千斤顶将其引至张拉锚固面。在这个阶段的前半部，采用柔性张拉杆——钢绞线束，利用两套钢绞线夹具系统交替完成前半部牵引工作；对于牵引阶段的后半部，根据索力逐渐增大的情况，采用刚性张拉杆分步牵引。

分步牵引法的特点是牵引功率大，辅助施工少，桥面无附加荷载，便于施工。

3. 斜拉索的梁部安装

斜拉索的梁部安装的施工步骤同塔部安装，基本方法有以下两种。

（1）吊点法。在梁上放置转向滑轮，牵引绳从套筒中伸出，用吊机将拉索吊起，随锚头逐渐地牵入套筒，缓缓放下吊钩，向套筒口平移，直至将锚头穿入套筒内。

（2）拉杆接长法。对于梁部为张拉端的索的安装，采用拉杆接长的方法比较简便。该方法需先加工长度为 50 cm 左右的短拉杆与主拉杆连接，使其总长度超过套筒加千斤顶的长度，利用千斤顶多次运动，逐渐将张拉端拉出锚固面，并逐渐拆掉多余的短拉杆，安装锚固螺母。使用拉杆接长法，要加工一个组合式螺母，采用这个螺母逐步锚固拉杆，直到锚头拉出锚板后拆除。

五、施工控制

在桥梁施工阶段，随着斜拉桥结构体系和荷载状态的不断变化，结构内力和变形也随之不断发生变化，各施工阶段发生的应力和变形的误差，如果不加以有效管理和控制，累加起来也会影响成桥后的线形和应力。拉索中的应力过大或不足同样会使结构应力分布和主梁线形与设计不符。如果竣工后斜拉桥拉索索力、主梁内力和线形与设计相差较大，就会影响桥梁的安全使用。为了确保斜拉桥在施工过程中结构的受力状态和变形处于设计值的安全范围内，成桥后的主梁线形符合预期的目标，并使结构处于理想的受力状态，必须对施工阶段发生的误差进行及时调整。

误差调整主要包括以下两个方面的内容：

（1）根据确定的施工方法，对每个阶段进行详细的理论计算，求得各阶段的施工控制参数。

（2）对于在实际施工中因各种原因实测值和理论计算值出现不一致的情况，采取相应的措施在施工中予以控制和调整。

第四节　悬索桥施工

现代大跨度悬索桥一般规模较大，多建于沿海地区大江、大河上和跨海工程中，也有为了跨越深山峡谷或为了协调美化城市环境、避免繁忙航运干扰而修建悬索桥的，如我国的虎门大桥和西陵长江大桥。悬索桥主要由主缆、加劲梁、索塔、锚碇、吊索等构成，同时还有索鞍、散索鞍、索夹等细部构件。

在悬索桥施工之前，要建立专用的平面和高程控制网，控制网的精度要符合《公路桥涵施工技术规范》（JTG/T 3650—2020）的有关规定。若条件允许，可采用 GPS 测量技术，以克服天气及地理条件的限制，提高测量控制精度和工作效率。

悬索桥施工顺序一般为：锚碇及基础，悬索桥塔及基础，主缆和吊索的架设，加劲梁的工厂制作与工地安装架设，桥面及附属工程等。在施工过程中要特别注意加工件的工作，如钢架、锚架和锚杆、索鞍、索夹、吊索、加劲梁等的加工。这些工作一定要提前做好备用，以免影响工期。

一、锚碇的施工

（一）基础施工

锚碇是悬索桥的主要承重构件，用来抵抗主缆的拉力，并传递给地基基础。锚碇按受力形式可分为重力式锚碇和隧道式锚碇。

重力式锚碇是依靠其巨大的重力抵抗主缆拉力。隧道式锚碇的锚体嵌入基岩内，借助基岩抵抗主缆拉力。隧道式锚碇只适合在基岩完整的地区，其他情况下大多采用重力式锚碇，本书也主要介绍重力式锚碇的施工。

《公路桥涵施工技术规范》（JTG/T 3650—2020）规定，基坑开挖时应采取沿等高线自上而下分层开挖，在坑外和坑底要分别设置排水沟和截水沟，防止地面水流入积留在坑内而引起塌方或基底土层破坏。原则上应采用机械开挖，开挖时应在基底标高以上预留150~300 mm 的土层用人工清理，不得破坏坑底结构。如采用爆破方法施工，应使用如预裂爆破等小型爆破法，尽量避免对边坡造成破坏。

对于深大基坑及不良土质，应采取支护措施保证边坡稳定，如采用喷射混凝土、喷锚网联合支护方法等。

在覆盖层较厚、土质均匀、持力层较平缓的地区可采用沉井基础；对于锚碇下方持力层高差相差很大，不适宜采用沉井方法施工时，可采用地下连续墙的施工方法。

（二）锚碇大体积混凝土浇筑

悬索桥锚碇属于大体积混凝土构件，尤其是重力式锚碇，体积十分庞大。在施工阶段水泥产生大量的水化热，引起体积变形且变形不均，从而产生温度应力及收缩应力。当此应力大于混凝土本身的抗拉强度时，就会产生裂缝，影响混凝土的质量。

因此在进行大体积混凝土配合比设计时，要特别注意水泥水化热的影响，通常应遵循以下原则：①采用低水化热品种的水泥，不宜采用初出炉水泥；②尽量降低水泥用量，掺入质量符合要求的粉煤灰和矿粉，粉煤灰和矿粉用量一般分别为胶凝材料用量的30%左右，水泥用量为40%左右。混凝土可按 60 d 的设计强度进行配合比设计。

同时在混凝土浇筑过程中，对于大体积混凝土也可采取相应的工艺措施来尽量降低水泥水化热带来的影响，一般措施如下：

（1）采取适当措施降低混凝土混合料入仓温度。对准备使用的骨料采取措施避免日照，采用冷却水作为混凝土的拌和水，一般选择夜晚温度较低时段浇筑混凝土。

（2）在混凝土结构中布置冷却水管，设计好水管流量、管道分布密度，混凝土初凝后开始通水冷却以降低混凝土内部温升速度及温度峰值。进出水温差控制在 10 ℃左右，水温与混凝土内部温差不大于 20 ℃。混凝土内部温度经过峰值开始降温时停止通水，降温速度不宜大于 2 ℃/d。

（3）大体积混凝土宜采取水平分层浇筑施工。每层厚度应视混凝土浇筑能力、配合比水化热计算及降温措施而定，混凝土层间间歇宜为 4~7 d。

（4）可按需要进行竖向分块施工，块与块之间应预留后浇湿接缝，槽缝宽度宜为 1.5~2 m，槽缝内宜浇筑微膨胀混凝土。

（5）每层混凝土浇筑完后应立即遮盖塑料薄膜减少混凝土表面水分挥发，当混凝土终凝时可掀开塑料薄膜在顶面蓄水养护。当气温急剧下降时须注意保温，并应将混凝土内表温差控制在 25 ℃以内。

（三）锚碇钢构架的制作和架设安装

锚碇钢构架是主缆的锚固结构，由锚杆、锚梁及锚支架三部分组成。锚支架在施工中起支承锚杆和锚梁的重力和定位作用，主缆索股直接与锚杆连接。

　　锚固体系中所有钢构件的制作与安装均应按照《公路桥涵施工技术规范》(JTG/T 3650—2020)的要求进行。锚杆、锚梁制造时应严格按设计要求进行抛丸除锈、表面涂装和无破损探伤等工作；出厂前应对构件连接进行试拼，其中应包括锚杆拼装、锚杆与锚梁连接、锚支架及其连接系平面试装。制造时对焊接质量、变形、制造精度都应严格要求和控制，锚碇的安装精度主要应控制锚梁，然后对锚杆安装，调整其轴线顺直和锚固点的高程。

二、索塔的施工

　　悬索桥桥塔的施工与斜拉桥有些类似。悬索桥桥塔分为混凝土桥塔和钢桥塔两种形式。

　　1. 混凝土桥塔的施工

　　该塔身施工的模板工艺主要有：翻模法、滑模法、爬模法等。塔柱竖向主钢筋的接长可采用冷压套管连接、电渣焊、气压焊等方法。混凝土的浇筑方法应考虑设备能力，采用泵送或吊罐浇筑的方法。施工至塔顶时，应注意预埋索鞍钢框架支座螺栓和塔顶吊架、施工猫道的预埋件。施工的具体细节可参见斜拉桥的施工。

　　2. 钢桥塔的施工

　　根据索塔的规模、结构类型、施工地点的地形条件及经济性等因素，钢塔的施工方法主要有三种方法：浮式吊机施工法、塔式吊机施工法、爬升式吊机施工法。我国悬索桥中采用钢塔的较少，而国外采用的较多。

　　(1)浮式吊机施工法。可将索塔整体一次起吊的大体积架设方法，可显著缩短工期，但对浮吊起重能力、起吊高度有所限制。

　　(2)塔式吊机施工法。在索塔旁边安装独立的塔吊进行索塔搭设。这种方法施工方便，施工精度容易控制，但是塔吊搭设费用较高。

　　(3)爬升式吊机施工法。这是先在已架设部分的塔柱上安装导轨，再使用可沿导轨爬升的吊机吊装的架设方法。爬升式吊机施工顺序如图 3-31 所示。这种方法由于爬升式吊机支撑在索塔柱上，索塔铅垂线的控制需要较高的技术。但由于吊机本身的质量小，可广泛用于其他桥梁的施工，因此现已经成为大跨径悬索桥索塔架设施工的主要方法。

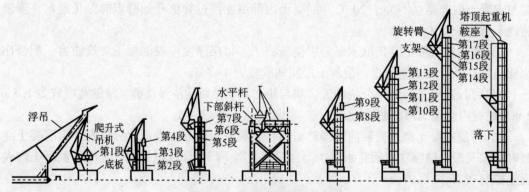

图 3-31　爬升式吊机施工顺序

三、索鞍

(一)索鞍加工

索鞍是永久性的大型承重钢构件,其所采用的材料及加工工艺必须严格按照国家相关规范和标准执行。主索鞍体、散索鞍体、主鞍座板、底板、散索鞍底座、塔顶格栅等构件加工完成后,应分别在明显易测的位置上画出中心标记,以利试拼装及工地安装。并对钢构件进行探伤检验,以便及时发现缺陷部位,及时进行修补。最后进行喷锌处理及涂脂防锈。

主索鞍、散索鞍各零部件(包括鞍座、格栅)、鞍罩制作完成后,必须在制造厂进行试装配,以及尺寸和形状检查,并应符合图纸要求,可动部件应能活动自如,同时应检查各零部件的防护层有无破损,并及时修补,检查合格后,对各零部件的相对位置即格栅的中心线位置和鞍体的 TP 点位置做出永久性定位标记。

(二)索鞍安装

主索塔的施工程序如下:

1. 安装塔顶门架

按照鞍体质量设计吊装支架及配置起重设备。支架可用贝雷架、型钢或其他构件拼装,固定在塔顶混凝土中的预埋件上。起重设备一般采用卷扬机、滑轮组,当构件吊至塔顶时,以手拉葫芦牵引横移到塔顶就位。近年来,国内外开始采用液压提升装置,在横联梁上安装一台连续提升的穿心式千斤顶,以钢绞线代替起重钢丝绳进行提升作业。

需要注意的是,在起重安装所有准备工作完成后,应试吊一轻型物体从地面到安装高度以检查起重钢丝绳、滑轮组是否安装正确。

2. 钢框架安装

钢框架是主索鞍的基础,要求安装平稳。一般在塔柱顶层混凝土前预埋数个支座,以螺栓调整支座面标高至误差小于 2 mm。然后将钢框架吊放在支座上,并精确调整平面位置后固定,再浇筑混凝土,使之与塔顶结为一整体。

3. 吊装上下支承板

首先检查钢框架顶面标高,符合设计要求后清理表面和四周的销孔,然后开始吊装下支承板,待下支承板就位后,销孔和钢框架对齐销接。在下支承板表面涂油处理后安装上支承板。

4. 吊装鞍体

鞍体质量大,吊装施工需认真谨慎,要稳、轻、慢,不得碰撞。正式起吊时先将鞍体提离地面 1~2 m 并持荷 3~5 min,检查各部位受力状况、门架挠度;在离地面 1~3 m 范围内起降两次检验电机性能,确认所有部位正常后才能正式起吊。

索鞍 TP 点里程在上部构造施工过程中是变化的,安装时应根据设计提供的预偏量就位、固定,在主缆加载过程中根据监控数据分 3~4 次顶推到永久设计位置。顶推前应确认滑动面的摩阻系数,严格控制顶推量,确保施工安全。

四、主缆工程

1. 主缆架设的准备工作

主缆架设前，应先安装索鞍(包括主副索鞍、展束锚固索鞍等)，安装塔顶吊机或吊架以及各种牵引设施和配套设备，然后依次进行导索及牵引索、猫道的架设，为主缆架设做好准备。

2. 牵引系统

架设牵引系统是架于两锚碇之间，跨越索塔的用于空中拽拉的牵引设备，主要承担猫道架设、主缆架设以及部分牵引吊运工作。牵引系统的架设以简单经济，并尽量少占用航道为原则。通常的方法是先将比牵引索细的先导索渡海(江)，再利用先导索将牵引索由空中架设。先导索渡海(江)的方法有以下几种：

(1)海底拽拉法。较早时期的导索架设用的办法是将导索从一岸塔底临时锚固，然后将装有导索索盘的船只驶往彼塔，并随时将导索放入水底，然后封闭航道，用两端塔顶的提升设备将导索提升至塔顶，置入导轮组中，并引至两端锚碇后，再将导索的一端引入卷扬机筒上，另一端与拽拉索(主或副牵引索或无端牵引绳)相连，接着开动卷扬机，通过导索将拽拉索牵引过河。这种方法施工设备少，操作简单，在海(江)底地形条件良好的情况下被广泛使用。

(2)浮子法。在导索上每隔一定距离装一浮子，使其处在水面漂浮状态，再将导索拽拉过河时，其不会沉入水底。其他方面与"海底拽拉法"无太大差别。

以上两种方法仅适用于水流较缓，无突出岩礁等障碍时。

(3)空中渡海(江)法。当水流较急或不封航时一般采用该方法，空中渡海法也可根据具体情况分为气球法、直升机法、直接拉渡法和浮吊法等。浮吊法即在一端锚碇附近连续松放导索，经塔顶后固定于拽拉船上，随着拽拉船前行，导索相应放松，因此一般不会使导索落入水中。导索拉至另一岸索塔处时，往往从另一端锚碇附近将牵引索引出，并吊上索塔后沿另一侧放下，再与拽拉船上的导索头相连接，即可开动卷扬帆，收紧导索，从而带动牵引索过河。

3. 猫道架设

猫道是供主缆架设、紧缆、索夹安装、吊索安装以及主缆防护用的空中作业脚手架，其作用是在主缆架设期间提供一个空中工作平台。它由猫道承重索、猫道面板系统及横向天桥和抗风索等组成。猫道面层距主缆空载中心线形下方 1.5 m 为宜；猫道结构设计、计算荷载应与主缆架设施工方法相对应；猫道面层净宽宜为 3~4 m，左右对称于主缆中心线布置；扶手高以 1.2~1.5 m 为宜。

猫道索的架设在初期也有用与先期的导索架设相类似的方法，现多用在一端塔顶(或锚碇)起吊猫道索一端，与拽拉器相连后牵引至另一端头，然后将其一端入铺，另一端用卷扬机或手动葫芦等设施牵拉入锚并调整其垂度，最后将其两端的锚头锁定猫道索矢度调整就绪后即可铺设猫道面板，一般是先将横木和面材分段预制，成卷提升至塔顶，沿猫道索逐节释放，并随之把各段间相连，然后将横木固定在承重索上，并在横木端部安装栏杆立柱以及扶手索等，横向天桥可在猫道架完后铺设，也可随其一起铺设。

此外若架设主缆的拽拉系统用门架支承和导向时，还必须在猫道上每隔一定距离架设猫道门架。

4. 主缆架设

锚碇和索塔工程完成，主索鞍和散索鞍安装就位，牵引系统建立以后，便可进行主缆架设工作。主缆的架设方法一般有空中编缆法(AS法)和预制丝股法(PS法)两种。

(1)空中编缆法。所谓空中编缆法，就是先在猫道上将单根钢丝编制成主缆丝股，多束丝股再组成主缆。其施工程序如下：

将待架的钢丝卷入专用卷筒运至悬索桥端锚碇旁，并将其头抽出，暂时固定在一梨形蹄铁上，此头称为"死头"，然后将钢丝继续外抽，套于连丝轮的槽路中，而送丝轮则连接于牵引索上，当卷扬机开动时，牵引索将带动送丝轮将钢丝引送至对岸，同样套于设在锚碇处的一个梨形蹄铁上，再让送丝轮带动其返回始端，如此循环多次，则可按要求数量将一束丝股捆扎成束，如图3-32所示。不断从卷筒中放钢丝的一头称为"活头"，其中一束丝股牵引完成后，就将钢丝"活头"剪断，并与先前临时固定的"死头"用特制的钢丝连接器相互连接在环形牵引索上，可同时固定两个送丝轮，每个送丝轮的槽路可以是一条，也可以是两条或更多，目前已有4条槽路的。对每一束丝股，按每次送丝根数为一组，不足一组的再单独牵引一次。需要指出的是，每次送丝轮上的槽路越多，每次进丝鼓量就越大，但牵引索及送丝轮等的受力相应增大，所需牵引动力也就增大。

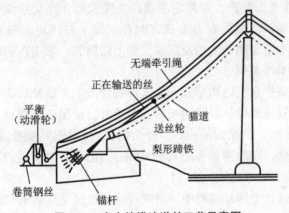

图3-32　空中编缆法送丝工艺示意图

此外，编缆前应先放一根基准丝来确定第一批丝股的高程。基准丝在自由悬挂状态下，仅承受自重荷载，所呈线形为悬链线，基准丝应在下半夜温度稳定情况下测量设定。此后牵引的每根钢线均需调整成与基准线相同的跨度和垂度，则其所受拉力、线形及总长应与基准丝一样，成股钢丝束应梳理调整后，用手动液压千斤顶将其挤成圆形，并每隔2~5 m用薄钢带捆扎。

钢丝束编股有鞍外编股和就鞍编股两种。由于鞍外编股之后还需将丝股移入主鞍座槽路之内，故现多用就鞍编股法。

调股是为使每束丝股符合设计要求，在调丝后依靠在梨形蹄铁处所设的千斤顶调整整束丝股的垂度，并随即在梨形蹄铁处填塞销片，将丝股整束落于索鞍，使千斤顶回油。调股同样应在温度稳定的夜间进行。

(2)预制丝股法。所谓预制丝股法，就是在工厂或桥址旁的预制场事先将钢丝预制成平行丝股，然后利用拽拉设施将其通过猫道拽拉架设。其主要工序为：丝股牵引架设，测调垂度，锚跨拉力测整。其与空中编缆法比较，由于每次牵拉上猫道的是丝股而不是单根钢丝,故重力要大数倍,所需牵引能力也要大得多,一般采用全液压无级调速卷扬机,牵引方式则有门架支承的拽拉器和轨道小车两种。

(3)锚跨内钢丝束拉力调整。不管是空中编缆法,还是预制丝股法,在主边跨丝股垂度调整后,都必须调整锚跨内丝股的拉力,具体方法为:用液压千斤顶拉紧丝股,并在锚梁与锚具支承面间插入盘承垫板,即可通过丝股的伸长导入拉力。实际控制时是采用位移(伸长量)和拉力"双控"。

(4)紧缆。索股架设完之后,为了把索股群整成圆形,需要进行紧缆工作。紧缆工作分为预紧缆和正式紧缆。

预紧缆应在温度稳定的夜间进行。预紧缆时宜把主缆全长分为若干区段分别进行,以免钢丝的松弛集中在一处。索股上的绑扎带采用边紧缆边拆除的方法,不宜一次全部拆除。预紧缆完成处必须用不锈钢带捆紧,保持主缆的形状,不锈钢带的距离可为 5~6 m,预紧缆目标空隙率宜为 26%~28%。

正式紧缆宜用专用的紧缆机把主缆整成圆形。其作业可以在白天进行。正式紧缆的方向宜向塔柱方向进行。当紧缆点空隙率达到设计要求时,在靠近紧缆机的地方打上两道钢带,其间距可取 100 mm,带扣放在主缆的侧下方,紧缆点间的距离约 1 m。

(5)索夹安装。索夹安装前,需测定主缆的空缆线形,提交给设计及监控单位,对原设计的索夹位置进行确认。然后在温度稳定时在空缆上放样定出各索夹的具体位置并编号,清除索夹位置处主缆表面的油污及灰尘,涂上防锈漆。索夹在运输和安装过程中应注意保护,防止碰伤及损坏表面。

索夹安装方法应根据索夹结构形式、施工设备和施工人员经验确定。当索夹在主缆上精确定位后,即固紧索夹螺栓。紧固同一索夹螺栓时,须保证各螺栓受力均匀,并按三个荷载阶段(即索夹安装时、钢箱梁吊装后、桥面铺装后)对索夹螺栓进行紧固,补足轴力。索夹位置要求安装准确,纵向误差不应大于 10 mm。记录每次紧固的数据存档,并交大桥管理部门备查。

索夹的安装顺序是:中跨是从跨中向塔顶进行,边跨是从散索鞍向塔顶进行。

五、加劲梁的架设

悬索桥加劲梁主要可分为桁架和箱形两种形式。

(一)桁架式加劲梁的架设

桁架式加劲梁可分为按单根杆件、桁片(平面桁架)、节段(空间桁架)进行架设的三种方法。

单根杆件架设方法就是将组成加劲桁架的杆件搬运到现场,架设安装在预定位置构成加劲桁架。这种方法以杆件为架设单位,其质量小,搬运方便,可使用小型的架设机械。但杆件数目多,费时费工,对安全和工期都不利,所以很少单独使用,一般作为其他架设方法的辅助方法。

桁片架设方法就是将几个节间的加劲桁架按两片主桁架和上、下平联及横联等片状构件运入现场逐次进行架设。桁片的长度一般为 2~3 个节间,质量不大,架设比较灵活,在难以限制通航的情况下,这种方法比较适用。

节段架设方法就是将上述的桁片在工厂组装成加劲桁架的节段,由大型驳船运至预定位置，然后垂直起吊后逐次连接。这种方法无论在质量和工期方面都有保证。但架设时必须封航或部分封航，对吊机能力要求较高。

以上三种方法可以分别使用，也可根据实际情况需要在同一桥上采用多种。

(二)箱形加劲梁架设

目前悬索桥一般均采用节段架设的方法，即在工厂预制梁段并进行试拼，然后用驳船把梁段运到预定位置，用垂直起吊法架设就位。

加劲梁节段的架设顺序根据桥塔和加劲梁的结构特性、机械配备、工作面的情况、运输路线、气象等条件进行综合考虑，由设计部门决定。一般架设顺序可分为以下两种。

(1)从主塔开始，分别向中央和桥台方向推进，在中央段和接桥台段闭合。这种架设顺序，在架设过程中主缆和加劲梁的变形大，架设的位置和吊索的张力调整等都比较费工夫，但塔基部位可作为作业平台，架设用的机械设备的安装，构件的调搬运，工作平台、安全设备、通信设备、电力设备等的设置比较方便。所以在设备条件等受限制或海(江)面不能断航等的情况下采用这种架设顺序比较合适。另外，从结构特征来讲，三跨的悬索桥也更适合这种架设顺序，其合龙段在跨中和桥台处，如图 3-33(a)所示。

(2)以主跨中央部位和两桥台部位为起点，分别向两个主塔方向进行架设。这种架设顺序对设备的设置、海(江)面的使用等都有不便，另外还受气候，特别是风速的影响较大。单跨悬索桥可按这种顺序进行架设，其合龙段一般设在接塔段的相邻节段，如图 3-33(b)所示。

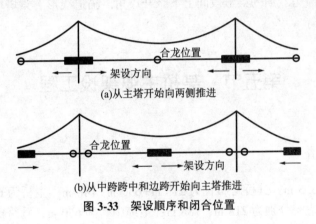

(a)从主塔开始向两侧推进

(b)从中跨跨中和边跨开始向主塔推进

图 3-33　架设顺序和闭合位置

六、施工控制

1. 施工控制的必要性和目的

悬索桥是一种柔性悬挂体系，施工过程中具有显著可挠的特点。主缆采用预制平行钢索股(PPWS)法、加劲梁采用缆索吊装法是悬索桥常用的施工方法，这种施工方法给桥梁结构带来复杂的内力和位移变化；同时施工过程中，由于各种因素(如温度场、猫道、施工顺序、施工荷载及材料性质等)的随机影响，测量误差以及施工误差的客观存在，各实际施工状态可能偏离理论轨迹。为确保成桥后的结构内力和几何线形符合设计要求，结构内力处于最优状态，同时又确保施工中的安全和全桥顺利合龙，在悬索桥施工过程中必须进行严格的施工控制。

2. 施工控制的内容

施工控制的内容是校核主要的设计数据，提供施工各阶段理想状态线形及内力数据，将施工各状态控制数据实测值与理论值进行比较分析，进行结构设计参数识别与调整，对成桥状态进行预测与反馈控制分析，防止施工中出现过大位移与应力，确保施工期预定目标顺利进行。

根据悬索桥上部结构施工的流程、特点，其施工过程一般分为两个阶段：第一个阶段是主缆架设阶段；第二个阶段是加劲梁吊装架设阶段。每一个阶段都包含着一个施工→观测→识别→修正→预测控制→施工或优化调整施工的循环过程。考虑到主缆架设完毕后，桥梁线形很难做大的调整，所以悬索桥的施工控制以主缆架设阶段控制为主，确定主缆的空缆线形等。主缆架设阶段控制是悬索桥施工控制的重点和特点。

主缆架设阶段控制的主要目标是确保主缆线形最大限度地逼近设计空缆线形，其主要任务有：基础资料及试验数据的收集，施工过程仿真计算（主缆索股无应力下料长度、索鞍顶偏量和空缆线形等计算），基准索股和一般索股线形的架设精度控制，锚跨索股张力均匀性调整控制等。加劲梁吊装阶段控制的目标是：使成桥状态时主缆和加劲梁的内力和线形最大限度地接近设计成桥状态，其主要任务有：索夹初始安装位置和吊索无应力下料长度的控制，主索鞍分阶段顶推的控制及吊索索力均匀性控制。

悬索桥施工控制过程中需要进行跟踪监测的结构状态参数和施工控制参数有：主缆与加劲梁线形、索塔塔顶变位与主索鞍预偏量、散索鞍预偏量、主缆锚跨索股张力与吊索索力、索塔控制截面应力、加劲梁节段间上下缘开口角、猫道线形、索塔塔基沉降和锚碇体位移、结构温度等等。

第五节　某桥主缆架设工程

一、工程简介

某桥全长 1 473.5 m，其桥跨布置为 218 m+650 m+188 m，主桥为 650 m 单跨简支钢桁梁悬索桥，主缆边跨分别为 218 m、188 m；主缆中跨为 650 m，垂跨比 1：9.5；主梁采用钢桁加劲梁，钢桁梁梁宽 38 m，梁高 5.8 m，总计 55 节段。

某桥主缆由 5 跨组成，由贵阳岸向古蔺岸依次为：贵阳岸锚跨、贵阳岸边跨、贵阳岸中跨、古蔺岸边跨、古蔺岸锚跨。成桥状态时，跨径组成为：27.33 m+218 m+650 m+188 m+27.8 m。成桥状态垂跨比为：贵阳岸边跨 1：200.5，中跨 1：10.5，古蔺岸边跨 1：233.8。

主缆共两根，每根长 1 147.044 m（无应力长度）、单根重约 2 252.8 t，每根主缆中，从贵阳岸锚碇到古蔺岸锚碇的通长索股有 127 股。每束索股由 91 根 ϕ5.25 mm、1 860 MPa 的镀锌钢丝组成。

二、单线往复牵引系统

某桥主缆牵引系统采用单线往复式牵引系统。一套单线往复牵引系统由两岸锚碇和索塔处卷扬机、转向导轮、鞍部的转向导轮、塔顶导轮组、猫道门架导轮组、牵引索、拽拉器等组成。

三、主缆架设施工布置

(一)施工塔吊及电梯布置

贵阳岸、古蔺岸索塔均在侧面设置一台 TC7020 塔吊。索塔区塔吊用于索股架设阶段辅助施工、猫道门架的拆除后下吊、紧缆机的安装、缆索吊天车的安装以及其他相关材料及设备的提升及安装。

(二)锚区主要施工布置

贵阳岸锚碇区布设存索场、放索场、放索机构以及单线往复牵引系统在贵阳岸锚区的组件。

存索场布设于贵阳岸锚碇前侧,存索场内布置 1 台 100 T 汽车吊作为场内起重吊装设备,其最大存索能力为 254 盘。

放索场位于贵阳岸锚碇后,分左、右幅设置,放索区内布置一台 100 T 汽车吊用于索盘的卸车及吊入被动放盘架上。此外,放索区内布置 2 套被动放索装置及 2 套排线机。此外,在沿散索鞍两边处布置对应于牵引系统的索股拖轮,放索机构至上锚滚轮之间的区域布置水平长拖辊(标准间距 3 m)。

古蔺岸锚区在锚后布置 2 台 20 t 卷扬机。古蔺岸锚碇锚背上布置牵引系统转向架及其转向轮及其导轮组,在沿散索鞍两边处布置对应于牵引系统的索股拖轮。每个锚碇临时门架上均布置 1 台 8 t 卷扬机及 1 台 5 t 卷扬机,用于索股上提、横移以及入锚。

(三)塔区主要施工布置

在两岸塔顶的每个塔顶门架上各布置 2 台 8 t 卷扬机,用于索股上提、横移以及紧缆机缆索吊的行走动力。

每个塔顶门架上均设置一个塔顶门架导轮组,其位置对应单线往复牵引系统布置,即位于主缆中心线右侧 1 m 处。

在沿主索鞍两边处布置对应于牵引系统的索股拖轮,此处索股拖轮的间距予以加密,间距加密至 0.5 m/道,同时使拖轮的竖向曲线按索鞍鞍体曲线平滑过渡。

(四)猫道上主要施工布置

在猫道上距离主缆中心线右侧 1 m 处布置索股拖轮,拖轮纵向间距 8 m。猫道面层上布置索股拖轮及猫道门架导轮组。

(五)索股运输、进场及存索场布置

主缆索股由单家索股制造厂家运输到贵阳岸锚碇位置的存索场内。到达存索场后,通过存索场内的 100 T 汽车吊进行卸车并摆放至相应位置处。

索盘从存索场运输至放索场也是采用汽车吊提升吊装至平板车上,在经运梁道路及锚后临时道路到达放索场,然后利用放索场的 100 T 汽车吊卸车并安装入放索装置内。

主缆架设施工前,索股全部进场,结合现场实际情况布置主缆索股存放场地布置。

1. 主缆索股现场存放保护措施

(1)主缆索股在堆场存放时均需罩好防雨布,避免雨淋、受潮、日晒。

(2)成品主缆索股在堆场摆放时要留有足够的空隙,相邻两件索股之间距离不小于

50 cm，以确保索股在吊装、摆放和运输工程中不会发生刮擦、碰撞而造成索股损伤。

（3）主缆索股运至施工现场后，应尽量选择就近放索区（避免场内多次驳运）的场地进行存储。

（4）存储场地要求平整、结实、无杂物，最好是水泥地坪基础，必须排水良好，无积水，严禁明火靠近。

（5）现场无易燃易爆物品，入口处设置防撞、防火和防刻画的警示标志，在堆场周围配置相关设施，如消防设备。严禁主缆索股堆场上方和附近进行明火操作，禁止主缆索股堆场周边、上方进行电焊作业。

（6）单盘主缆索股的存放，必须填有枕木。

（7）安排专人定时巡查，发现隐患及时排除。

2. 主缆索股现场吊装注意事项

（1）起重工作区域内无关人员不得逗留或通过；起吊过程中严禁任何人员在起重机伸臂及吊物的下方逗留或通过。

（2）吊装作业现场人员严格按劳保着装，正确佩戴安全帽；现场指挥人员穿反光背心。

（3）现场指挥人员站在使操作人员能看清指挥信号的安全位置上；指挥人员发出的指挥信号必须清晰、准确。

（4）现场须备有满足起吊能力的专用吊具进行卸货，吊卸时应使用钢结构单位提供的专用吊具起吊，吊卸时必须按设定吊点进行起吊。

（5）起吊主缆索股时，应将钢丝绳逐渐张紧，使物体微离地面，进行试吊。观察吊梁、钢丝绳、卸扣等情况，物体应平衡，捆绑应无松动，吊具、机械应正常无异响。如有异常应立即停止吊运，将主缆索股放回地面后进行处理，并重新试吊，确认安全后，方可起吊至需要高度后再吊装。

（6）起吊时注意轻装轻放，起吊速度不宜过快。

（六）主缆架设施工流程

某桥主缆架设总体施工流程图如 3-34 所示，单根索股架设施工流程图如图 3-35 所示。

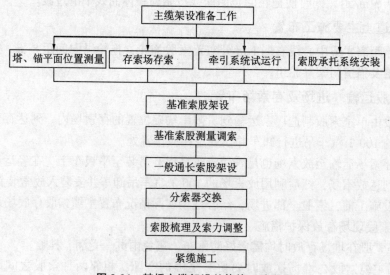

图 3-34　某桥主缆架设总体施工流程图

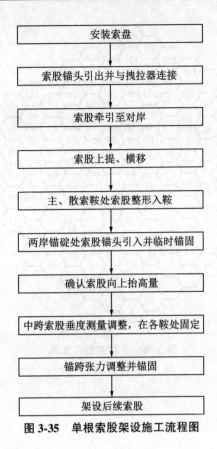

图 3-35 单根索股架设施工流程图

四、索股架设施工

为使架设后的主缆线型与设计一致，必须在施工中对主缆线型进行控制，以确保主缆架设精度。主缆索股架设分为一般索股架设和基准索股架设两类。

由于每根主缆含索股127股，数量较多，架设周期较长，受外界影响因素多，为保证施工质量，首先确认1#索为主缆的第一根基准索股，在1#索无法保证索股的安装精度后，将启用第二根基准索(28#索)。

索股架设的顺序原则上按设计提供的主缆索股编号1#～127#依次进行。

索股架设分为索股牵引、提升及横移、整形、入鞍、入锚等工序。为确保索股架设的顺畅，需要先对索股牵引系统以及牵索工艺进行全面的实例验证，确保所有环节均无误，该实例验证在架设1#基准索股过程中进行。

索股牵引从贵阳岸锚后出发，到古蔺岸锚前锚面结束。上、下游两根主缆对称进行架设施工，架设时应注意观测主塔扭转和位移。牵引过程中在锚背、锚跨、散索鞍处、塔顶主索鞍处以及猫道上布置滚轮，保护索股的镀锌层不被破坏。

基准索股架设时，索股牵引可在白天进行，但调索必须在夜间气温稳定、风速较小的情况下进行。索股编号和排列以及基准索布置如图3-36所示。

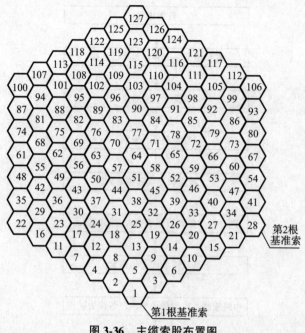

图 3-36　主缆索股布置图

五、主缆紧缆施工

（一）概述

索股架设完成后，对主缆进行紧缆施工。在各索夹安装位置附近，紧缆时主缆空隙率控制在 18%±2% 以内，不宜超出此范围以方便后续索夹安装，其余位置处于 20%±2% 以内。

（二）施工准备

1. 紧缆机简介

正式紧缆采用施工队提供的符合要求的紧缆机，共 4 台。

（1）紧缆机构造

紧缆机主要由控制柜架、行走机构、挤紧装置、液压泵站、控制系统、牵引固定装置、2×2.5 吨双绳液压绞车等部分组成。

（2）挤紧装置

挤紧装置是紧缆机的工作部分，由挤紧架、液压千斤顶、紧固蹄及液压胶管群组成。挤紧架由 3 块反力架组成，反力架上共装有 6 台液压千斤顶，用销轴装配而成一体，构成六边形。6 缸活塞的进退可同步亦可单独实现。

（3）行走机构

行走机构由前滚轮架、调整装置、扁担梁、后滚轮架、平衡梁等五大部分组成，各组成部分通过螺栓连接固定。

行走机构通过塔顶卷扬机或者自带液压绞车的牵引在主缆上行走运动。其中设备自带的液压绞车安装在扁担梁上方。

为增加运行稳定性，利用手拉葫芦把紧缆机和缆索吊小车相连，缆索吊主梁上挂 2 个 10 t 手拉葫芦，另外再挂 2 个 5 t 手拉葫芦辅助施工。

(4)液压泵站

液压泵站是紧缆机的动力系统，其主要技术特点为：

①两台液压泵站拖动 6 台额定顶推力为 2 500 kN 的千斤顶；

②液压泵站可同时控制 6 台千斤顶动作，也可单独控制 1 台千斤顶动作，液压回路采用一回路控制 1 台千斤顶，6 顶紧缆同步性高，紧缆效果更好；

③系统采用高低压控制方案，使紧缆机挤紧动作快慢可控，空载及回程速度快，加载挤紧稳定可靠，大大提高了紧缆效率；

④紧缆机进行机、电、液一体化设计，能实现自动控制，手动控制也很方便，在紧缆过程中不会夹坏和夹断钢丝，很好地保证挤紧后主缆的空隙率和圆度。

(5)2×2.5 吨双绳液压绞车

紧缆机自带的牵引系统为 2×2.5 吨的双绳液压绞车，由于牵引绳是两根，且同滚筒，可保证牵引左右同步，可防止紧缆机走偏及侧翻，容绳量为 2×100 m。该液压绞车仅在跨中主缆平缓处使用，在爬坡过程中，若坡度大于 10°，则该绞车牵引力不够，必须更换为塔顶卷扬机牵引(配合缆索吊)。

牵引固定装置配套液压绞车使用，作为液压绞车牵引的固定点，其通过螺栓抱死在主缆上。

(6)控制系统

紧缆机配置控制终端，主要具备以下功能：具备参数可视化界面；可显示油缸伸缩量、动作情况以及油缸压力等相关作业参数；具备设定主缆缆径后自动作业功能；具备主缆横径及竖径实时监控功能；具备数据导出功能。

2. 单线往复牵引系统拆除

由于紧缆机需配备简易缆索吊进行施工，简易缆索吊以猫道门架承重绳作为支承及轨道。因此在紧缆施工之前，需要先拆除猫道门架。在拆除猫道门架之前，必须先拆除单线往复牵引系统。

3. 猫道门架拆除

单线往复牵引系统牵引绳从猫道门架导轮组中脱离后，即可进行猫道门架拆除。对于单个猫道门架而言，无须等牵引绳从所有其他猫道门架拆除之后再拆除。猫道拆除操作及步骤如下：

(1)拆除顺序为从塔顶向两侧依次拆除；

(2)猫道门架拆除前，首先拆除猫道门架立柱与猫道之间的连接；

(3)用塔顶 8 t 卷扬机反拉门架上横梁，松开猫道门架与猫道承重绳之间的限位；

(4)将猫道门架拉至塔顶处；

(5)利用塔吊将猫道门架吊至主塔底部的平台上，回收。

4. 小天车安装

为防止紧缆机倾覆，在猫道门架承重索上安装小天车，同塔顶 8 t 卷扬机组成简易天吊滑车。在天顶小车上悬挂手拉葫芦与紧缆机相连，通过收紧或放松手拉葫芦调整紧缆机的平衡。

5. 主缆检查

(1)主缆紧缆前，检查索股锚跨张力是否达到设计及规范要求，并调整到位。

（2）同时检查主缆索股是否存在错位、交缠等现象，主、散索鞍处的索股是否存在滑移现象。若发现问题，必须调整到位，方可进入紧缆施工阶段。

（3）完成索鞍处锌块的填塞，确保索股在索鞍处被固定。

（4）在主缆上或者扶手绳上标出索夹位置，以方便后续紧缆施工时对索夹位置处的紧缆加密，方便索夹安装。

（5）拆除预紧缆 10 m 范围内的主缆外包索股上的缠包带，拆除紧缆机前 100 m 内的主缆成型装置（形状保持器以及绑扎钢丝绳等）。

6. 紧缆机安装

（1）紧缆机出厂前进行静态试验和模拟试验，并进行整机组装调试。

（2）为便于紧缆机上缆后一次顺利组装成功，预先在地面上进行试组装。试组装完成后，正式上缆安装。

（3）紧缆机利用塔吊进行安装，先将挤紧架拉开（根据现场实际情况确定拉开距离，保证主缆能顺利装入挤紧架内，防止挤紧架碰伤主缆），然后利用塔吊整体起吊上主缆，装好连接销，拼好挤紧架，形成封闭环状，再将纵梁和行走机构吊装，与挤紧器连接，然后吊装框架（带液压系统、控制台和配重等）。吊装时，注意松钩前均应拴好保险绳，防止部件下滑。

（4）将紧缆机通过手拉葫芦悬挂于缆索吊上，再将缆索吊与塔顶门架上的 8 t 卷扬机绳连接，将紧缆机慢慢沿主缆下滑至主跨跨中部位及边跨底部。

（5）紧缆机在地面进行预组装以及正式安装到主缆上时，生产厂家均需安排技术人员到现场进行指导。

（三）紧缆作业

1. 总体工艺流程

紧缆施工可分为预紧缆工作和正式紧缆作业。紧缆施工总体施工工艺流程图如图 3-37 所示。

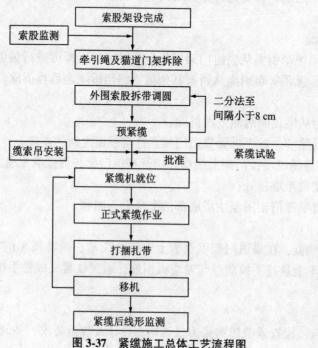

图 3-37 紧缆施工总体工艺流程图

2. 预紧缆作业

预紧缆作业的顺序为：先主跨，后边跨，上下游、两岸对称进行。在主跨由跨中向塔顶进行，快接近塔顶 50 m 的位置时，改由塔顶向下进行；边跨由散索鞍向塔顶进行，在靠近塔顶 50 m 时改由塔顶向下进行。

3. 正式紧缆作业

(1) 主缆回弹率试验

在正式紧缆前，在主缆上进行主缆回弹率试验，测量紧缆紧固状态空隙率与打紧钢带紧缆机离开 5 m 左右范围后的空隙率，比较空隙率差得出主缆的回弹率。正式紧缆时根据测得的回弹率确定和调整紧固力和直径，主缆回弹率试验在主跨跨中进行。

(2) 紧缆操作

用主缆紧缆机将主缆截面紧固为圆形，并达到设定的孔隙率，紧固间距按照每 1.0 m 紧固一次。

每根主缆中跨布置 2 台紧缆机，正式紧缆作业的顺序为：由低端向高端进行。即布置在中跨的 2 台紧缆机从中跨跨中处开始分别向两个索塔方向紧缆。

主缆正式紧缆作业可安排在白天进行。具体紧缆工艺如下：

① 主缆紧缆机的安装就位

主缆紧缆机初次安装就位时，在塔顶利用塔吊安装好后悬挂于缆索吊上利用塔顶门架卷扬机反拉顺主缆形走至主缆跨中。

② 主缆紧缆机行走

主缆紧缆机行走在坡度平缓段依靠紧缆机自带的液压绞车行走，在主缆坡度大于 10° 的时候依靠塔顶卷扬机牵引。

③ 紧固蹄的操作(液压千斤顶加载、保压)

在初期加压阶段，以低压进行，使各紧固蹄轻轻地接触主缆表面，且相互重叠，然后升高压力，加载(同步开始，且加载保持同步)。紧固蹄行程达到设定位置时或者压力达到规定值时保压。

④ 打捆扎带

当紧固蹄的移动一停止(处于保压状态时)，经测量空隙率符合要求之后，钢带绕在主缆上捆扎，并用带扣固定，捆扎 2 道(索鞍附近主缆六边形和圆形变化处增至 3~4 道)，钢带间的边对边距离为 10 cm，钢带接头应在主缆圆周的下半部分均匀分布。

在索夹的位置，紧压和钢带捆扎均须加密，同时在索夹两端的靠近处增加附加钢带，以便于后续的索夹安装。钢带采用镀锌钢带，以满足在紧缆至防护涂装前不生锈的要求。

⑤ 液压千斤顶卸载

当完成捆紧后，液压千斤顶卸载，通过操作转换阀使紧固蹄回程，紧缆机则移向下一个紧固位置。

⑥ 主缆直径的测定

为了确定紧缆后的主缆截面形状，紧缆过程中紧缆机每次移动操作中都要对主缆的周长、垂直直径和水平直径进行 3 次测量，测定主缆直径和周长。测量在压紧时测一次，用捆扎带扎紧后再测一次，前一数据是主缆的压实程度，更能代表索夹内主缆的状态。

紧缆机可自动对主缆直径进行测量并保存及输出数据，必要时，可进行人工测量作为辅助及校核。主缆横向与竖向直径差应当控制在标准缆径的 2% 以下。

主缆全部紧固完毕后，沿全跨径测定捆扎带旁的主缆直径及周长，确认整根主缆实际的空隙率。

4. 紧缆施工注意事项

（1）在靠近主索鞍及散索鞍端部 3.0 m 处进行第一道紧缆。

（2）在初加压阶段，严格控制 6 个紧固蹄同步性，防止因紧固蹄动作不一致。

（3）紧缆过程中，缆索吊机吊挂紧缆机，处于受力状况，防止紧缆机失稳侧翻。

（4）紧缆机工作时，每次只能拆除一个猫道绑扎，在紧缆及完成紧缆后将该绑扎复位。

（5）紧缆时，在紧固蹄和主缆之间布置橡胶垫保护主缆。

（6）紧缆机在紧缆操作时，注意观察各千斤顶行程，避免行程相差较多，同时注意各挤紧蹄块之间的空隙，避免夹断钢丝。

（7）紧缆机行走或操作时，应系好保险绳，防止牵引钢丝绳意外绷断。

（8）紧缆钢带接头应设置在主缆下方。

（9）在各索夹安装位置附近，紧缆时主缆空隙率控制在 18%±2% 以内，不宜超出此范围以方便后续索夹安装，其余位置处于 20%±2% 以内。

（10）主缆空隙率控制值指的是紧缆机移开 5 m 后所测的结果，主缆空隙率测量时必须按照要求做好相应的记录。

六、索夹安装

（一）概述

本桥悬吊系统采用平行钢丝吊索+上下对合索夹的形式，吊索两端与索夹和加劲梁销接，上、下半索夹用螺杆夹紧在主缆上。

本工程索夹共分为有吊索索夹、无吊索索夹及封闭索夹三种大类。其中有吊索索夹又分为带轴承索夹及不带轴承索夹两种类型。本工程索夹螺杆为一种规格，螺杆材料为 40 CrNiMoA。螺杆的尺寸为 MJ42 mm×3 mm，安装夹紧力为 700 kN，全桥共 1 760 件。

（二）总体施工流程

索夹安装工艺流程图如图 3-38 所示。

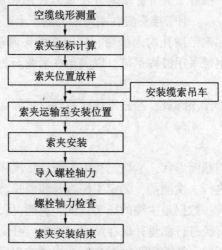

图 3-38　索夹安装工艺流程图

（三）主缆线形复测

完成紧缆作业后，对主缆线形进行连续观测。测量在夜间进行，测量内容包括：主、散索鞍偏移量、索塔偏位、塔顶高程、主跨跨径（两塔轴线间距）、主跨跨中和边跨跨中垂度以及主跨的其他点的垂度。同时观测环境状态（温度、风速、内外温差），并与设计理论值相比较。

根据主缆现状修正索夹在主缆上的位置，并在夜间风速小而且气温稳定时段，放出索夹的设置位置，并做出明显标志。根据主缆现状和索夹实际位置确定吊索索长，据此完成吊索加工。

（四）索夹测量放样

索夹安装前先要实测中跨和边跨的跨径，根据实测的结果，将跨径误差在放样时平均分摊在每两个索夹之间。索夹定位通过放样主缆顶线处的吊索中心位置来控制，采用测距法进行。空缆和成桥状态的吊索中心位置的对应关系由设计方提供后实施。

放样在温度稳定的夜间进行，利用全站仪在主缆天顶线上放样出主缆中心线与吊索中心线交点在空缆状态下垂直投影到天顶线点，利用该点用直尺和水平尺在主缆两测标出索夹边缘位置，并在索夹两端做好保护标记。索夹位置必须控制在设计允许误差 10 mm 范围内。

索夹放样时，首先放出天顶线，而天顶线随温度的变化而变化，故索夹放样应选择夜间气温相对稳定的时段进行。通过对主缆的温度进行昼夜观测，找出温度变化相对稳定的时段，放样时间就选择在这一时段。

当主缆线形定型后，白天沿主缆的曲线把索夹的粗略位置在主缆上做临时标记。夜间，在空缆状态下把临时标记作为参考进行索夹正确位置的放样。由于高空作业，工作场面狭小，拟采用全站仪的红外线测距法，但在放样时，必须进行修正。

（五）索夹安装

1. 索夹运输

索夹在地面采用汽车吊和平板车运输至塔底施工平台，再利用塔吊将索夹转运输至塔顶施工平台，主缆上方运输采用缆索吊天车运输。

2. 索夹构件安装

索夹安装顺序需按照钢桁梁吊装顺序进行，总体上中跨由跨中向塔侧安装，边跨侧由锚碇向塔方向安装。不同位置的索夹采用不同的安装方法：在考虑塔柱塔吊能覆盖到的范围内，直接采用塔吊安装效率最高，在其他位置利用缆索吊天车安装。索夹安装时要仔细检查索夹编号，与设计位置对应，如索夹遇到紧缆所采用的钢带，在安装前应解除钢带。

索夹安装前，成型主缆一般横径会大于竖径，而索夹结构为上下对合形式，直接安装可能会比较困难。为确保索夹能正确对合，减小横径和竖径不统一的影响，需采用工装夹具对主缆两个侧面施加一定的预压力，使得主缆在两个方向的直径趋近一致。

现场施工时，在索夹安装位置外侧约 20 cm 左右安装两个工装夹具。夹具左右对合后，通过千斤顶（或手拉葫芦提供）施加压力，使主缆横径小于索夹横径。然后利用缆索吊或者塔吊将索夹运输至安装位置处的猫道面层上，先吊装上半部分，再吊装下半部分，穿好螺栓，人工预紧后，精确调整索夹位置进行索夹对合，对合过程中要特别注意防止主缆索股钢丝进入索夹对合缝内，应使索夹两个对合缝宽度均匀，确认无误后再利用专用螺杆千斤顶张拉。

3. 索夹螺栓紧固

因索夹螺杆紧固是分次完成的，存在预紧力过程损失问题，所以应针对不同类型索夹的螺栓数量具体确定螺栓张拉顺序。其总体原则为：中间向两边，对称进行。

根据索夹螺栓的排数(每排2根螺栓)分类，分别有2排、4排、5排、8排、9排、10排共6种类型。具体张拉顺序如下：

(1)螺栓为2排的索夹一次同时张拉。

(2)螺栓为4排的索夹张拉顺序为：第1、3排→第2、4排。

(3)螺栓为5排的索夹的张拉顺序为：第3排→第2、4排→第1、5排。

(4)螺栓为8排的索夹的张拉顺序为：第3、5排→第4、6排→第2、7排→第1、8排。

(5)螺栓为9排的索夹的张拉顺序为：第5排→第4、6排→第3、7排→第2、8排→第1、9排。

(6)螺栓为10排的索夹的张拉顺序为：第5、6排→第4、7排→第3、8排→第2、9排→第1、10排。

本桥索夹螺杆安装夹紧力为：螺纹尺寸为 MJ 42×3，设计紧固力为 490 kN，安装紧固力 700 KN。

索夹安装到位，及时用螺栓液压拉伸器对螺杆导入轴力。螺栓液压拉伸器具有精度高、张拉速度快，同步性好，使用方便、适用性强等优点。

张拉索夹螺杆时，采用分级循环紧固的方法，消除后张螺杆引起的先张螺杆力的损失。索夹安装时，进行第一次螺栓轴力导入；第二次为钢桁梁吊装完成时；第三次为主缆防护时；第四次为桥面铺装时；第五次为桥面铺装及附属设施完成后螺栓终紧。同一索夹处，2台及4台螺栓拉伸器同时张拉索夹螺杆时，控制各拉伸器的轴力导入同步。

在每次主缆加载后，以及极端天气前后，均对索夹连接螺栓进行复查，发现轴力下降超过30%时，及时张拉螺栓，使轴力达到设计规定值，确保施工安全。

4. 特殊索夹安装

本项目特殊索夹主要有两类。

(1)封闭索夹：主缆与索塔、锚室前墙连接部位采用封闭索夹，封闭索夹直径随着里程改变。

(2)靠近主索鞍的无吊索索夹，由于进入索鞍后的主缆直径变大，导致索夹安装困难。

针对这两类特殊索夹安装，一般是考虑在紧缆阶段就提前安装，利用紧缆机正式紧缆时强大的压力，使主缆直径减小至索夹可容纳的范围。避免了在紧缆施工完成后安装索夹，因主缆回弹直径增大，导致索夹无法对合。

七、吊索安装

(一)概述

本桥吊索形式为平行钢丝吊索，吊索与索夹、钢桁梁之间为销铰式连接。本桥吊索共分为两类吊索：无轴承吊索、有轴承吊索。吊索采用预制平行钢丝索股(PPWS)，外包双层 PE 进行防护。

普通吊索采用 $\phi 5.0$ mm 的锌铝合金镀层高强度钢丝，钢丝标准强度 1 860 MPa，每根吊索含 109 根钢丝，PE 护层厚 8 mm。

当吊索长度大于 20 m 时设置减振架，当 $H = 20 \sim 60$ m 时，在 $H/2$ 高度处设置一道减振架；当 $H = 60 \sim 100$ m 时，在 $H/3$、$2H/3$ 高度处各设置一道减振架。

(二)总体施工流程

吊索安装总体施工工艺流程图如图 3-39 所示。

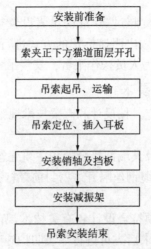

图 3-39　吊索安装总体施工工艺流程图

(三)吊索运输

吊索长度范围为 1.018 ~ 65.132 m，吊索长度从中跨跨中处向两岸主塔处逐步增加。吊索运输方式就位：陆上运输→施工现场→猫道→缆索吊天车→安装位置。

(1)用载重汽车把吊索从制索厂搬运到塔根部。

(2)在塔底将吊索从索盘中抽出，使两锚头都外露，并重新逐根捆绑好。

(3)用塔吊把吊索吊至靠近主塔中跨侧的猫道上。

(4)将吊索下锚头(与钢桁梁连接)与前移运天车上手拉葫芦相连，并将反拉卷扬机与前移运天车相连。

(5)控制反拉卷扬机，使下锚头端缓慢下滑，当吊索全部拉直后，反拉卷扬机制动，将吊索上锚头(与索夹连接)与后移运天车相连，并将后移运天车与反拉卷扬机相连，使前后移运天车在移动过程中始终保持相同距离。当吊索因为长度较大，中间垂度较大时，在缆索吊天车承重绳上设置临时吊环(吊环与吊索固定，与缆索吊天车承重绳之间可滑动，吊环个数根据吊索长度确定)，使吊索不因为垂度过大与主缆和猫道接触。

(6)同时启动左右反拉卷扬机，使吊索依靠自身重力下滑至架设位置，当重力不能使吊索下滑时，用人工牵引。

(7)在牵引过程中，派专人进行监护，防止吊索落在猫道面层和主缆上，以免擦伤吊索。

(四)吊索安装

(1)吊索安装顺序为：中跨从跨中向两侧塔顶方向进行安装，安装前安装部位吊索正下方猫道面网开孔。

（2）对于运输就位的吊索，前缆索吊天车到达吊索安装位置时，解除吊索下锚头与前缆索吊天车之间的连接，再将吊索下锚头穿下猫道面网开孔处，同时在开孔处边缘设一个滚轮方便吊索缓缓下坠，后缆索吊天车继续下滑，直至到达安装位置，利用手拉葫芦和小型机具，将吊索上锚头的连接耳板与索夹销孔对中，插入销轴连接，然后解除吊索与缆索吊天车之间的连接，吊索即安装完成。

（五）减振架安装

根据设计要求，对于悬吊长度超过 20 m 的吊索设置减振架。具体位置可以通过在吊索安装前在吊索上将减振架位置做出明显标记的方式进行定位。待钢桁梁吊装完毕后进，通过塔顶 8 T 卷扬机下放吊篮作为人员操作平台，安装吊索减振架。

（六）索夹及吊索安装质量要求

（1）螺栓紧固设备应事先标定，按设计和有关技术规范要求分阶段检查螺杆中的拉力，并予补紧。

（2）螺杆孔、上下索夹缝隙及其端部接合处和主缆缠丝处必须用合格的密封材料填实，确保螺杆被密封材料环绕并与主缆钢丝隔开。密封前螺杆孔里须清除水分，保持干燥。

（3）锚头锁定装置须牢固。

（4）工地涂装用防护材料必须符合设计和有关技术规范要求，涂装前索夹和锚头表面应按设计要求进行处理，达到要求后方可进行涂装防护施工。

（5）索夹密封良好。

（6）索夹螺栓端头长度均匀，螺牙保护完好。

（7）吊索顺直无扭转现象。

（8）吊索及索夹的防护完好，无划伤、擦痕、断裂、裂纹等缺陷。

第四章 桥面系及其附属工程施工

第一节 支座与伸缩装置施工

一、桥梁支座

(一)支座简介

支座是架设在墩台上，顶面支撑桥梁上部结构的装置。支座具有承接桥梁上部结构和下部结构，保持桥跨结构整体性的作用。

支座在发展的过程中出现了各种类型，主要包括以下几种类型：

(1)简易支座，由麻绳垫或草席等材料制作，具有成本低、制作简便的特点，适用于小跨径的桥梁；

(2)钢支座，由两块平面铸钢板组成，具有承载能力较大、刚性较强、养护费高等特点，适用于跨径小于 10 m(公路桥)或 6 m(铁路桥)的桥梁；

(3)橡胶支座，由多层薄钢板和多层橡胶片制作而成，具有弹性好、剪切变形能力较大、加工方便、造价低等特点，但同时也存在易老化的缺点，适用于弯桥以及一些跨度较大的桥梁。

(二)支座的设置

支座的设置一般包括 3 道工序：首先在桥梁两端底部预先埋入支座钢板，其次在桥墩的支撑部位设置支座钢板，最后安放固定支座或活动支座。支座的设置应满足以下几个要求：(1)保证支座不受到破坏，以免影响其正常使用；(2)确保支座的稳定性与强度能够达到抵抗结构的最大荷载和移动要求；(3)能够可靠地传递垂直和水平反力；(4)为保证支座的耐久性，支座在安装后应不留缝隙等。

为达到以上设置要求，通常应该考虑如下基本原则：(1)支座的选用需根据桥梁结构的跨径、支点反力的大小、对建筑高度的要求以及适应单向或多项位移的需要、防震减震的要求等因素来选择；(2)固定支座位置应根据桥梁所处的位置而设定：若桥梁处于坡道上，应设于下坡方向的桥台上，若桥梁处于平坡上，则应设于主要行车方向的前端桥台上；(3)支承钢板的类型与厚度应根据桥梁的类型和跨径来决定，且其钢板的厚度不能小于 12 mm；(4)支座的材料、规格以及质量必须满足其设置和有关规定的要求。

（三）支座施工及施工控制要点

1. 支座进场时，应严格验收和检验

进场时，应严格检查产品合格证书中有关技术性能指标，如不符合设计要求时不得收货。严格检查支座的种类、尺寸、外观质量等是否符合设计要求，对存在结构缺陷、破损、裂缝等情况，应拒绝收货。

支座进场后，应按规定的批次、频率随机抽取样品，送有资质的检测单位对其物理、力学性能等加以检测，若不符合设计要求，应坚决退货，不能使用。

2. 支座垫石的控制要点与措施

（1）支座垫石施工前前期准备工作

应重点检查其平面中心位置放样是否准确，模板安装是否合格，钢筋网安装质量是否合格等。

（2）支座垫石施工前对台帽顶进行凿毛、洒水湿润

施工前一定要督促承包人对台帽顶进行凿毛、清扫，并要洒水湿润。监理应严格检查，合格后才能同意其进入下一道工序。否则会造成支座垫石与台帽顶面黏结不好，有脱空现象，通车后随车辆荷载而上下反复变形，即上翘、下压，进而易造成垫石断裂、移位、破碎掉落，使支座、梁体下降和上下错位，从而使桥面铺装下陷、断裂，影响行车安全。

安装支座前必须对垫石严格检查，可用小锤敲击垫石，听声音判断是否脱空，若脱空，垫石必须凿掉，全部返工重新浇筑。支座垫石一般较薄，施工时督促承包人必须严格按监理批复的混凝土配合比施工，加强振捣，并应加强养护，以确定垫石混凝土的质量符合要求。

（3）对支座垫石顶面标高、顶面平整度控制

支座垫石顶面标高应严格控制。在平坡情况下，同一片梁两端支座垫石水平应尽量处于同一平面内，其相对误差不得超过 2 mm。

在坡桥情况下，梁底支座预埋钢板应严格按图纸要求，按水平固定、安装，以达到"坡桥正做"原则。支座垫石顶面也要水平，应加强垫石支承面混凝土的抹平工作，用较长直尺进行刮平，并随时检验其平整度。

为了提高预埋钢板的表面平整度，预防产生空鼓，需改进预埋钢板工艺。预埋钢板面积较大时，应保证混凝土浇筑振捣质量，并适当设置溢出孔，待溢出孔溢出混凝土时停止振捣。较大面积钢板下的空鼓，应开孔注浆填实。

3. 支座安装的控制要点与措施

梁板安装时，严禁支座与梁底不密贴或出现脱空。如果支座与梁底不密贴或出现脱空，在车辆荷载作用下，梁在该支座处会产生沉陷，使梁与梁之间连接的绞缝混凝土破坏，绞失去了应有的功能出现单梁受力，影响梁的使用寿命，在荷载反复作用下，将使该处桥面铺装沿绞缝处出现纵向裂缝，修补后仍将破损；支座与垫石及梁（板）间不能均匀接触，使支座局部受力过大、变形过大，寿命减少。

安装支座前，必须对支座垫石顶标高严格复测，当不符合设计时应采取措施补救，如将支座垫石凿掉重新返工等。梁板安装前对墩台支座垫石周围及梁底面应进行清理及抹（磨）平。安装梁板时，应派专人检查支座有无脱空现象，若发现问题，必须当场在支座下垫不锈钢板处理，以使支座与梁底紧密接触，使梁底垫块均匀受力。所有梁板安装后，准

备浇桥面铺装前，监理工程师应再做一次全面检查，若发现有支座脱空，应及时指令承包人垫不锈钢板。

安装支座及梁板架设时，监理应严格检查支座的平面位置是否符合设计与规范要求。为了避免支座的平面位置误差过大，使梁体受力不均匀、拉裂、变形等，应注意做到：安装支架时，应先将设计支座中心线放样好，然后安装支座时准备就位。架梁过程中，应要求承包人派专人旁站、指挥，以防梁板碰到支座，使其移位。落梁时，梁底的支承中心与支座中心线要严格对中。

4. 安装盆式橡胶支座控制措施

应严格保持支座的清洁，加强保管，轻拿轻放，防止刮伤、撞伤、损坏聚四氟乙烯板和不锈板、盆内垫块。安装前用丙酮或酒精仔细擦洗各相对滑移面，擦净后在四氟滑板的储油槽内注满硅脂类润滑剂，并注意硅脂应防滑。

盆式橡胶支座安装前，应对钢盆内密封的氯丁橡胶板块排除空气、保持密贴，否则会使支座的承压能力降低。盆式橡胶支座安装时滑动方向严禁弄错。应先认真阅读图纸，安装时使其滑动方向符合设计要求，以避免大梁不能正常伸缩，支座损坏。

盆式橡胶支座顶板和底板的固定措施应符合要求。盆式橡胶支座顶板和底板钢板，应分别同墩台顶面和梁体底面的预埋钢板焊接或锚固螺栓栓接。采用焊接时，应防止烧坏混凝土；安装锚固螺栓时，其外露螺杆的高度不得大于螺母的厚度。

考虑橡胶的压缩，在安装盆式橡胶支座时一般应抬高一点（具体值按设计定，与梁体自重有关，如有的桥抬高量为 10 mm），以便在体系转换后保证成桥时梁顶面设计高程。施工前，先将墩顶梁段与桥墩临时固定，合龙前主要由各临时支座承受压力。合龙后，临时支座的反力全部按照连续梁支点反力的要求进行转换。

5. 球形支座的控制措施

球形支座安装前，严禁随意转动连接螺栓或任意拆卸支座，支座开箱后，施工单位不得任意转动连接螺栓或任意拆卸支座，否则会使厂家预先调整好的支座的预设转角、位移或水平受到破坏，或安装过程中可能发生转动和倾覆。所以，必须注意以下两点：

（1）支座出厂时，应由生产厂家将支座调平，并拧紧连接螺栓；

（2）支座可根据设计需要预设转角及位移，但应由施工单位在订货前提出，并由生产厂家在装配时预先调整好。

6. 连续梁桥体系转换中解除临时锚固装置时的措施

为了避免对支座产生激烈冲击或偏载而造成支座变形、移位，甚至破坏，连续梁桥体系转换中，解除临时锚固装置前应要求承包人做详细的方案设计、工艺程序，并报监理审批后才能实施。应保证临锚缓慢、均匀、对称、逐渐割断。先割除临时锚固预应力筋：应对称、逐级割断。采用微差爆破逐渐、缓慢解除临时支座。

7. 连续弯桥单支座安装及标高控制措施

如果安装位置和标高未按设计进行，可能造成：弯桥在自重作用下梁受扭矩，当支座位置偏离设计位置，增大了梁的扭矩，梁体扭曲变形，使弯桥支座一侧脱离梁体，支座单侧受力过大，导致破坏，另外影响梁体受力和梁体稳定性。因此，弯桥中墩单支座安装时，应严格按照设计位置安放，将中墩单支座对梁轴预设偏心；支座的标高在施工时应精确测设，严格复核。

对于已经发生支座脱离梁体的现象，应由设计计算后，将中墩单支座向梁体中心线外侧移动一定距离，在支座翘起处，于梁体内增加适当压重。若中墩墩顶有位置，可增设一个支座。

二、桥梁伸缩装置

（一）伸缩缝简介

由于桥梁会因温度变化、动荷载或混凝土变形等一系列原因而产生变形，因此需在两梁端之间、桥台之间以及桥梁的铰接位置上设置能够自由伸缩的变形缝，该变形缝便称为伸缩缝。其作用主要是调整上部结构之间的连接以及上部结构之间的位移。桥梁伸缩缝的种类包括对接式、钢制支承式、组合剪切式、模数支承式以及无缝式等。

（二）伸缩缝装置的结构与分类的详解

1. 对接式伸缩装置

对接式伸缩装置根据构造形式和受力特点的不同，可分为填塞对接型和嵌固对接型两种。填塞对接型伸缩装置以沥青、木板、麻絮、橡胶等材料填塞缝隙，此伸缩缝内的伸缩体在任何情况下都处于受压状态；一般用于伸缩量在 40 mm 以下的常规桥梁工程上。嵌固对接型伸缩装置是利用不同形状的钢构件将不同形状的橡胶条(带)嵌牢固定，并以橡胶条(带)的拉压变形来吸收梁体的变形，其伸缩体可以处于受压状态，也可以处于受拉状态，该伸缩装置被广泛应用于伸缩量在 80 mm 及其以下的桥梁工程上。

2. 钢制支承式伸缩装置

钢制支承式伸缩装置是用钢材装配制成的，能直接承受车轮荷载的一种构造，它又分为两种：钢梳齿板型伸缩装置和钢板叠合型伸缩装置。

3. 组合剪切式(板式)橡胶伸缩装置

组合剪切式橡胶伸缩装置是利用橡胶材料剪切模量低的原理设计制造而成的。即剪切型橡胶伸缩体设有上下凹槽，它是依靠上下凹槽之间的橡胶体剪切变形来满足梁体结构的相对位移，另外在橡胶伸缩体内两侧预埋的两块锚固钢板，通过螺栓与梁端连接的受力原理形成的结构构造。

这类伸缩装置是一种具有刚柔结合的装置，它在承受荷载之后，有一定的竖向刚度。所以具有跨径间隙能力大、行车平稳的优点，其最大伸缩量达到 330 mm 左右。因此在国内外得到了广泛应用。

4. 模数支承式伸缩装置

由于桥梁的长大化，这就要求用结构合理和大位移量的桥梁伸缩装置来适应这一发展的需要，因此出现了一批新型的伸缩装置——模数支承式伸缩装置。该装置是利用吸震缓冲性能好又容易做到密封的橡胶材料与强度高刚性好的异型钢材组合的，在大位移量的情况下同时也能承受车辆的荷载。其构造特点是：由 V 形截面或其他截面形状的橡胶密封条(带)，嵌接于异型边梁钢和中梁钢内组成可伸缩的密封体，且可根据要求的伸缩量，随意增加中梁钢和密封橡胶条(带)。还要注意承重异型钢梁和传递伸缩力的传动机构形式及原理上的差异。

5. 无缝式(暗缝型)伸缩装置

无缝式伸缩装置，是当接缝构造不伸出桥面时，在桥梁端部的伸缩间隙中填入弹性材料并铺上防水材料，然后在桥面铺装层铺筑黏弹性复合材料，使伸缩接缝处的桥面铺装与其他铺装部分形成一个连续的整体，它是以沥青混凝土等材料的变形来承受伸缩的一种结构构造。

该装置的要特点：（1）能适应桥梁上部构造的伸缩变形和少量转动变形；（2）使桥面铺装形成连续体，行车时不至于产生冲击、振动等，舒适性较好；（3）可以形成多重防水构造，防水性也较好；（4）在寒冷地区，易于机械化除雪养护，不至于破坏接缝；（5）施工简单，一般易于维修和更换。

施工结构特点：是在路面铺装完成后再用切割器切割路面，并在其槽口内注入嵌缝材料而成的构造。这种接缝仅适用于较小的接缝部位，适用范围有所限制。

（三）伸缩缝的设置

由于伸缩缝出现损坏便会影响公路上行车的安全与舒适。为此，设计伸缩缝应遵循以下原则：（1）能够确保在车辆行驶时无突跳或噪声；（2）能够防止雨水以及垃圾泥土的渗入；（3）能够保证养护及清理污物的简便性。而伸缩缝受以下几个因素的影响：（1）周围环境温度的变化；（2）混凝土的徐变与收缩；（3）各种负载引起的桥梁挠度；（4）地震带来的构造物变位等。

然而因为伸缩缝的设计在整个施工体系中只占很小的一部分，且处于施工结束的几道工序之一，往往容易被设计者所忽略。在此，根据其影响因素，在对伸缩缝进行设置时总结出以下设置要点：（1）合理计算伸缩缝缝隙的宽度，缝隙过大会导致伸缩装置容易被破坏，过小则会造成在低温或高温状态下不能及时将桥梁所产生的形变传递出去，因此在设置时应测定整体桥梁结构中的实际温度来确定安装宽度值。（2）重视对伸缩缝装置的选型，选型的主要根据是当地的气候情况和交通状况，依照所计算出的伸缩量的大小设计装置的类型，而不能简单草率地选取市场上的伸缩缝装置。

（四）伸缩缝装置的基本施工步骤和施工工艺

1. 桥梁伸缩缝的施工步骤及要求

桥梁伸缩缝装置产品在安装施工中为确保其特有的先进性、可靠性、平顺性，必须严格按照设计要求进行安装。基本施工步骤和要求如下：

（1）切缝开槽根据设计图纸找到梁台或梁中心线，按设计宽度放样切缝，用沥青混凝土切缝机对铺好的沥青混凝土进行切缝，切缝边口应整洁无缺损，切缝隙间的沥青混凝土用风镐凿除，将槽口内临时填料清理干净并冲洗。

注意：不能将槽口以外的沥青混凝土破坏（包括破角和抬起）。用高压泵冲洗槽口和构造缝内残留的杂物。

（2）校正预埋筋，认真检查预埋筋，要特别注重预埋筋不得出现裂缝、折断及缺失现象，对有裂缝和折断的钢筋应及时按焊接要求补焊或补钢筋，对扭曲的预埋筋要理顺。

（3）用相应厚度的泡沫板塞入构造缝内，注重要有足够的深度和严密性，上面应和槽底相平。不能有松动和较大的缝隙，以防止漏浆。

（4）就位和焊接用吊车或人工将伸缩缝装置放入槽口内，注重左右前后位置要准确，有干涉的预埋筋可适当扳弯，然后借助铝合金直尺和塞尺由中间向两端调整伸缩缝装置的顶面高度，直至顶面比沥青路面低 0～2 mm（D80）、0～3 mm（D160）。这时假如伸缩缝装置的缝隙宽度正好符合安装温度的要求，即可预埋筋扳靠到较近的伸缩缝装置锚环上进行焊接。顺序为从中间向两端先点焊，然后检查复测，待符合要求时，再由中间向两端补焊。要保证焊接牢固，每米各边至少有两处焊接，每条焊缝长度不小于 40 mm。焊接完成后，及时割除固定门架即可。假如伸缩缝装置的缝隙宽度不符合安装温度的要求，可用上述方法先将一根边梁和预埋筋焊接固定，再从中间向两端逐步割除固定门架，调整好间隙和高度后进行焊接。

(5)塞泡沫板、穿筋、盖网、浇筑水泥混凝土上道工序完成以后，伸缩缝装置处于正常伸缩状况，此时选择宽度比缝隙宽度宽 50 mm，长度约为 200 mm，高度比槽口深度低 40 mm 的泡沫板，上面横向切成 V 形槽，即可依次塞入两边梁下口的间隙中，并向一个方向靠拢挤紧，保证不蹿浆，不上溢。安装 D160 伸缩缝装置时，要保护好横梁箱内和横梁上不得有砂浆漏入。

2. 桥梁伸缩装置的施工工艺

桥梁伸缩装置的施工工艺可分为两个方面来考虑，一方面是单从施工的角度来看，是不是费工时；另一方面就是能不能做到精心施工，以保证伸缩装置达到期望的寿命。

所谓的费工就是针对伸缩装置本身的结构特点和伸缩量来说的，一般情况下构造简单的，施工就容易，构造越是复杂，施工难度就越大，工期就越长，所以对于不同的工程，要给予多方面的考虑，以达到最好程度。对于能否达到期望寿命，主要是针对于耐久性能、平整性能、给排水性能等来说的，情况比较复杂，一般随施工方法和施工质量的差异而变化。对于一般的工程来说，只要按要求施工都可达到期望的寿命，但对于施工程度较差的，各种指标都达不到的，那么它就很有可能达不到。也就是说，周密精心的施工是保证伸缩装置具有所期望寿命的一个必要条件。总之，施工的好坏，对伸缩装置的耐久性、平整性、给排水性等的影响是很大的，所以必须要十分注意进行精心施工。

第二节　桥面铺装施工

一、桥面铺装简介

桥面铺装是桥梁工程施工中的重要一环，影响桥梁质量的优劣。桥梁铺装中需要考虑的因素很多，最重要的是保证桥梁的安全性、经济性和持久性。随着我国交通运输业越来越发达，车辆出现大型化和过度超载的现象增多，相应地对桥梁的质量要求也越来越高。桥梁施工非常复杂，工作内容繁多，尤其是施工技术方面，只有将桥梁施工技术有效落实到工程的各个方面，严格按流程施工，才能确保安全的交通环境。

(一)桥梁工程桥面铺装施工前的准备

1. 使用材料

钢筋：按照桥梁设计，决定钢筋用量；混凝土：根据桥梁设计，决定采用何种混凝土，比如成本低、承载力大就用水泥混凝土。

2. 施工准备

将桥面上较松的混凝土清理干净，减少桥面的不平整度对桥面铺装的影响。按照桥面的工程量一次性备足水泥、石、砂、外加剂的需求量，避免施工过程中出现用量不足等问题；通过试验获取外加剂的最佳掺和量；在铺装前安装泄水管，确保桥面铺装后无堵塞情况发生；施工前检查施工设备是否完好，减少施工过程中意外发生；对施工材料的质量进行监测，确保合格。

(二)对桥面铺装的要求及作用

1. 铺装要求

抗滑，加强安全性。桥路通行最重要的是桥面要抗滑，才能保障车辆行驶时的安全性，减少交通事故发生。

不透水。桥面铺装的不透水性，有利于保证桥面的完整性。高吸水率不会有明显的渗漏现象，能够延长桥梁的使用寿命。

承载力高。桥面铺装的承载力高，有利于大型重型车辆通行。这需要水泥混凝土和沥青混凝土材料，表层是沥青混凝土，底层是水泥混凝土，这样不仅承载力高，且容易修补，使用时间长。高承载力有利于桥梁交通的发展。

2. 桥面铺装层的作用

桥面铺装层是直接承受着车轮荷载的柔性铺装层。高速运行的车辆对于接触面通常都会产生很大的冲击，特别是车辆轮胎在接触面上会产生更大的冲击荷载，不仅有动荷载，还有水平荷载以及应力荷载。由此可知，车辆轮胎与桥梁的接触面受载所产生的受力系统是比较复杂的，沥青铺装层对车轮施加的冲击有很好的缓冲作用，还能分散这种集中荷载，下承层桥板所承受的荷载也能相应减少，进而桥板能得到有效的保护。同时还能减少下承层桥板所承受的荷载，从而对桥板进行有效的保护，避免遭受破坏。另外，桥面铺装层具有整体性与柔性的特点，对下承层桥板有很好的牵拉效果，分体桥板就能形成一个整体受力系统，每一片梁板荷载的幅值都能得到相应的减小。

3. 桥面铺装层的功能

桥面铺装层能够直接承受桥面上运行车辆的车轮荷载，并且还能够给予车辆充足的摩擦反力，同时，其还承担了车辆轮胎的磨耗，在一定程度上保护了下承层桥板不参与轮胎的磨耗，不会产生磨损破坏。

(三)桥面铺装的施工技术及施工类型

1. 施工技术

架立钢筋的安装。按照施工图的要求尺寸进行钻孔，安装架立钢筋，用水泥浆进行封堵固定。

钢筋网的安装。钢筋网安装前，需将预埋的剪力筋调直再铺设钢筋网。需要注意的是，钢筋网不能贴梁顶面，也不能使用砂浆垫块。钢筋网的质量非常重要，它保障了桥面的稳定性。桥面开始铺装前要对钢筋、预埋件等进行全面细致的检查，满足设计和规范要求。需注意的是钢筋接头要在纵缝处错开。

切缝和灌缝。切缝强度要大于混凝土的强度，切缝过早或过晚不利于保证切缝周围混凝土的整体性；灌缝需充分清洗缝中的灰尘，水干后进行灌缝；灌缝的材料要搅拌饱满均匀，保证该处不开裂不渗水。

桥面铺装的保护。桥面铺装较薄，保护过程中采用养护剂，喷洒要均匀，手指压面不产生指印后再洒水，以保持表面的湿润状态。在桥面通路之前，不得有车辆通过及人为踩踏，保护桥面的美观和完整性。

2. 施工类型

（1）水泥混凝土。该类型工程造价低、耐磨性能好，适合大货车重载交通。缺点是：养护期长，修补工序复杂。

（2）沥青混凝土。重量轻，修补工序简单方便，通车速度快但不易重载交通，容易变形。

（3）水泥混凝土和沥青混凝土。面层采用沥青混凝土，底层采用水泥混凝土，完美结合了两者的优点，适合重载交通，修补工序简单又方便，不容易变形，通车速度快。

（四）桥面铺装施工中需注意的要点

加强施工人员的技术指导，施工现场要按照要求进行布设；大型施工机械按要求，规范操作程序，禁止非工作人员乱而引发安全事故；施工设备与施工材料按要求堆放，不得打乱秩序，摆放整齐统一，标识清晰，安全可靠，不影响道路的通畅；要密切关注天气情况，在适宜的温度下施工，温度过高或过低都不利于施工的顺利进行。要避免在雨天施工；任何情况下都不能让混凝土渗漏到桥台端或联端的伸缩缝中；施工中要注意用电安全，施工人员应做好安全措施，避免出现安全事故；施工过程中要注意环境保护，不随意丢垃圾，减少污水排放，做好充分的预防工作，不让桥梁工程建设的过程破坏周围环境；为保证施工质量，在施工前及施工中，对每批施工材料的来源、质量进行全面检查，绝对不能使用质量不合格的材料；机械设备完好是施工过程中的重中之重，是桥面铺装，做出符合质量标准路面的必要条件；严防在施工地段未完全建成的情况下行驶车辆，这会严重影响桥面的完成质量，容易引发安全事故；施工时间要合理，尽量避免扰民；严格按照规范进行施工建设，建立完善的管理制度，完善施工的每一步，加强桥面质量，不偷工减料，对桥梁工程的建设有非常重要的意义，有利于促进我国城市交通的发展建设。

二、水泥混凝土桥面铺装施工

（一）水泥混凝土桥面铺装施工准备

（1）把好支座垫石和梁体关，严格控制各标高。特别是支座垫石标高的控制，同时控制预制梁施工后梁面标高、平整度及各预埋件，为桥面铺装施工奠定基础。

（2）明确思路，确定方法。施工作业前将编制的施工方案上报监理工程师审批，审批通过后层层技术交底，按施工方案组织设备及物资。

（3）钢筋、钢筋网、水泥、石子、砂、外加剂等原材料需自检合格，并上报监理试验室复检合格后方可用于本工程。

（4）机具准备。①混凝土搅拌站1套，混凝土运输罐车2辆，吊车1辆，三滚轴1套，3 m铝合金直尺1根；②加工机具：钢筋切断机1台，电焊机2台等；③清理工具：空压机、高压水枪各1套，铁锹、扫帚等；④土工布、木抹子等；⑤计量检测用具：水准仪2台、全站仪1台、钢卷尺、3 m靠尺、塞尺、坍落度检测筒等。

（5）作业条件。桥面铺装前，梁板湿接缝及横隔板施工完毕，桥面系预埋件及预留孔洞的施工，如泄水孔、伸缩缝预埋件、防撞护栏预埋件等均设置完毕并验收合格。

（二）水泥混凝土桥面铺装施工流程

水泥混凝土桥面铺装施工流程：桥面清理→施工放样→标准带施工→钢筋网片安装→混凝土浇筑→养护。

(三)水泥混凝土桥面铺装施工要点

1. 桥面清理

桥面清理遵照："一凿二扫三吹四冲洗"原则。对桥面的浮浆、浮渣、杂物进行全面凿除、清理，采用凿毛机进行，整体拉网式向前推进，彻底将桥面上的浮浆、浮渣、杂物全部清理干净。凿毛机无法清理处采用电镐清理，清理完成后，人工用扫把清扫，再用高压风吹桥面残留灰尘，接着用高压水枪进行冲洗并配以竹扫清扫，冲洗沿着桥梁横坡，将水及杂物从泄水孔排出，冲洗后的桥面应达到干净、无积水。凿除是否彻底直接影响桥面铺装与梁顶面的连接密实程度。

2. 施工放样

在桥面铺装开始施工前，先按照不低于一级导线和四等水准的精度要求，将平面控制点和高程控制点引测到桥面的稳固点上，平面控制点的间距不大于 200 m，高程控制点的间距不大于 100 m。放工前由测量人员根据设计图纸里程桩号放出混凝土铺装范围，对梁顶面标高进行网格挂线检查。直线段 5 m 一点，圆曲线及缓和曲线段 2 m 一点。

(1)在防撞护栏内侧每 5 m(直线段)将桥梁的桩号用红油漆标注在防撞护栏底部，同时用碳素笔将此桩号对应的桥面铺装设计标高水平线对称标记在防撞护栏两侧。

(2)用墨斗线将已标识好的标高线贯通连成一条直线，这条线就形成了贯穿整个桥梁的铺装纵向标高线。

(3)用较细的红塑料绳对桥面进行网格化布控，网格覆盖整个一联，这样就形成了覆盖整联的网格。根据所形成的网格对桥面进行仔细检查，对超过误差范围的点位进行标记，为下一步的桥面处理做准备。

3. 标准带施工

标准带施工前应将桥梁两端封闭，禁止非施工人员及无关机械设备通过，以免污染桥面。标准带是摊铺机的运行轨道，其平整度、纵坡、钢筋保护层厚度直接影响整个桥面铺装的质量，施工时要格外认真。标准带混凝土施工前先将桥面泄水孔安装到位，再进行标准带钢筋网片的固定和安装。标准带钢筋网片绑扎时须先在梁顶面进行划线，然后铺设绑扎钢筋网，钢筋网片绑扎做到横平竖直，钢筋网片交叉点采用扎丝绑扎结实，呈梅花形布置，钢筋网片接头搭接不小于 32 cm。然后将钢筋网片铺上，与架立钢筋之间点焊；靠近护栏一侧设置混凝土垫块，梅花形布置，确保钢筋保护层厚度和钢筋网片的整体性。一联的两侧及中间标准带可同时铺设，同时施工。钢筋网片铺设牢固后，在靠近桥面内侧采用方钢压顶，方钢需与架立钢筋绑扎牢固；底部用厚 4 cm 左右的方木垫底，接缝缝隙处用泡沫止浆剂进行喷塞，防止漏浆。

混凝土浇筑前，用高压风枪将桥面杂物清理干净，再对梁表面进行充分湿润，但不得有积水。混凝土采用混凝土罐车直接运送至现场，直接卸料至标准带内，人工将混凝土均匀摊平，采用平板式振捣器均匀振捣密实后，再用铝合金直尺刮平，待其表面泌水完毕后及时用木抹子进行第二次抹平和收浆。待混凝土初凝后，立即采用土工布覆盖养护，养护时间不得少于 7 d，并随时浇水保证土工布的湿润。夏季铺装混凝土施工的时间最好是傍晚或晚上，防止温度过高引起的坍落度损失或者表面浆液蒸发过快，造成混凝土表面裂纹等缺陷。

4. 钢筋网片安装

钢筋网片安装前应再次对桥面进行清理，再对预埋钢筋进行就位，全部就位后进行钢筋网片安装。在桥面铺装钢筋网片之前,应按照设计图纸将墩顶处加强钢筋铺设就位。然后将桥面红油漆点位用 12 mm 的冲击钻钻孔,梅花形布置加密钻孔,孔深 10~20 mm;将准 12 mm 的钢筋头楔入其中,并焊接准 12 mm 长约 5 cm 的水平短钢筋形成架立钢筋,成梅花形架立钢筋群,钢筋群纵向间距 2.5 m,横向间距 2.5 m,与桥面预留"U"钢筋一起使钢筋网片与梁体构成一个整体,局部采用混凝土垫块支垫。钢筋网片与架立钢筋及预埋"U"钢筋相接的部位进行点焊;网片间搭接长度不小于 32 cm,搭接处用扎丝绑扎牢固,并将所有露出钢筋网片的架立钢筋头切除掉,使之与架立钢筋群基本形成一个保护层垫区,这样钢筋网片就形成整体,既保证了保护层厚度,也保证混凝土施工时不会出现上浮。钢筋网片采用人工顺序铺设,与钢筋垫块相接的所有部位均要进行焊接,与混凝土垫块交接的部位进行绑扎,保证钢筋网片距梁片顶面净距为 4 cm。伸缩缝处钢筋网据其宽度剪除,确保钢筋网片在施工过程中不出现下沉和上浮。

5. 混凝土施工与养护

混凝土浇筑前,应对钢筋网片和预埋件进行查核,清理作业面杂物后,将梁体表面用水湿润,但不得有积水。混凝土浇筑采用三辊轴摊铺整平机施工,混凝土浇筑要连续,宜从下坡往上坡方向进行,采用吊车吊斗入仓,避免污染桥面;混凝土布料应均匀,人工先扒平,再用平板振动器拖 1~2 遍,使混凝土表面泛浆,然后摊铺整平机开始工作,在摊铺机施工过程中,人工要及时清除多余的混凝土,同时补充欠料部位。另外,混凝土自由下落高度应不大于 2 m。进行人工局部布料摊铺时,应用铁锹反扣,严禁抛掷而后搂耙。混凝土振捣先采用插入式振捣器振捣,再采用三辊轴刮平并振实,一次振捣时间不宜超过 30 s。完成提浆和整平后,人工站在已加工好的操作桥上立即用铝合金直尺进行精确刮平,在具体施工时,尺子两侧的操作人员把直尺紧贴模板横向反复撮动,纵向平稳前移。混凝土用直尺刮平后,用木抹子进行二次抹平和收浆,二次抹平后,应选用排笔等专用工具沿横坡方向轻轻拉毛,拉毛应一次完成,拉毛深度为 1~2 mm,线条应均匀、直顺,面板应平整。桥面混凝土应连续浇筑不留施工缝,若确需留施工缝时,横缝设置在伸缩缝处。施工缝处理,应去掉松散石子,并清理干净,润湿,涂刷界面剂。混凝土拉毛成型后,采用塑料布覆盖,开始养护时不宜洒水过多,宜采用喷雾器洒水,防止混凝土表面因收缩产生裂纹,待混凝土终凝后,再采用土工布覆盖养护,养护期在 7 d 以上。

三、沥青混凝土桥面铺装施工

(一)桥面铺装层热铺的步骤

在热铺时,桥面沥青铺装层可实现一次摊铺、碾压成型的目标,一致性与整体性均较良好,基本不存在缝隙。同时,在热铺时,采取有效的施工方式处理摊铺时出现的纵向接缝与横向接缝,使其能够完全黏合为一个整体,以形成一个相对完整的封水层。另外,如果配合适宜的路拱与排水设施,可有效排出雨雪水,不会渗到下承层桥板与主梁内,不会对桥下结构造成侵蚀。

(二)桥面沥青铺装的损坏原因及开裂分析

1. 桥面沥青铺装的损坏开裂分析

开裂的现象是桥面沥青铺装过程中常见的损坏情况。在桥面沥青铺装的路面,最容易出现开裂状况的部位,有相邻两处的接头部位和相邻两处的梁端部位,还有一种是在墙负弯处出现开裂现象，如果这些出现开裂现象的部位，与汽车的荷载力共同作用在桥面上，就会使得桥面沥青铺装上的开裂现象更加严重。桥面出现开裂有很多因素，其中最主要的因素是因为对结构缝隙的处理无法达到要求而产生的，这样就给整体工程建设后留下一定的安全隐患，在车辆行驶的过程中，对桥面的作用力会导致整个铺装层受到一定的损伤。还有，在桥面铺装的过程中，使用加劲部件，对于铺装层内部弯矩区域形成的作用力，这些作用力没有做到分散，所以会出现桥面因疲劳而出现开裂现象。

2. 桥面沥青铺装的损坏原因分析

桥面沥青铺装的损坏是由很多因素引起的，由于铺装层结构和材料的原因引起的损坏比较多。我们做了详细的调查，发现如果在桥面沥青铺装的过程中，施工中对于防水黏结层的铺装做得不到位，会导致混凝土层和沥青铺装层整体受力不均，这样最容易产生开裂现象。如果桥面一旦有开裂的现象发生，并且在荷载作用的情况下，材料会慢慢脱落。同时，出现防水层也没有做好，水渗透到沥青当中，这样造成了整个桥面沥青铺装层的整体工艺出现了很大的影响。所以在桥面上设置防水黏结层非常重要，大大地减少了桥面沥青铺装的损坏。

(三) 施工前期准备

1. 材料与设备检验

桥梁沥青铺装施工前，一定要加强基料和沥青的检验工作，所有的原材料必须要经过有效的、严格的检测，合格的才能够进入到施工现场，不符合施工要求的集料绝对不可以使用在施工中。检测沥青可以根据批次来进行，主要检测加热后的温度与标准是否符合标准，符合标准的就可使用在铺装工程中。对铺装工程所使用的设备也要严格检验，一定要严格地按照规定进行调试，能够正常运转，性能完好的就可使用在施工中。

2. 检查下承层

在铺装工程进行的过程中，一定要确保下承层的质量，这对沥青的铺装质量有直接的影响，下承层的质量与施工要求相符，就可以进行透油层及封层的施工。如果下承层有被污染的部位，一定要清水清理干净并彻底干燥后，再开始铺筑。

3. 设置挡风墙

风速可能会影响到沥青铺装的质量，所以施工前要在铺筑段的两侧建设一道超过 80 cm 高的挡风墙，要保证挡风墙的范围能够阻隔沥青铺装的重要环节，如碾压、摊铺等。

(四) 桥面沥青铺装层施工的工艺分析

1. 沥青混合料拌和与运输

(1) 拌和

沥青混合料一定要严格根据经过实验配比合格的配比数据进行拌和，这样混合料的质量就能够得到保证，而且对于拌和机上的筛网孔的大小要保证能够与矿料粒的大小一致。如果沥青混合料所用的是改性沥青，拌和的时间必须超过 60 s，而且要按照施工的要求来控制拌和的温度。另外，对于每一辆车的沥青混合料都要进行温度检测，不合格的不可以用在施工中；而且沥青混合料必须是按照当日施工的需求来生产，控制浪费的情况出现。

(2) 运输

运输沥青混合料的车必须是专业运输车，而且在行驶过程中，尽可能地不要出现急刹车或急转弯，这是为了确保混合料不会发生分层的情况；运输车还需要做保温处理，其四周需用保温材料加上铁皮固定，而且顶部还需要加上一层防雨层；当运输车到达桥面摊铺层现场时，要确保轮胎没有任何泥土杂物才能进入摊铺现场；而且在拌和沥青混合料时最好控制运输的距离不要过长，这样的温度可以得到保证。

2. 摊铺

（1）摊铺方向

因桥面存在纵坡的施工段，所以在摊铺时可以从低向高的方向进行作业。

（2）摊铺速度

摊铺机在行驶过程中需要保持匀速，而且要缓慢地行驶，摊铺行驶中需一次性完成，没有特殊情况不可停车。由于是纵坡的作业情况，在低处摊铺时，其速度可以是 2 m/s，到达中高处时，摊铺车的速度可加快，控制在 2.5 m/s 以内。

（3）摊铺温度

每辆摊铺机在进行摊铺时，需要对其熨平板进行 30 s 以上的预热，此板的温度超过 130 ℃即可。

（4）摊铺厚度

使用钢丝绳引导来控制下面层的摊铺厚度，中上面层的摊铺厚度使用平衡梁来控制，要注意实际的摊铺厚度要超过设计厚度，长度要超过 16 m。

3. 碾压

（1）碾压步骤

第一步初压，摊铺机在开始施工时，压路机需要紧跟在它的后面，初次碾压为了减少沥青混合料热量的损失量，其长度不可太长，而且在压实沥青混合料的表面时，要尽可能地用最短的时间碾压两遍；第二步复压，重复碾压时不是特殊情况也不可停顿，碾压的长度不要超过 60 m，而且压路机需全副碾压至少 4 遍，保证与压实的标准施工要求一致；第三步终压，这次碾压就是要使用钢轮压路机把前两步的轮印彻底消除，进行全副碾压至少 2 遍。

（2）注意事项

初压和复压时使用的压路机需是同一型号；碾压过程中不可停顿或是刹车，确保在一条线上行驶；如果是 2 台压路机交替作业时，其停留的距离需超过 10 m；碾压的速度要根据碾压阶段来确定；如果使用的是振动压路机，其振幅、振动频率都要根据摊铺的厚度来调整好。

4. 后续处理、接缝处理的方法

桥面沥青铺装层完成施工后，对于接缝的地方要进行合理的处理，由于接缝有纵向和横向不同的形式，所以处理方法也不同。

（1）纵向接缝可使用下面方法来处理

如果 2 台摊铺机的作业形式是梯队的，需要对这种接缝进行热接缝，2 台摊铺机之间需超过 15 cm 的横向搭接宽度；针对冷接缝的特殊情况，需要使用平接缝；在开始摊铺施工前，应该用黏油层均匀地涂在切缝的地方，对于下面层的碎石与沥青之间的纵向接缝，首先要用混合料铺上，然后再把水泥浆液灌注到接缝中并压实。

（2）横向接缝可使用下面方法来处理

不是特殊情况，横向接缝都是使用平接缝来处理。首先会用沥青在横向接缝的部位均匀地涂刷，然后通过预热的熨平板，使接缝之间紧密地黏结并压实；针对横向接缝的碾压方向，需按照垂直于车道的方向来碾压接缝处。

（3）平整度处理

在进行上面层摊铺作业之前，要检查中面层的平整度是否与施工要求相符合，如果有平整度不合格的小面积，需处理后再进行上面层的施工，如果不平整的面积较大，铣刨后再重新摊铺。

5. 裂缝问题的防治

裂缝在桥面沥青铺装层施工中普遍存在一种质量缺陷，针对这种裂缝可以通过以下方法来进行防治。在开始基层施工时，严格地控制好沥青的混合比，还要确保压实的标准与施工要求相一致，完成施工后的养护工作也要加以注意，还要使用防裂效果较好的措施来减少基层裂缝的产生；在开始沥青混合料摊铺之前，要保证下承层表面的清洁度，在进行终压的碾压阶段对于混合料的温度，一定要把控好；为了能够使混合料的黏结力增强，一定要合理地配置好油石的比例，可以有效地减少碾压过程中产生裂缝。

（五）沥青混凝土桥面铺装施工技术要点

1. 桥面板处理

通过有效地对桥面板进行处理，能够为沥青混凝土桥面铺装施工奠定良好的基础，桥面板不仅仅承受着铺装层的水平应力，同时还承载着沥青混凝土铺装层的垂直应力，在施工的过程中，必须要对桥面板的处理引起足够的重视。之所以要对桥面板进行处理，一个重要的目的就在于确保桥面板和防水黏结层之间的黏结力以及其与沥青铺装层之间的摩阻力。而在进行桥面板处理的过程中，常常都是采用的拉毛、铣刨、清洗的方式。要想使得桥面板的摩阻力得到有效地增加，还可以在桥梁主体结构施工的过程中采用较粗的水泥混凝土。最后，在对桥面板进行处理的过程中，还必须要注重对排水孔的清理，只有清理好桥面板的排水孔，才能够使得桥面范围内的水能够及时地被排出桥面，避免对桥面铺装层造成影响。

2. 加强黏结层的施工控制

在进行沥青混凝土桥面铺装施工的过程中，黏结层发挥着非常重要的作用，其不仅仅能够起到防水的作用，同时还能够有效地黏结桥面板和铺装层，使得二者更好地协同工作。一般在进行黏结层施工的过程中，往往都会采用两层黏结层结构，第一层位于桥面板之上，主要的作用就在于防水，而另一层位于两层沥青混凝土之间，主要的作用就在于将水泥混凝土桥面板和柔性沥青混凝土铺装层黏结在一起。黏结层不仅仅能够使得刚性桥面和柔性铺装层更好地协调变形以及受力，同时还能够起到防水的作用。在进行防水黏结层施工之前，首先必须要喷洒防水剂，而且在喷洒防水剂的过程中必须要保证均匀和全面，确保整个桥面都能够被全部覆盖，而且在喷洒完防水剂之后，必须要等到其完全干燥之后才能够开始沥青的洒布。在洒布沥青的过程中，首先必须要通过洒布试验来对各项指标加以确认，确保其满足设计要求之后才能够正式进行沥青的洒布，在进行沥青洒布的过程中，必须要保证洒布作业的连续进行，不能够中断。在对沥青进行洒布时，必须要使得沥青的温度保持在165~170 ℃。在进行黏结层洒布施工的过程中，还必须要注重对黏结层的保护，避免施工机械以及施工人员在开展施工活动的过程中对已经洒布好的黏结层造成破坏。

3. 施工控制技术

施工控制对于沥青混凝土桥面铺装施工也有着非常重要的影响，因此在施工的过程中必须要加强对施工技术以及施工人员的控制，这样才能够更好地保证沥青混凝土桥面铺装施工的质量。在准备沥青的过程中，必须要将沥青混凝土拌和均匀，确保沥青混合料的级配满足设计的要求，同时确保其温度保持稳定，无论出现了温度过高还是温度过低的情况，都应该将相应的沥青混合料废弃。在将沥青混合料运输到施工现场的过程中，必须要采取必要的措施使得沥青混合料的温度保持稳定，同时防止在运输途中被雨淋，材料供应必须要满足施工活动开展的需求，从而确保沥青混凝土桥面铺装施工活动能够连续地得以开展。在进行沥青混合料摊铺的过程中，必须要避免出现离析的情况。同时在对铺装层进行压实的过程中，必须要确保压实温度在 150 ℃ 以上，而且压实应该分三次进行。在进行纵向热接缝施工的时候，需要对已经摊铺好的沥青混合料进行压实，而在压实的时候需要先保留 10~20 cm 的宽度不进行碾压，并且将这一部分作为摊铺沥青混合料的基准面，摊铺好沥青混合料之后再跨缝进行碾压。

四、某特大桥钢桥面铺装施工实践

（一）工程概述

汕湛高速公路清远至云浮段是广东省高速公路网规划的"第二横"——汕头至湛江高速公路的重要组成部分。项目路线起于清远市清新区太和镇（对接汕湛高速河源至清远段），终于新兴县簕竹镇（与江罗高速相接），接汕湛高速云浮至湛江段，路线全长 157.4 km，采用双向 4 车道高速公路技术标准，设计速度 100 km/h，路基宽 28 m。

本项目主桥路面工程主要包括某特大桥钢箱梁悬索桥桥面铺装。桥面行车道桥面铺装设计为钢桥面行车道铺装层按功能要求分层设计，桥面铺装设计总厚度 60 mm，结构组成为：上面层 30 mm 环氧沥青混凝土（EA-10）+黏结层+下面层 30 mm 环氧沥青混凝土（EA-10）+防水黏结层，铺装结构如图 4-1 所示。

铺装结构	结构方案
	铺装上层热拌环氧沥青混土（EA-10）（30 mm 厚）
铺装层	环氧树脂黏结剂［(0.6±0.05) kg/m²］
	铺装下层热拌环氧沥青混凝土（EA-10）（30 mm 厚）
防水黏结层	环氧树脂黏结剂［(0.4±0.05) kg/m²］
防腐层	环氧富锌漆（80~120 μm）
钢板	抛丸除锈，清洁度：Sa2.5 级；粗糙度：80~140 μm

图 4-1　钢箱梁悬索桥桥面铺装结构方案

（二）钢桥面铺装材料

（1）环氧富锌漆。钢桥面喷砂除锈清洁度达到 Sa2.5 级、粗糙度达到 80~140μm 后，喷涂环氧富锌漆。

（2）热拌环氧沥青结合料及环氧树脂黏结剂。热拌环氧沥青结合料是一种三组分材料，其中由基质沥青、环氧树脂主剂和固化剂组成。主剂和固化剂按照 56∶44 混合后所形成的混合物，再与基质沥青按照 50∶50 的比例混合，在一定的温度条件下固化成型，形成环氧沥青。环氧树脂主剂和沥青混合时使用的沥青为 A 级 70 号道路石油沥青。

（3）集料及矿粉。集料选用坚硬、致密、洁净、耐磨、颗粒形状较好（近似立方体）、无风化表面，并与结合料有较好的黏结性能的硬质石料。钢桥面沥青混凝土铺装用的集料必须满足《公路沥青路面施工技术规范》（JTG F40—2004）中的有关规定，集料径规格应符合设计文件的要求，钢桥面铺装的使用条件和要求严格。

（三）钢桥面铺装施工方案

根据钢桥交验移交情况及总体施工组织编排，钢桥面铺装施工总体流程图如图 4-2 所示。

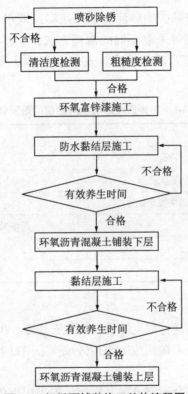

图 4-2 钢桥面铺装施工总体流程图

1. 试验路铺装

（1）试验目的

通过试验路铺装工程，确认钢桥面铺装施工工艺，检验施工机具，完成对铺装混合料生产配合比的验证工作，建立施工、质量控制制度，使技术人员及操作人员熟练掌握钢桥面铺装施工工艺。试验段实施前，需制定试验段实施方案，包括试验段布置、施工管理技术人员与作业队伍、原材料管理、生产施工机具设备、生产施工工艺、组织协调、试验检测与质量管理、交通组织与界面协调、安全与环境保护、应急预案等，试验段方案通过评审后方可开展试验段实施工作。

通过试验段验证施工组织管理、工艺设备、铺装黏结防水层、混合料、质量控制、精细化管理的可靠性。

（2）试验段选择

在适当场地铺筑 80 m 长、8 m 宽热拌环氧沥青混凝土试验路段，黏结层、防水层均用环氧树脂黏结剂。试验段需要准备 8 块钢板，尺寸为 0.3 m×0.3 m，厚度为 16 mm，按主桥钢箱梁顶板要求进行防腐涂装、防水黏结层处理，并埋置于试验段桥面均布位置。试验段铺筑完成后取芯的钢板带铺装的复合结构，通过复合结构检测铺装材料与结构的黏结性能、压实度等关键性能指标，具体试验段实施以试验段方案为准。

2. 抛丸除锈

（1）抛丸除锈前界面清理

施工前对作业面的杂物、油污等进行清理，采用安全锥及水马对工作面前后进行封闭，确保工作界面无交叉施工作业。

对钢桥面上的垃圾予以清除，喷砂除锈前采用高压淡水从桥梁中间位置向两侧冲洗。针对不同的污染物或表面缺陷等采取不同的清理方法，具体处理办法见表 4-1。及时对基面的处理效果进行各方验收。对基面处理方式的合理性及效率进行验证，并研究改进措施，形成首件总结报告。

表 4-1　钢桥面喷砂除锈打砂前的基面处理

清理内容	清理方法
较大粒径污染物(泥土、碎石)	用扫把等清扫
细小灰尘、砂等杂物	森林吹风机清洁
黏附在混凝土上泥土、细粒径杂物及盐分	高压淡水冲洗
油污等污染	用溶剂擦洗，去除油污或蒸汽清洁
凸角、焊疤等	切割、打磨
桥面凹陷	联系钢桥面板单位进行填补

（2）施工流程

行车道采用车载式抛丸机进行抛丸除锈；路缘石边部、中分带和检修道采用边角抛丸机进行抛丸除锈；对于抛丸机未抛到位的边角区域，采用打磨机进行打磨。

（3）施工顺序

根据机械数量及抛丸效率合理划分抛丸区域，先采用边角抛丸机对路缘石边部进行抛丸除锈，采用 3 台车载式抛丸机对行车道进行抛丸除锈。

（4）施工工艺

①施工准备

施工前对作业面的杂物进行清理，对交通进行封闭，确保工作界面无干扰；检查钢桥面板的外观，若表面有焊瘤、飞溅物、飞边和毛刺等及时通过打磨清除，锋利的边角处理到半径 2 mm 以下的圆角；采用清洁剂或溶剂清洗钢桥面板表面的油、油脂、盐分及其他脏物；对抛丸机磨料进行检查，必须保持干燥、清洁、不含有害物质，如油脂、盐分；磨料采用钢丸和钢质棱角砂按固定比例混合，其比例通过试验确定。

施工过程中合理匹配施工进尺循环长度，施工进尺循环长度按 45~60 m 控制。

②施工过程控制

每幅喷砂抛丸相互搭接 3~5 cm，喷砂速度及钢丸比例通过试抛丸试验确定，喷砂抛丸后行车道钢板表面清洁度达 Sa2.5 级，粗糙度达到 80~140 μm，粗糙度检测采用"双控指标"。

③关键控制点及应对措施见表4-2。

表 4-2　喷砂除锈施工关键控制点及应对措施

序号	关键控制点	应对措施
1	桥面板污染物及缺陷处理	采用清洁剂清洗桥面油污及其他污染物； 采用手持式砂轮机对焊疤、毛刺等部位处理； 发现面凹陷或漏焊应立即通知相关施工单位处理，并跟踪处理进度； 用放大镜对缺陷部位处理状况进行检查
2	喷砂除锈作业条件	采用温、湿度仪随时监测环境条件，喷砂温度高于露点3 ℃，相对湿度≤85%； 遇下雨雪、结露等气候时，严禁除锈作业
3	抛丸施工工效与质量匹配	通过试抛丸确定合理的砂丸比例； 加大检测频率确定合理抛丸速度； 对不满足清洁度及粗糙度要求的界面进行第二遍抛丸； 工作界面交验合格后方可进行下一道工序
4	与下一道工序工效的匹配	配备3台全自动抛丸机(其中1台备用)，保证施工效率； 严格划分区域施工； 根据现场情况进行合理优化

3. 环氧富锌漆喷涂

钢桥面抛丸除锈，粗糙度和清洁度检测合格后，进行环氧富锌漆施工。

在喷砂除锈检验合格后4 h内喷涂环氧富锌漆，保持同步流水作业，采用人工喷涂。

由于桥面风力较大，为了减少材料喷涂散失，保证环氧富锌漆喷涂厚度的均匀性，拟采用移动式风雨棚进行防风处理，喷涂作业在风雨棚内，既减少了损耗、降低污染，又保证施工质量。

钢桥面环氧富锌漆的施工工艺如下：

①施工准备

采用森林灭火器清理抛丸后界面，保证界面清洁；环氧富锌漆材料准备；中央分隔带、路缘石等与喷涂界面连接部位采用塑料薄膜粘贴防护；移动式防风设施准备；机械调试，检查喷涂泵、管线及喷涂设备是否正常运行。

②施工控制

抛丸除锈检验合格后，即可开展环氧富锌漆喷涂。为防止风速对喷涂质量的影响，所有喷涂均在移动式防风设施中进行。环氧富锌漆使用前采用搅拌器搅拌均匀，喷涂速度根据喷砂除锈效率及天气情况决定。

环氧富锌漆喷涂7 d后，检测漆膜厚度和黏结强度，要求漆膜厚度达到80~120 μm，黏结强度≥6.0 MPa。

③关键控制点及应对措施见表4-3。

表 4-3 环氧富锌漆施工关键控制点及应对措施

序号	关键控制点	应对措施
1	喷涂施工条件选择	与气象台合作，建立天气预警系统； 采用专用温、湿度仪和红外温度计等仪器监测环境条件
2	机械设备喷涂	通过试喷确定合理的工艺参数； 采用移动式风雨棚防止不良天气影响
3	施工均匀性与质量控制	采用自动化喷涂施工； 喷涂前做好机械参数设定，做好设备调试； 磁性干膜测厚仪随时监测喷涂厚度，厚度变化后及时查找原因，待解决后再开始喷涂作业； 施工过程中注意观察漆膜均匀性； 漆膜厚度采用"双控指标"，即以单次检测来控制范围，以多次检测来控制合格率
4	防污染措施	材料转移至桥面固定区域，竖立安全警示牌及配备灭火器，做好防火工作； 路缘石边采用美纹胶粘贴防护； 在四面围蔽式风雨棚里面进行喷涂作业，减少油漆四处飞溅污染其他界面； 工作界面安排专人看管，及时清理污染物； 工作人员必须穿戴手套、鞋套，防止二次污染； 喷涂完的界面及时围闭，避免成品遭受污染； 设立空桶堆积区，严禁乱堆乱放

4. 环氧树脂(防水)黏结层涂布

（1）施工流程

环氧树脂黏结剂主剂和固化剂温度分别控制在 20~30 ℃，现场施工采用移动式恒温房控制材料温度。以 1:1 的比例混合后搅拌 3 min 使其充分混合，紧接着转移至工作面上，进行机械刷涂施工，配合人工采用十字交叉涂布使环氧树脂材料均匀附着在底漆面上，防止漏涂。环氧树脂黏结层涂布施工流程如图 4-3 所示。

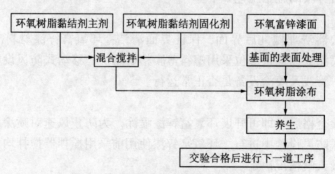

图 4-3 环氧树脂黏结层涂布施工流程

（2）施工工艺

①施工准备

采用森林灭火器及拖把清洁界面；环氧树脂黏结剂转移到恒温房保温，待用；桥梁结构物采用塑料薄膜防护；全自动滚涂机调试。

②施工控制

环氧树脂黏结剂主剂和固化剂混合后，采用搅拌机搅拌均匀，设备刷涂；从混合到涂布结束必须在规定时间内完成，见表 4-4。运输至现场的黏结剂应高度重视材料的遮光处理和温度控制，采取完备措施以防止黏结剂温度过快上升。

表 4-4　环氧树脂黏结剂施工参考表

温度/ ℃	20	30	40
可使用时间/min	45	20	5

涂布完成后对防水黏结层进行养护，有效养护期限见表 4-5。

表 4-5　环氧树脂黏结剂养护天数参考表

温度条件/ ℃	养护天数/d	黏结有效期限/d
40～50	0.5	1.5
30～40	1	2
20～30	1	3
10～20	2	6

③关键控制点及应对措施见表 4-6。

表 4-6　环氧树脂黏结层施工关键控制点及应对措施

序号	关键控制点	应对措施
1	环氧树脂施工条件	建立天气预警系统； 采用专用温、湿度仪及红外温度计随时监测周边环境及桥面钢板温度，并每隔一个钟头做好记录
2	主剂、固化剂温度控制	恒温移动房存储； 遮光、围挡等辅助措施
3	施工均匀性、防漏涂	避免在炎热天气涂布环氧； 人员专业培训和演练； 安排专人检查涂布后的界面，及时修补
4	有效养护期限	环境温度监测、记录，根据钢板温度合理控制养护时间； 检查表面黏结状况； 合理安排下一道工序
5	界面污染防护	与工作面交界处采用塑料薄膜与美纹胶防护； 工作人员穿戴鞋套、手套、眼罩； 避免在大风天气施工； 完成工作面围蔽； 配置回收桶，作为废弃滚筒存放处

5. 环氧沥青混凝土摊铺

环氧沥青混凝土施工工艺流程如图 4-4 所示。

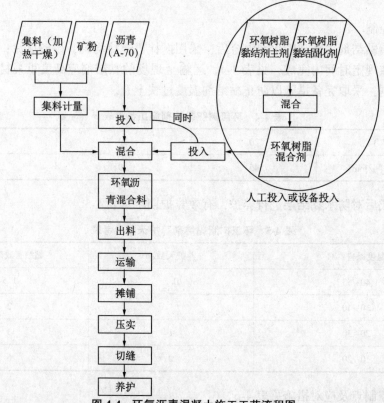

图 4-4 环氧沥青混凝土施工工艺流程图

（1）施工准备

施工机械做好防雨、防潮措施；采用恒温房预热环氧树脂黏结剂主剂及固化剂；环氧树脂黏结剂专用搅拌、泵送及计量设备调试；摊铺机预热；基面清洁、干燥；路缘石及伸缩缝采用薄膜防护。

（2）防油防水措施

①高度重视防油防水工作，细化各级人员分工，明确防油防水职责，统一思想，上下联动，齐抓共管。

②强化施工各阶段防油防水检查工作，将防油防水各项措施落实到每一个环节。

施工前，组织技术人员及监理人员对工作面、施工通道、中分带及前后场机械设备（主要为运输料车、摊铺机、压路机等）等各个环节逐一进行排查，并按照排查结果定人定岗整改落实，整改完成且验收合格后，方可允许开工。

施工过程中，重点加强摊铺工作面管控，安排专人对每辆车全程进行检查，及时处理料车滴落油水问题。

施工结束后，须重新对前后场机械设备进行检查保养，重点检查油管、轴承位置是否存在漏油现象，检修完毕后必须每天做好摊铺机、压路机、运输车防雨防露覆盖。对于料车受污染的兜底彩条布、保温帆布及棉被等须及时更换。

（3）施工工艺

①拌和

为降低主剂和固化剂黏度，采用恒温房预热环氧树脂黏结剂主剂和固化剂至

50~60 ℃；采用专用混合及泵送设备，按重量比主剂：固化剂（56：44）混合；将环氧树脂和沥青按（50：50）比例同时投入拌缸内；混合料干拌 5~10 s，湿拌 50~60 s，保证充足拌和时间。出料温度设定在 165~185 ℃，超过 190 ℃须废弃。

②运输

运输车车辆底部采用彩条布兜底，防止油水滴漏；车厢内表面涂布最小量经许可植物油，防止混合料黏结车厢内表面；为防止装料车混合料温度降低过快，覆盖棉被及帆布进行保温。

③摊铺

采用 2 台沥青摊铺机进行全幅摊铺，摊铺速度与拌和站生产能力相匹配。在不停机待料的情况下，保证环氧沥青混合料在规定温度和时间内及时摊铺。

④压实

压实紧跟摊铺进行，碾压过程按初压、复压、终压三个阶段进行，施工现场图如图 4-5 所示。压路机组合及碾压遍数见表 4-7，具体碾压遍数与压路机组合通过试验段确定。因为环氧沥青混合料出料后，开始固化反应，从出料到复压完成的时间须控制在 2.5 h 以内。

严格控制碾压温度，初压开始时的混合料内部温度为 155 ℃以上，复压开始时的混合料表面温度为 110 ℃以上，终压开始时的混合料表面温度为 90 ℃以上。

如摊铺过程出现天气有变或机械故障等，出现横向接缝，横缝采用竖直切缝。

图 4-5　施工现场图

表 4-7　环氧沥青混凝土压路机组合及碾压遍数

铺装层位	初压	复压	终压
铺装下层	3 台轮胎压路机 3 遍	2 台双钢轮压路机 2 遍	1 台双钢轮压路机 2 遍
铺装上层	3 台双钢轮压路机 3 遍	2 台双钢轮压路机震荡 2 遍	1 台双钢轮压路机 2 遍

⑤接缝

铺装下层应尽可能避免设置横向施工缝。当因故无法避免时，横向施工缝与最近的横隔板之间的距离应保持在 1.5~2.2 m，且相邻两幅的横缝应错开至少 1 m。

对铺装上层，原则上不设置横向施工缝。

⑥养护

环氧沥青混凝土养护期为 4~14 天，具体根据环境温度与现场同步养护试验确定，养护期间严禁货车通行，制定专项交通管制方案和措施。

（4）关键控制点及应对措施见表4-8。

表 4-8　环氧沥青混凝土关键控制点及应对措施

序号	关键控制点	应对措施
1	配合比设计	配合比设计重点兼顾高温性能、疲劳性能和抗滑性能，优化配合比设计； 聘请经验丰富的科研单位作为技术指导； 根据现场施工环境进行合理优化
2	环氧树脂储存温度稳定性控制	专用恒温房； 动态监控温度变化情况
3	环氧树脂与沥青搅拌时间与工艺参数控制	通过试验段实施，开展施工工艺专项研究； 借鉴以往热拌环氧沥青混凝土施工经验
4	混合料离析控制	料源稳定性控制； 合理的配合比设计； 合理的摊铺机参数设置； 装料时采用先前后、再中间的装料方式； 根据混合料温度合理控制碾压时间，防止出现温度离析
5	施工作业窗口期控制	利用环氧沥青黏温曲线指导施工； 合理安排施工窗口； 根据拌和站生产情况控制摊铺速度，保证匀速摊铺，避免停机待料； 严格控制碾压温度
6	施工接缝处理	采用沥青切缝机进行切缝，采用60°～90°接缝； 接缝界面涂布环氧树脂黏结剂，并进行灌缝处理
7	路面平整度控制	摊铺机采用非接触式平衡梁自动调节摊铺厚度，保证路面的平整度和均匀性； 匀速摊铺； 采用插针控制摊铺厚度； 控制压路机碾压速度，避免在工作面上停留或掉头
8	成品路面养护	进行交通管制，避免车辆在已完成路面上通行； 安排专人负责路面巡查，发现油污或损坏及时上报

注：具体施工组织以专项方案评审结果为准。

6. 质量检验

钢桥面铺装施工质量的控制采用工序控制方法，同时，对铺装材料、混合料及每一铺装层采用质检控制方法，检测并证实铺装施工控制效果。只有在上一层工序检验合格后，才能进行下一道工序的施工。主要包含以下控制性检验内容：

（1）喷砂除锈及防腐涂装

检测项目：①清洁度：行车道达到Sa2.5级，中央分隔带达到Sa2.5级；②粗糙度：行车道80～150 μm，中央分隔带50～100 μm，采用手扶式设备喷砂除锈的边角和侧立面的粗糙度和清洁度要求参照中央分隔带；③环氧富锌漆与钢板的附着力。

检测频度：①清洁度：5点/1 000 m²；②粗糙度：5点/1 000 m²；③环氧富锌漆与钢板的附着力：5点/1 000 m²。

检测方法：①清洁度：对比《涂覆涂料前钢材表面处理　表面清洁度的目视评定　第1部分：未涂覆过的钢材表面和全面清除原有涂层后的钢材表面的锈蚀等级和处理等级》（GB/T 8923.1—2011）标准图片，用放大镜观测；②粗糙度：用塑胶贴纸法或粗糙度仪测量；③干膜厚度：磁性厚度仪测量；④环氧富锌漆与钢板的附着力：参见《公路钢箱梁桥面铺装设计与施工技术指南》。

（2）防水黏结层的涂布

检测项目：①外观：要求平整、均匀、无气泡、裂纹、脱落、漏涂现象；②环氧树脂：主剂、固化剂组分的加热温度、混合比例；③环氧树脂黏结剂抗拉强度、断裂延伸率；④环氧树脂黏结剂洒布量：（0.4±0.05）kg/m^2；⑤黏结强度（试验段）。

检测频度：①外观：随时。②主剂、固化剂组分的加热温度：随时；混合比例：当天施工前。③环氧树脂黏结剂抗拉强度、断裂延伸率：每日一次。④洒布量：1 点/2 000 m^2；黏结强度：仅限于试验段，不少于 6 个检测点。

检测方法：①外观：目测；②用量：按用量和施工面积计算；③黏结强度：参见《公路钢箱梁桥面铺装设计与施工技术指南》。

（3）黏结层

检测项目：①外观：要求平整、均匀、无气泡、裂纹、脱落、漏涂现象；②环氧树脂黏结剂组分：主剂、固化剂组分的加热温度、混合比例；③环氧树脂黏结剂抗拉强度、断裂延伸率；④环氧树脂黏结剂洒布量：（0.6±0.05）kg/m^2；⑤黏结强度（试验段）。

检测频度：①外观：随时。②主剂、固化剂组分的加热温度：随时；混合比例：当天施工前。③环氧树脂黏结剂抗拉强度、断裂延伸率：每日一次。④洒布量：1 点/2 000 m^2；黏结强度：仅限于试验段，不少于 6 个检测点。

检测方法：①外观：目测；②用量：按用量和施工面积计算；③黏结强度：参见《公路钢箱梁桥面铺装设计与施工技术指南》。

（4）环氧沥青混凝土的生产

检测项目：①热拌环氧沥青结合料主剂、固化剂的加热温度、混合料比例；②环氧树脂结合料性能；③出料温度；④矿料级配和油石比；⑤混合料拌和质量；⑥马歇尔稳定度、流值、空隙率。

检测频率：①出料温度：每锅；②抽提筛分及混合料性能：2 次/施工日。③马歇尔稳定度、流值、空隙率：2 次/施工日。

检测方法：①出料温度：数显温度计；②抽提筛分及混合料性能：按现行规范要求进行。

（5）环氧沥青混凝土的运输、摊铺

检测项目：①运输过程中温度的控制；②运输车行驶及等待摊铺时间控制；③摊铺位置控制；④卸料时与摊铺机的配合；⑤卸料时混合料温度；⑥摊铺温度；⑦摊铺厚度。

检测频率：①运输过程中温度、运输车行驶及等待摊铺时间控制：每车；②摊铺温度：每车；③摊铺厚度：摊铺方向每 5 m 为一个测定断面，2 个测点/每测定断面。

检测方法：①运输过程中温度：插入到运料车货舱的温度计；②摊铺温度：数显温度计；③摊铺厚度：用插入法量测环氧沥青混凝土松铺厚度，根据松铺系数估算铺装层厚度。

（6）环氧沥青混凝土的碾压

检测项目：①压实度：空隙率 0%～3%（限试验段）；②铺筑厚度。

检测频率：①压实度：每层、每 100 m 一处；②铺筑厚度：1 点/5 000 m^2。

检测方法：①压实度：预埋钢板取芯检测，仅限试验段；②铺筑厚度：按混合料总用量和碾压遍数确定。

（四）排水设施

1. 主要材料

（1）树脂混凝土。排水沟采用树脂混凝土预制构件。

（2）玻璃钢排水沟盖板及排水管栅盖采用玻璃钢。

（3）弹性混凝土。弹性混凝土为 100% 含固量弹性，以树脂类为核心材料的聚氨酯特殊混合材料，耐冲击且耐久性强，并具有抗臭氧、抗化学物、抗磨损的功能，铺设在槽口中会自动流平，适宜温度下能在 2 小时达到路面通车要求。按比例配合好的包装组分应可在现场冷拌施工，不需要加热来提高流动性或添加养护材料，以防温度控制不好而影响施工质量。

弹性混凝土可由特殊骨料 C 及双组分聚氨酯弹性混凝土黏结剂（A+B）一起搅拌形成。弹性混凝土应具有可冷拌施工性能，具备高冲击性能，5% 压缩回弹能力，同时与水泥混凝土、沥青混凝土和钢板有优越的黏结性能。

2. 排水系统要点

（1）路缘石、排水沟

桥面横坡为 2%，在中央分隔带及桥面两侧设置路缘石，在防撞护栏立柱处设置挡水板，路缘石高 155 mm，挡水板高 125 mm，路缘石和挡水板在工厂与钢箱梁焊接。内侧路缘石在防撞护栏立柱两侧开有排水槽，便于排放中央分隔带内积水，排水槽宽 50 mm。

由于桥址区降雨量较大，且该桥桥面较宽，为满足桥面排水要求，不影响正常行车，在桥面两侧设置排水沟。排水沟宽 240 mm，高 60 mm，其外边与路缘石内边有 100 mm 安装间隙，间隙内填充弹性混凝土，盖板顶面标高比桥面低 3~5 mm，以利于排水。排水沟为预制式树脂混凝土排水沟。

为满足暴雨期的排水需要，设置直排排水孔作为临时排水设施，间隔 7.5 m，采用无缝钢管，设置于护栏底部，并利用电磁阀进行控制，在保证无污染的情况下，予以开启。

（2）路缘石、排水沟安装技术要求

铺设桥面沥青路面时，用槽钢或木板将排水沟的安装槽隔离出；沥青路面铺设结束后，取槽钢或木板，在紧贴沥青层侧面处放置成品排水沟；成品排水沟的长度为 1 m 每段，沟的两端有公母扣，安装时可以直接在现场放置拼装，缝与缝之间无须特殊处理。

第三节　其他附属工程施工

桥面其他附属工程包括人行道、桥面防护（栏杆、防撞护栏）、泄水管、灯柱支座、桥画防水、桥头搭板等。高等级公路以及位于的二、三级公路上的桥梁通常采用防撞护栏，而城市立交桥、城镇公路桥及低等级公路桥往往要考虑人群通行，设人行道。灯柱一般只在城镇内桥梁上设置。

一、桥面排水设施及防水层施工

（一）桥面排水设施施工

桥面排水设施主要包括汇水槽、泄水口及泄水管。汇水槽、泄水口顶面高程应低于桥面铺装层 10~15 mm。泄水管下端至少应伸出构筑物底面 100~150 mm。泄水管宜通过竖向管道直接引至地面或雨水管线，其竖向管道应采用抱箍、卡环、定位卡等预埋件固定在结构物上；下雨时，雨水在桥面必须能及时排出，否则将影响行车安全，也会对桥面铺装和梁体产生侵蚀作用，影响梁体耐久性。桥面防水层设在钢筋混凝土桥面板与铺装层之间，尤其在主梁受负弯矩作用处。

（二）桥面防水层施工

按设计要求设置，桥面防水层主要由垫层、防水层与保护层三部分组成。其中垫层多做成三角形，以形成桥面横向排水坡度。垫层不宜过厚或过薄，当厚度超过 5 cm 时，宜用小石子混凝土铺筑；厚度在 5 cm 以下时，可只用 1:3 或 1:4 水泥砂浆抹平。水泥砂浆的厚度不宜小于 2 cm。垫层的表面不宜光滑。有的梁桥防水层可以利用桥面铺装来充当。桥面应采用柔性防水，不宜单独铺设刚性防水层。桥面防水层使用的涂料、卷材、胶黏剂及辅助材料必须符合环保要求。桥面防水层的铺设应在现浇桥面结构混凝土或垫层混凝土达到设计要求强度，经验收合格后进行。桥面防水层应直接铺设在混凝土表面上，不得在二者间加铺砂浆找平层。桥面防水层分为涂膜防水层和卷材防水层两种。防水涂膜和防水卷材均应具有高延伸率、高抗拉强度、良好的弹塑性、耐高温和低温与抗老化性能。防水卷材及防水涂料应符合国家现行标准和设计要求。涂膜防水层也称涂料防水层，是指在混凝土结构表面或垫层上涂刷防水涂料以形成防水层或附加防水层。防水涂料可使用沥青胶结材料或合成树脂、合成橡胶的乳液或溶液。基层处理剂干燥后，方可涂防水涂料，铺贴胎体增强材料。涂膜防水层应与基层黏结牢固。涂膜防水层的胎体材料，应顺流水方向搭接，搭接宽度长边不得小于 50 mm，短边不得小于 70 mm。上下层胎体搭接缝应错开 1/3 幅宽。下层干燥后方可进行上层施工。每一涂层应厚度均匀、表面平整。

二、防护设施及人行道施工

（一）防护设施施工

桥梁防护设施一般包括栏杆、隔离设施护栏和防护网等。防护设施的施工应在桥梁上部结构混凝土的浇筑支架卸落后进行。其线形应流畅、平顺，伸缩缝必须全部贯通，并与主梁伸缩缝相对应。防护设施采用混凝土预制构件安装时，砂浆强度应符合设计要求。当设计无规定时，宜采用 M20 水泥砂浆。预制混凝土栏杆采用榫槽连接时，安装就位后应用硬塞块固定，灌浆固结。塞块拆除时，灌浆材料强度不得低于设计强度的 75%。采用金属栏杆时，焊接必须牢固，毛刺应打磨平整，并及时除锈防腐。防撞墩必须与桥面混凝土预埋件、预埋筋连接牢固，并应在施工桥面防水层前完成。护栏、防护网宜在桥面、人行道铺装完成后安装。

（二）人行道施工

人行道结构应在栏杆、地袱完成后施工，且在桥面铺装层施工前完成。人行道施工应符合国家现行标准的有关规定。人行道下铺设其他设施时，应在其他设施验收合格后，方可进行人行道铺装。悬臂式人行道构件必须在主梁横向连接或拱上建筑完成后方可安装。人行道板必须在人行道梁锚固后方可铺设。

三、灯柱安装

　　灯柱通常只在城镇设有人行道的桥梁上设置，灯柱的设置位置有两种：一种是设在人行道上；另一种是设在栏杆立柱上。第一种布设较为简单，在人行道下布埋管线，按设计位置预设灯柱基座，在基座上安装灯柱、灯饰，连接好线路即可。这种布设方法大方、美观、灯光效果好，适合于人行道较宽(大于 1 m)的情况。但灯柱会减小人行道的宽度，影响行人通过，且要求灯柱布置稍高一些，不能影响行车净孔。第二种布设稍麻烦，电线在人行道下预埋后，还要在立柱内布设线管通至顶部，因立柱既要承受栏杆上传来的荷载，又要承受灯柱的重量，因此带灯柱的立柱要特殊设计和制作。在立柱顶部还要预设灯柱基座，保证其连接牢固。这种情况一般只适用于安置单火灯柱，灯柱顶部可向桥面内侧弯曲延伸一部分，以保证照明效果。该布置法的优点是灯柱不占人行道空间，桥面开阔，但施工、维修较为困难。规范要求桥上灯柱应按设计位置安装，必须牢固，线条顺直，整齐美观，灯柱电路必须安全可靠。

第五章　桥梁施工标准化管理

工程建设标准化是我国社会主义现代化建设的一项重要基础工作，是组织现代化建设的重要手段，是对现代化建设实行科学管理的重要组成部分。只有施工标准化管理的实施，才能建立和维护正常的生产和工作秩序，才能保证各工序的工作质量。积极推行工程建设标准化，对规范建设市场行为，促进建设工程技术进步，保证工程质量，加快建设速度，节约原料、能源，合理使用建设资金，保护人身健康和人民生命财产安全，提高投资效益都具有重要作用。

本章将依托某大桥工程施工实践，按照交通运输部《高速公路施工标准化活动实施方案》的要求，结合本地的实际，提出适合当地桥梁工程施工标准化管理的方法。本章的实际应用意义在于，按照现行桥梁工程设计、施工及交竣工验收等相关规范、标准，着重从工序、技术、工艺和管理的角度对某大桥工程的施工进行总结，以期在以后的桥梁工程建设过程中确保桥梁工程施工质量，消除质量通病，提高桥梁施工管理水平，实现桥梁施工标准化、规范化。

某大桥工程位于渭南市区东部的沈河上，是渭南市绕城东段公路的主要控制性工程。该大桥全长 281 m，宽 38 m[30 m(行车道)+2×4.0 m(人行道)]双向 8 车道，位于半径 560 m 的圆曲线上，设计荷载为城-A 级，上部结构为 11 孔 25 m 预应力混凝土箱梁，箱梁 132 片，先简支后连续；下部桥墩为 10 排 50 根 1.4 m 圆柱墩，基础为 1.5 m 60 根钻孔灌注桩，桥台采用桩基接盖梁。

第一节　施工准备阶段的标准化管理

工程施工管理应本着"连续、均衡、协调和经济"的原则开展工作。桥梁工程施工由于其逻辑性更强、细节管理要求更高、安全风险和质量标准要求更高，因此推行桥梁工程施工管理标准化是解决以往管理不严谨的重要举措，需要我们在桥梁工程施工前超前科学地谋划，把各项前期准备工作有条不紊地一一落到实处，最终以标准化管理落实安全、质量、进度、经济各项指标顺利实现。

为全面提高公路桥梁工程施工管理水平，保障工程施工安全、施工质量、施工进度、经济效益处于可控状态，迎合国家高速公路现代化管理要求，进一步促进公路工程桥梁施工标准化管理，全方位树立施工企业品牌形象，依据国务院、交通运输部等工程建设主管部门相关标准、规范及相关的管理办法，结合某工程案例实际情况，浅谈对桥梁工程施工前，施工单位需要开展的准备工作。

一、施工管理原则

(1)桥梁工程施工前应本着"连续性、均衡性、节奏性、协调性和经济性"的原则,编制实施性施工组织设计,从关键节点出发,总结以往工程成功经验,并借鉴、吸收其他单位、其他项目的成熟工艺、技术,通过采取有效措施,提高施工管理水平,有效避免施工过程中存在的安全风险和质量缺陷,进一步达到提质增效的效果。

(2)桥梁施工过程中应积极而慎重地推广"四新",尽可能摒弃以往淘汰施工工艺、材料、设备、技术等,把握关键环节,积极总结应用成果,进而提高工程质量、减少安全风险、推进施工进度,进一步提高工程综合管理水平。

(3)桥梁施工前应根据设计结构、施工环境等情况进行全方位施工安全风险评估和辨识危险源,对于在实施过程中疏于管控、风险较高、操作难度大、执行力度不足的要加以强调,采取有效措施降低安全风险,从而提高施工现场安全预控的有效性。

二、施工场地规划标准化

(一)施工现场调查标准化

承包人进场后应立即对施工现场环境做深入调查,核对设计文件,收集施工地区的气象、地形、地质和水文等资料,了解该地区的现有房屋、电力和通信设施、给排水管道等设施的情况,调查地方资源供应情况和交通运输条件,最终形成调查报告供项目部决策,进行施工场地规划。

(二)施工现场布置标准化

项目经理部应在桥梁施工现场入口的醒目位置设置质量管理、安全文明生产、廉政建设等标牌标语。

(1)工程概况牌:包括工程的规模、主要构造、建设单位、设计单位、承包单位和监理单位的名称、施工起止年月及分阶段的工期计划等。

(2)安全质量保证牌:明确对该项工程的安全生产责任人、安全质量保证体系、安全生产目标等。

(3)施工场地布置牌:采用电脑绘制,对施工现场的布置采用图示方式表达,注明位置、面积、功能。

(4)安全生产操作规程牌:注明施工各工序的安全生产操作规程。

(5)廉政监督牌:明确施工廉政制度、廉政领导小组、廉政监督小组和廉政监督电话等。

(6)工程责任人标识牌:明确建设单位、设计单位、监理单位、施工单位的项目经理、项目总工、质检工程师、各分项工程负责人、质检员,现场监理工程师、监理员。

(7)各种标识牌按矩形定制,采用白底蓝字。其中安全质量保证牌和廉政监督牌尺寸按 1.5 m×3 m,其余按 1.2 m×2 m 定做。

现场机械设备布置有序,必要时应悬挂安全操作规程,尺寸参照 0.6 m×0.8 m,白底黑字。

现场各种防火、防高空坠落、安全帽等安全标识牌按照国家有关规定统一制作,悬挂于工地醒目位置。

现场的周转材料、半成品材料的堆放严格按照有关材料堆放的规定进行，并按照 0.4 m×0.25 m 的尺寸，牌面采用白底黑字，分材料规格、计量单位、材料来源、炉号(批号)、质量状况进行标识。

三、三通一平建设标准化

(一)施工便道、便桥标准化

施工便道的技术质量要求：①施工便道双车道时路基宽度不小于 7 m，路面宽度不小于 6 m；单车道时路基宽度不小于 4.5 m，路面宽度不小于 3.5 m，曲线地段或地形复杂地段应根据现场地形条件和视距要求考虑适当加宽，不大于 400 m，设置一处错车道。错车道路基宽度不小于 6.5 m，路面宽度不小于 5 m，长度不小于 20 m。②便道土质路基地段设置不小于 20 cm，厚的片(碎)石基层，其面层为 5 cm 的泥结碎石面层。挖方石质地段路基表面用泥结碎石找平。在软土地带，根据实际情况对基底采取抛填片石或用三七灰土换填处理。③各场、区、重点工程等大型施工作业区，进出场便道在 200 m，内应采用 C20，混凝土进行硬化处理，厚度不小于 20 cm，并设置碎石基层，碾压密实。④便道路面应保持直顺、平整、无积水。⑤便道的两侧应设置边沟和排水沟，应做好边坡防护设施。⑥在急弯陡坡等危险地段设置护栏和安全警告标识，岔路口设置方向指示牌。

施工便桥的技术质量要求：①便桥应满足载重和排洪要求，设置防护栏杆和超限标牌。②汽车便桥桥面宽度不小于 4.5 m。③便桥桥面高度不低于 30 年一遇最高洪水位。

施工期间应对施工便道、便桥进行日常检查和养护、洒水，做到雨天不泥泞，晴天少粉尘。

在路口处设置施工便道标识牌，标识牌按照 0.8 m×0.6 m 尺寸制作，蓝底白字，标明便道方向、陡弯段里程、注意安全驾驶等内容。

利用地方道路作为施工便道，承包人应提前与有关部门签订好协议，待工程完工后按照协议进行补偿或修复。

工程完工后，承包人应将施工便道及便桥拆除。

(二)施工临时用电标准化

(1)承包人应向业主提交临时用电方案，包括临时用电负荷的计算、临时用电的安全使用方案，临时用电的安全组织机构。

(2)施工现场的电工、电焊工必须按国家有关规定经专门安全作业培训，取得特种作业操作资格证书后方可上岗。专职电工负责对本标段施工用电进行统一管理，以及对各种用电设备进行日常维护管理。

(3)施工现场的输电线路和用电设备应严格按照电力施工的有关规范和要求进行施工。

(4)施工现场的临时用电必须采用具有专用保护零线、电源中性点直接接地的 220 V/380 V，三相五线制系统。必须实行"三级配电二级保护"。三级配电方式，即总配电箱、总配电箱以下设分配电箱、再以下设开关箱，开关箱以下就是用电设备。二级保护即总配电箱和开关箱都必须安装漏电保护器。

(5)施工现场的用电设备必须实行"一机、一闸、一漏、一箱"制，即每台用电设备必须有自己专用的开关箱，专用开关箱内必须设置独立的隔离开关和漏电保护器。

(6)各工点的配电箱和开关箱采用铁板或优质的绝缘材料制作，铁板厚度应大于

1.5 mm。

(7)施工现场的所有配电箱、开关箱都要由专业电工负责，所有配电开关箱应配锁，标明其名称、用途，作分路标记。

(8)所有配电箱和开关箱每月必须由专业电工检查、维修一次，电工必须穿戴绝缘防护用品，使用电工绝缘工具；非电工人员不得私自乱接电器和动用施工现场的用电设备。

(9)根据工地现场的实际布置情况，在预制场及各个桥梁工地应配备可靠的备用电源。

(10)所有动力设备应有可靠的接地保护和防雷措施。接地线的装设应由两人操作，先接接地端，后接导体端，拆除时顺序相反。拆线时应穿戴绝缘防护用品。接地线应使用截面不小于 25 mm² 的多股软裸钢线或专用线夹。严禁用缠绕的方法进行接地。用电设备的金属外壳必须接地，同一设备可做接地或接零。同一供电网不允许有的接地有的接零。施工现场的龙门架等机械设备若在相邻的防雷装置的保护范围以外，必须安装防雷装置，其冲击接地电阻值不得大于 30 Ω。

(11)电焊机、切割机等机械设备应设置在防雨和通风良好的地方，焊接切割场不准堆放易燃易爆物品；使用焊接机械必须按照规定穿戴防护用品，对直流弧焊机的换向器应经常检查和维护。

(12)手持式电动工具的外壳、手柄、负荷线、插头、开关等必须完好无损，使用前必须作空载检查，运转正常方可使用。

(三)施工临时用水标准化

承包人进场后 15 d 内应完成对施工地区的水源调查，使用前必须进行水质鉴定，合格者才可使用。根据项目工程规模、工程量的大小计算项目的生产、生活及消防等用水量，合理地提出施工用水计划。有条件时应独立安设用水专线或打井，与居民生活用水分开。设置足够的储水设施，储水设施应加盖并设置有安全警示标志。

(四)施工场地平整标准化

施工场地平整主要有生活区、材料堆放区、材料加工区、拌和站、预制场、弃土场等，场地平整的机械应先进场，以便完成征地后立即开展平整压实工作。施工场地平整工作应保证能够连续一次完成，以免影响场地和后续工作。同时，施工场地周围的防排水设施，要做到施工场地平整不积水。所有清表、弃方应规范堆弃，不得影响周围环境。

四、驻地建设标准化管理

(一)驻地建设时间要求

承包人自接到中标通知书 45 d 以内必须完成驻地建设。

(二)项目经理部标准化管理

1. 场地设置

项目经理部的选址必须满足安全和便于管理的要求。项目部的硬件设施必须满足招标文件的要求。项目部建设完成后报监理、建设单位验收。项目办公区、生活区及车辆、机具设备停放区等设置应科学合理，区内场地及主要道路应做硬化处理，排水设施完善，环境整洁。项目部驻地房屋必须坚固、安全，满足工作要求。其会议室应能满足至少 30 人开会的需要，会议室内应挂有工程简介，项目部组织机构框图，路线平纵面图，桥梁工程平面图、立面图和断面图、进度图，安全质量保证体系，廉政制度，晴雨表，总体工期安排计划等。

2. 项目经理部主要成员职责

（1）项目经理职责

按照合同条款，全面具体地组织实施工程项目的施工，满足业主的合同要求。制定项目管理目标和创优规划，建立完善的管理体系，保证既定目标的实现。组建精干高效的项目管理班子，搞好项目机构设置、人员的选调、具体职责分工。科学组织施工，及时正确地主持编制项目管理实施规划、项目实施方案、进度计划安排、重大技术措施、资源调配方案，提出合理化建议与设计变更等重要决策，并对项目目标进行系统管理。

建立严格的经济责任制，强化管理、推动科技进步，搞好工期、质量、安全、成本控制，提高综合经济效益。沟通项目内外联系渠道，及时妥善处理好内外关系。接受业主和上级业务部门的监督指导，及时向业主汇报工作。参与质量事故的调查处理，组织落实纠正和预防措施，并有权对事故直接责任人进行经济惩罚。

（2）项目总工程师职责

项目总工程师负责有关施工技术规范和质量验收标准的有效实施，对工程项目质量负责。主持编制实施性的施工组织设计，并随时检查、监督和落实。积极推广应用"四新"科技成果和施工方法。协助项目经理协调与业主、设计、监理的配合，保证工程进度、质量、安全和成本控制目标的实现。组织制定质量保证措施及质量通病的预防措施，掌握质量现状，对施工中存在的质量问题，组织有关人员攻关、分析原因，制定整改措施和处理方案，并责成有关人员限期改进。组织定期工程质量检查和质量评定，领导有关人员进行QC（质量控制）、小组攻关活动和创优活动，搞好现场质量控制。

（3）质检工程师职责

质检工程师直接对项目经理和总工程师负责，行使监督权、检查权和工程质量否决权。对工程的施工质量进行跟踪检验，确保单项工程合格率并进行最终的质量验收及评定。

3. 项目部主要人员的有关要求

（1）项目部主要人员的资历、数量应与投标承诺相一致。项目经理、总工、试验室主任等主要管理人员应保持稳定，若需更换，应按规定程序报业主批准。

（2）项目部工作人员进入施工现场前必须头戴安全帽，项目管理人员上班时间必须佩戴统一的胸牌，质检和安全管理人员应佩戴红袖标，建筑施工特种作业人员必须经政府有关主管部门考核合格，取得建筑施工特种作业人员操作资格证书后方可上岗。

（3）项目部应设有专职资料档案员，资料员必须要由工程类技术员以上的专业技术人员担任，各种技术资料的内容要做到内容完整，填写规范，手续完备；文件资料的整理应编排分类清晰以方便查阅，及时归档，应符合交通运输部有关竣工文件的编制办法的要求。

4. 项目经理部机构设置和职责内容

项目经理部组织机构设置，应符合业主有关项目机构设置的要求，确保本项目的质量、安全、进度和投资等各项目标得以顺利实现，并且各业务科室门口应悬挂岗位名称牌。

（1）工程技术部职责

负责工程项目地实施过程控制，制定施工技术管理办法及施工组织设计及调度、勘察，参加技术交底、过程监控，解决施工技术疑难问题。参与编制竣工资料和进行技术总结，组织实施竣工过程保修和后期服务。组织推广应用新技术、新工艺、新设备、新材料，努力开发新成果，对合格产品进行量测与计量。

（2）安全质量科职责

依据单位质量方针和目标以及安全生产目标，制定质量管理工作规划、安全保证体系和各项安全规划，负责安全质量综合管理，行使质量检查职能和监督保证体系的运行，组织工程项目QC小组活动。定期或不定期召开安全生产会议，通报传达各级安全工作精神，从组织上、制度上、防范措施上保证安全生产。

（3）物资设备科职责

负责物资采购和物资管理。负责制定过程项目的物资管理办法，检查、监督和考核施工队的物资采购和管理工作。负责工程项目全部施工设备管理工作，制定施工机械、设备管理制度。参与安装设备的检验、验证、标识及记录。参加工程项目验收及计价工作，对各施工单位的材料消耗和机械使用费用情况提出计量意见，评价各单位机械设备管理情况。

（4）计划统计科职责

负责对本项目承包合同的管理。按时向业主报送有关报表和资料。负责工程项目施工计划制定、实施管理，根据施工进度计划和工期要求适时提出计划修正意见，报项目领导批准执行。负责组织工程项目验工计划，统计报表的编制，按时向有关部门报送各种报表。

（5）财务科职责

负责工程项目的财务管理、成本核算工作。参与合同评审，组织开展成本预算、计划、核算、分析、控制、考核工作。参加工程项目验工计量，指导各施工队开展进行责任成本核算工作。

（6）综合办公室职责

负责本项目部生产经营和管理方面的调查研究，收集整理上报有关行政信息，接收、整理、保管文书，质量体系文件、科技等档案和其他专业档案以及文件、资料的指导、控制工作，收集上级部门颁发的文件、资料等，为领导决策提供依据。准确传达施工命令，指导、督促、检查执行情况。准确及时全面地了解施工进展情况和存在问题，分析施工形势，协调各方关系，掌握劳动力、机械设备、车辆和主要物资器材动态，保证施工正常进行。

5. 规章制度建设

项目部应建立起与项目对应的规章制度。包括施工进度计划管理制度、技术管理制度、安全生产管理制度、工程成本核算管理制度、限额领料制度、试验检测管理制度等。

（三）工地试验室标准化管理

（1）工地试验室的房屋应优先安排，设置在混凝土拌和场或构件预制场附近，其周边通道均应硬化处理。

（2）力学试验室不小于 30 m^2，土工试验室不小于 20 m^2，材料试验室不小于 30 m^2，养护室不小于 30 m^2，办公室不小于 15 m^2。

（3）项目经理和总工程师应首先明确项目试验室主任，并配备既有理论又有实践经验的工程师负责试验工作，便于抓好工地的试验工作。试验室主任应及早清点现有试验仪器，列出需采购的试验仪器清单，经总工程师审核、项目经理批准后购置。完成采购后及时同当地有关计量部门联系，对计量仪器、试验设备进行检测校验。试验人员要仔细阅读设计文件、图纸和标书，了解工程的总体概况，便于合理地安排有关的试验工作，为工程的顺利开工做准备，还要做好先期材料检验、工程试验及配合比设计等开工前的有关试验工作。

(4)试验室的仪器应在开始工作前配齐，保证在工程进行期间正常使用。试验室主任应及早组织人员清点现有的试验仪器，列出需购置仪器的清单，经总工程师审核，项目经理批准后立即购置。

(5)对计量仪器、试验设备，及时与当地有关计量部门联系，做好检测校验。

(6)仪器设备在中标后30天内必须全部到位，45天内完成安装、调试、标定和临时资质申请。

(7)试验室所有从事试验工作的人员都必须持证上岗，并保持稳定，不得随意更换。

(8)清点本工程所需的有关试验标准、技术规范和操作规程，及时补充短缺的部分。另外，有关的试验规章制度及操作规程(包括试验室工作岗位责任制、试验检测工作程序、试验仪器设备操作规定、试验仪器的定期标定、保养、维修制度、试验室安全和卫生管理制度、试验资料管理的台账制度、标准养护室的管理检测制度、取样要求和样品管理制度、试验报告表格填写要求等)要上墙。

(9)配置齐全有关的办公用品及器材。

(10)各种试验资料应记录完整，真实有效，严禁造假。

(11)各种试验均应采用统一的表格进行记录、报告和统一的方法进行整理、保存。

(四)档案资料室标准化管理

档案资料室的面积应不小于25 m²，所有档案资料宜存放于专用金属柜内，安排专人负责文件资料的收发工作。从事档案管理工作人员应具备档案管理专业技术知识，人数3~5人。档案资料室应能通风、防潮、防火，安装必要的灯光照明用具，并配备消防器材。

(五)工地临时房屋标准化管理

工地临时生产生活用房应认真选址，设置在最高洪水位以上或高地上，避开滑坡、冲沟等险地。合理规划、布局有序，生产和生活用房应分开搭设。房屋搭设稳固，室内外地面采用5 cm厚的C15混凝土硬化。工房不提倡搭通铺，一室不得超过8人，人均居住面积不少于2 m²。做好安全用电和防火工作，按有关规定配备消防器材。台风季节，应做好防台风各项准备工作。做好生活区的环境卫生工作，对生活垃圾和污水进行合理处置，保证周围环境整洁卫生。

五、拌和站标准化管理

(一)拌和站应进行功能分区

拌和站划分为生活区、拌和作业区、砂石材料存放、钢筋加工及存放区、运输车辆停放区等，并设立其平面布置示意图。

(二)拌和站的场地处理

拌和站的所有场地必须进行混凝土硬化处理，要求使用25 cm厚的片、碎石垫层，

12~15 cm 厚的 C15 混凝土作为面层。拌和站的行车道要求使用 20 cm 厚的片、碎石垫层，25 cm 厚的 C20 混凝土作为面层。重型车的行车道路采用 25 cm 厚片、碎石垫层，20 cm 厚的 C20 混凝土进行硬化处理。

场地硬化按照四周低、中心高的原则进行，面层排水坡度不应小于 1.5%，场地四周应设置排水沟，排水沟底面采用 M7.5 砂浆进行抹面。

在场地外侧合适的位置设置沉砂井及污水过滤池，严禁将站内生产废水直接排放。

拌和站应采用封闭式管理，四周设置围墙，进出场设置大门，并悬挂安全生产标语。

(三)拌和站生产能力和场地规模

所有桥梁拌和站必须达到三仓式自动计量标准，单机生产能力和规模应根据现场施工情况选定，可参照表 5-1。

表 5-1 拌和站生产能力和场地规模

类型	单机生产能力/(m³/h)	场地规模/m²
大型	50 以上	6 800 以上
中型	25 以上	4 700 以上
小型	15 以上	2 700 以上

拌和站使用之前，承包人施工临时工程必须配备相应混凝土拌和设备。所有永久工程必须实现混凝土集中拌制。

拌和站建设完成后，需根据拌和机的功率配备相应的备用发电机，确保拌和站有可靠的电源使用。

拌和站的计量设备应通过当地政府计量部门标定后方可投入生产，使用过程中应不定期进行复检，确保计量准确。

(四)标识标牌标准化

拌和站内醒目位置应设置工程简介牌、拌和站平面图、安全生产牌、管理人员名单及监督电话牌、文明施工牌等明示标志。

拌和站的出入口应设置禁止、警告标志，拌和楼控制室设置指令标识。

拌和机操作房前醒目位置应悬挂混凝土配合比标识牌，标识牌采用镀锌铁皮制作，尺寸 0.6 m×0.8 m，白底红框黑字，油漆喷涂确保不褪色，数字采用彩笔填写，字迹工整清晰。标识牌内应包括以下内容：混凝土设计与施工配合比(含外加剂)，粗细骨料的实测含水量及各种材料的每盘使用量等。

(五)库房建设标准化

(1)承包人原则上应使用散装水泥，在不具备使用散装水泥的情况下使用袋装水泥，应建造库房存放，库房面积可根据材料质量，按照 1.5 t/m² 的承载力标准搭建。

(2)库房原则上采用砖石、钢材等材料搭设，尽量靠近拌和楼，周围封闭，内部采用水泥粉刷，顶棚为石棉瓦或油毛毡等防水耐晒材料，地面采用 C15 混凝土进行硬化，然后利用方木或砖砌上搭 5 cm 木板，铺设油毡，使水泥储存离地 30 cm。各个分区的水泥存放应远离四周墙体 30 cm 以上。

(3)库房四周做好排水沟，确保库房不漏水。

(4)库房内外加剂与水泥应分开存放，存放高度不应超过 2 m；不同批次、不同品种、不同生产日期的水泥应分区堆放，并根据不同的检验状态和结果采用统一的材料标识牌进行标识。

（5）库房应设置进库门和出库门，确保水泥的正常循环使用。

（6）库房内应建立详细的材料使用台账，方便随时查阅原材料的使用情况。

（7）使用散装水泥的拌和站，要设水泥储存罐，根据用量选定水泥罐容量，配合电脑自动输入。

（六）砂石料场标准化管理

（1）凡用于正式混凝土工程的砂石料应按配料要求，采用不同粒径、不同品种分仓存放，不得混堆或交叉堆放，分料仓应采用"37"墙砌筑1.5 m高，采用石灰或水泥砂浆抹面，仓内地面设不小于4%的地面坡度，分料墙下部预留孔洞，避免积水。

（2）应对进场的砂石料进行标识。标识内容包括：材料名称、产地、规格型号、生产日期、出产批号、进场日期、检验状态、进场数量、使用单位等，并根据不同的状态和结果采用统一的材料标识牌进行标识。

（3）料仓的容量应满足最大单批次混凝土连续施工的需要，并留有一定的余地，另外还应满足运输车辆和装载机等作业要求。

（4）桥梁上部用碎石应采用反击破设备生产的碎石。混凝土用碎石使用前应用水冲洗，确保在不污染情况下方可用于施工。

（5）所有的材料堆放场地必须加设轻型钢结构顶棚。

六、预制场标准化管理

（一）对预制场的要求

预制场内醒目位置应设置工程公示牌、施工平面布置图、文明施工牌、管理人员名单及监督电话等标志牌。场地全部采用C15混凝土进行硬化，混凝土厚度不小于10 cm。预制场的一般行车道路硬化，使用不小于15 cm厚的碎石垫层，不小于20 cm厚的C20混凝土进行硬化处理。场地硬化按照四周低、中心高的原则进行，面层排水坡度不应小于1.5%，场地四周应设置排水沟，排水沟底采用5号砂浆进行抹面，做到雨天不积水、晴天不扬尘。桥梁预制场利用桥台后的挖方路基时，路堑边坡的防护及排水设施应提前完成。桥梁预制场设置在填方路堤或线外填方场地时，应对场地分层碾压密实，防止产生不均匀沉降变形而影响桥梁预制的质量。

（二）预制梁的台座设置

（1）预制梁的台座强度应满足张拉要求，台座尽量设置于地质较好的地基上；对软土地基的台座基础要进行加强；台座与施工主便道要有足够的安全距离。

（2）底模采用钢板，不得采用混凝土底模，钢板厚度应不小于10 mm，并确保钢板平整、光滑，及时涂脱模剂，防止吊装梁体时由于黏结而造成底模"蜂窝""麻面"。

（3）反拱度和分配应满足设计和线形要求；台座的侧边应顺直，要有防止漏浆的有效措施。对于有纵坡的桥梁，台座两端支座位置设三角形楔块，确保支座的水平度，同时还应考虑张拉时预埋钢板的活动量。

（4）预制台座、存梁台座间距应大于2倍模板宽度，以便吊装模板。预制台座与存梁台座数量应根据梁板数量和工期要求来确定，并要有一定的富余度。

(5)横隔板的支撑优先选用固定式底座，底座与主梁台座同步建设。

(6)横隔板底模不应与侧模联成一体，必须采用独自的圬工底模，以保证在先拆除侧模后，横隔板的底模仍能起支撑作用，避免横隔板与翼缘、腹板交界处出现因横隔板混凝土过早悬空而引起裂纹。

(三)对预制梁的模板要求

(1)预制梁的模板采用标准化的整体钢模，钢板厚度不小于6 mm，侧模长度一般要比设计梁长1‰，各种螺栓采用标准化的螺栓，模板应指定专业厂家进行加工生产，在厂家加工时承包人应负责对模板质量进行中间检验，出厂前应进行试拼和交工检验，确保模板表面平整，尺寸偏差符合设计要求，具有足够的强度、刚度、稳定性，且拆装方便，接缝平顺严密不漏浆，无错台。

(2)模板在吊装与运输过程中，承包人应采取有效的措施防止模板的变形与受损。

(3)模板在安装前必须进行除锈，并涂刷脱模剂，安装时严禁直接击打、碰撞模板面，严禁抛扔模板。

(4)模板在安装后浇筑混凝土前，应避免杂物入内，并按照有关规定对模板的安装进行检查，尤其是梁宽、顺直度、模板各处拼缝、模板与台座接缝及各种预留孔洞的位置。

(5)在使用过程中应加强模板的维修与保养，每次使用完毕后应指派专人进行除污与防锈，做好保养工作，放置平整防止变形，并做到防锈、防雨、防尘。

(6)承包人应选用专用脱模剂或其他合适材料，并经实践检验后方可正式采用。

(四)钢筋、钢绞线棚

钢筋、钢绞线棚应防雨、防潮及通风，确保存放材料满足使用要求，禁止钢材直接露天堆放或者仅使用彩条布等简单覆盖。棚内地面应用5 cm厚C15混凝土进行硬化，有车辆行驶的区域混凝土硬化厚度为12~15 cm。棚内按照其使用功能分为原材料堆放区、钢筋下料区、加工制作区、半成品堆放区。在加工制作区应悬挂钢筋的大样设计图，确保下料及加工准确。各种原材料、半成品或成品应按其检验状态与结果、使用部位等进行标识。钢筋、钢绞线棚必须建立材料调拨台账，使之具有可追溯性。

(五)其他材料

波纹管、锚具、支座等其他材料必须按相关要求建库保管和加工，做到有物必有区，有区必有牌，做好防锈、防腐、防火、防盗工作。

(六)机械设备

进场机械设备必须安装调试简便，容易操作，维修方便，可靠性高，安全性能好；确保其性能可靠，能保证工程质量，满足施工进度要求；对环境不会造成污染和破坏，如油、声污染。应在机械设备的醒目位置悬挂机械安全操作规程公示牌。机械操作人员必须严格遵守持证上岗制度，熟悉本机的构造、性能及保养规程，熟练掌握机械设备的操作规程。

七、技术资料标准化管理

技术资料的标准化管理，有助于实现整个施工过程的标准化。在项目开工前，必须确保与项目有关的一切资料的齐全完整。合同文件、图纸、投标文件等工程前期资料是整个项目的重要组成部分，是施工控制的主要依据；施工组织设计、开工报告等资料是项目实施时的具体指导文件，是项目实施规范化、标准化的重要保障。

（1）工程中标后，应与有关主管部门及时进行工程资料的交接。交接的主要资料包含投标期间的现场考察资料、投标答疑资料、投标文件、中标通知书、合同文件、图纸等。

（2）工程开工前，在业主或监理单位的主持下，在施工地现场，由设计单位向施工单位进行交桩，交桩应有交桩记录。

（3）接受交桩资料后，应在14天内对导线控制点、水准控制点的桩位及时进行复测，同时做好原地面复测和加密测量工作，并将复测结果报监理工程师批准。

（4）应组织经验丰富的技术和管理人员提前熟悉图纸，了解工程特点和设计意图，找出需要解决的技术难题，制定解决方案。对设计中存在的问题及时提请设计单位解决，减少图纸的差错，杜绝设计图纸中的质量隐患，并做好设计和技术交底。交底资料要及时归档。

（5）根据设计文件，结合现场条件进行现场核对。包括路线与构造物的总体布置、桥涵结构物的形式、位置、尺寸是否合适，新建桥涵与原有道路、排水系统的衔接是否顺畅，对不良地质段制定的技术处理措施是否合理，等等。

（6）资料按问题时间或重要程度排列。一般文字在前，图样在后；译文在前，原文在后；批复在前，请示在后；正件在前，附件在后；印件在前，定（草）稿在后；转发件在前，原件在后。

资料排列顺序一般为：封面、目录、文件资料和备考表。

（7）实施性施工组织设计的编制。承包人在签订合同协议书后的一个月内完成编制实施性的施工组织设计，其内容包括：编制依据、工程概况、施工准备工作、施工方案、施工进度计划、计算各种资源需要量及确定供应计划、资金流量计划、施工现场的平面布置、质量保证体系与质量保证措施、安全保证体系与安全保证措施、廉政建设、文明施工保证措施、桥梁工程水土保持措施、临时工程水土保持措施、施工现场文物保护措施等。

（8）总体开工报告。开工前应向监理工程师提交总体开工报告，主要内容包括：施工机构、质量保证体系、安全体系的建立和劳动力安排，材料、机械及检测仪器设备进场情况，水电供应，临时设施的修筑，施工方案准备情况等。

（9）分部或分项工程开工报告。分部或分项工程开工前14天向监理工程师提交开工报告，其内容包括：项目名称与施工位置；现场负责人名单；施工组织和劳动力安排；材料供应、机械进场等情况；材料试验及质量检查手段；水电供应；临时工程的修筑；施工方案进度计划以及其他需要说明的事项等。

八、施工作业人员要求

施工作业人员数量应符合施工组织设计或方案要求。

特种设备操作人员应接受操作及安全培训，持证上岗，确保操作人员熟悉、掌握施工机械设备的性能和操作规程。

进入施工现场的人员应佩戴安全帽和上岗证，现场管理人员和作业人员的安全帽应分别加以区分，现场人员劳动保护用品应穿戴齐全，安全监察人员应佩戴袖标。

要做好施工人员的技术交底工作。对班组的交底要作为重中之重来抓。使施工人员明确关键部位的质量要求、操作要求及注意事项，对关键性项目、部位的交底要细致，必要时应做文字交底和示范操作。

九、桥梁施工总体要求

(1)要做好开工前的各项准备工作,严格执行施工技术规范和有关技术操作规程的规定,保证工程质量,满足设计要求。

(2)严格执行现场质量检验制度,开工前检查、工序检查、工序交接检查隐蔽工程检查、停工后复工前的检查、分项分部工程完工后的检查、成品材料机械设备等的检查以及现场的巡视检查都必须检验合格,资料签证完整后方能进入下道工序施工。

(3)在施工过程中要做好技术与安全管理工作,对陆上和水上交通的影响,特别是主航道和陆上主要交通干线不得中断。

(4)应节约用地,少占农田,并做好环境保护及水土保持工作,防止自然环境遭受污染和破坏。

(5)建设过程中要做到安全生产,文明施工,严格遵守安全操作规程,加强安全生产教育,建立和健全安全生产管理制度。

(6)桥梁工程交工前,应对临时辅助设施、临时用地和弃土等及时进行处理,做到工完场清。

(7)应积极推广使用经过鉴定的新技术、新工艺、新材料、新设备,以加快实现该地区公路桥梁施工现代化。

第二节　桥梁基础施工标准化管理

桥梁上部承受的各种荷载,通过桥台或桥墩传至基础,再由基础传给地基,因此,基础是桥梁下部结构的重要组成部分,桥梁基础工程在桥梁结构物的施工过程中,占有重要的地位。桥梁基础施工工艺的标准化管理,将对工程质量、施工进度、建设成本产生重要影响。

一、钻孔灌注桩施工标准化管理

(一)施工前提条件

(1)有关技术文件和施工方案编制已完成并经审核批准。

(2)施工技术人员与工人已全部到位,并进行技术交底,明确了质量、安全、工期、环保等要求;钢筋、水泥、砂、碎石、泥浆等材料均已到场并通过检验。

(3)施工放样已完成,且经过检验,精度满足规范要求。

(4)泥浆循环系统已完成,拌制的泥浆经检验符合规范要求。泥浆用水必须使用不纯物含量少的水,没有饮用水时,应要进行水质检查。

(5)按照设计资料提供的地质剖面图,选用钻机和泥浆;钻机就位前,应对包括场地布置与钻机坐落处的平整和加固,主要机具的安装,配套设备的就位及水电供应的接通等钻孔各项准备工作进行检查。

(6)钢筋笼加工机具、班组已到位,制作技术要求已进行交底。

(7)混凝土施工配合比已调配完成，混凝土拌和站调试完毕，可随时供应混凝土。

(8)沿桥走向设置一条施工便道，要考虑大型机械通行和至少 16 T 吊车的停放及使用。每个墩位设一工作平台，要能满足钻机就位和吊放钢筋笼的平面要求和混凝土运送要求。

(二)施工工序

钻孔灌注桩施工工序如图 5-1 所示。

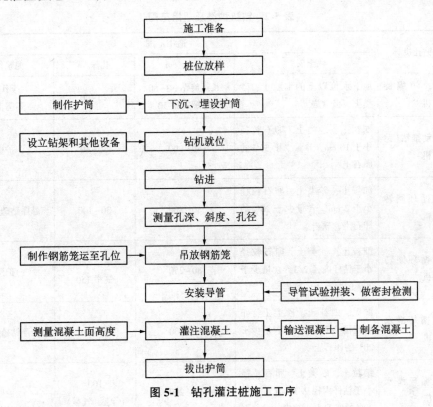

图 5-1 钻孔灌注桩施工工序

(三)准备工作

(1)对施工场地进行平整，清除现场杂物，场地位于深水时，应进行河道改移，并进行筑岛，岛面高出地面施工水位 0.75 m，并有稳定护筒内水头的措施。

(2)桩位测量后埋设护筒，护筒中心直线应与桩中心重合，平面允许误差为 50 mm，倾斜度不大于 1%，护筒内径大于桩径直径 20~40 cm，护筒一般情况埋深为 2~4 m，护筒顶高出地面 30 cm 以上，并高出施工水位或地下水位 1.5 m 以上。护筒周围用黏土夯实。

(3)钢护筒在普通作业场合及中小孔径条件下，一般使用不小于 6 mm 厚的钢板制作；在深水、复杂地质及大孔径等条件下，应用厚度为 12~16 mm 的钢板卷制，为增加刚度，可在护筒上下端和接头外侧焊加劲肋。护筒顶部设置护筒盖，护筒盖应用不小于 5 cm 厚的木板制作。

(4)泥浆

①在开钻前应选择和备足良好的造浆黏土或膨胀土，用专用泥浆池造浆。钻孔时泥浆的比重应根据钻进方法、土层情况适当控制，一般不超过 1.05~1.2，黏度为 16~22 mPa·s，

含砂率4%~8%，胶体率≥96%，失水率≤25 mL/min；易坍地层泥浆比重为1.2~1.45，黏度为19~28 mPa·s，含砂率4%~8%，胶体率≥96%，失水率≤15 mL/min。尤其要控制清孔后的泥浆指标。

②在护筒底下的复杂覆盖层施工大直径钻孔桩时，选用泥浆应根据地质情况、钻机性能、施工经验等确定，宜参照钻井采用的泥浆或添加剂。

（5）钻机种类及适用范围参照表5-2。

表5-2　钻机种类及适用范围

编号	钻孔机具	适用范围			
		土层	孔径/cm	孔深/m	泥浆作用
1	长、短螺旋钻机	地下水位以上的细粒土、砂类土、极软岩	长螺旋钻30~80 短螺旋钻50	26~70	干作业 不需泥浆
2	机动推钻（钻斗机）	细粒土、砂类土、卵石粒径小于10 cm，含量少于30%的卵石土	80~200	30~60	护壁
3	正循环回转钻机	细粒土、砂类土、卵石粒径小于2 cm，含量少于20%的卵石土、软岩	80~300	30~100	悬浮钻碴并护壁
4	反循环回转钻机	细粒土、砂类土、卵石粒径小于钻杆内径2/3，含量少于20%的卵石土、软岩	80~250	泵吸<40 气举150	护壁
5	正循环潜水钻机	淤泥、细粒土、砂类土、卵石粒径小于10 cm，含量少于20%的卵石土	80~200	50~80	悬浮钻碴并护壁
6	反循环潜水钻机	细粒土、砂类土、卵石粒径小于钻杆内径2/3，含量少于20%的卵石土、软岩	80~200	100 （泵吸<气举）	护壁
7	全护筒冲抓和冲击钻机	各类土层	80~200	30~60	不需泥浆
8	冲抓锥	淤泥、细粒土、砂类土、砾类土、卵石土	80~200	30~50	护壁
9	冲击实心锥	各类土层	80~200	100	短程浮渣并护壁
10	冲击管锥	淤泥、砂类土、砾类土、松散卵石土	60~150	100	短程浮渣并护壁
11	旋挖钻机	淤泥、细粒土、砂类土	80~200	30~80	护壁
12	行星式钻机	各类土层	280~600	—	护壁

（6）软基段桥梁桩基施工应注意的问题

①当桥两端处在软基预压（如加载加塑料排水板等处理措施）段时，靠近预压的桩基不可先行施工，应待预压沉降观测稳定后（宜采取反压措施）再行桩基施工。

②要严格按设计与规范的要求分层、分级加载，做好沉降观测，在无现场试验数据时可参照以下数据进行：一般每 7 d 加载厚度为 30~40 cm，沉降速率控制在 10 mm/d 以内，位移控制在 3 mm/d 以内。

③对已施工完成的桥墩和基础，在加载的同时应进行变形观测，每 1~3 d 观测一次，发现问题，立即停止加载。

（四）施工工艺

1. 泥浆的循环和净化处理

（1）深水处泥浆循环、净化方法：在岸上设黏土库、泥浆池，制造或沉淀净化泥浆，配备泥浆船，用于储存、循环、沉淀泥浆。

（2）旱地泥浆循环、净化方法：制浆池和沉淀池大小视制浆能力、方法及钻孔所需流量而定，及时清理池中沉淀，运至弃土场摊铺、晾晒、碾压。

2. 钻孔

以常见的几种钻机成孔方法为例说明。

（1）正循环回转法

①首先将钻机调平并对准钻孔，装上转盘，要求转盘中心同钻架上的起吊滑轮在同一铅垂线上，钻杆位置偏差不得大于 2 cm。钻进过程中要经常检查转盘，如倾斜或位移，应及时纠正。

②初钻时先启动泥浆泵和转盘，使之空转一段时间，等泥浆输进钻孔中一定数量后方可开始钻进。接、卸钻杆的动作要迅速，应尽快完成，以免停钻时间过长，增加孔底沉淀，甚至塌孔。

③开始钻进时，进尺应适当控制，在护筒刃脚处，应低档慢速钻进，使刃脚处有坚固的泥皮护壁。钻至刃脚下 1 m 后，可按土质以正常速度钻进。

④在黏质土中钻进，由于泥浆黏性大，钻锥所受阻力也大，易糊钻，宜选用尖底钻锥、中等转速、大泵量、稀泥浆钻进；在砂类土或软土层钻进时，易坍孔，宜选用平底钻锥、控制进尺、轻压、低档慢速、大泵量、稠泥浆钻进；在低液限黏土或卵、砾石夹土层中钻进时，宜采用低档慢速、优质泥浆、大泵量、两级钻进的方法钻进。

（2）反循环回转法

①接长钻杆时，法兰接头之间垫 3~5 mm 厚的橡胶圈，拧紧螺栓，以防漏气、漏水；钻头插入距孔底约 20~30 cm，注入泥浆，启动钻机时慢速开始钻进。

②在硬土中钻进时，用一挡转速，自由进尺；在高液限黏土、含砂低液限黏土中钻进时，可用二、三档转速，自由进尺；在砂类土或含少量卵石中钻进时宜用一、二档转速并控制进尺；在进入岩层后，必要时应根据地质情况增加配重，增强钻头的稳定和钻进强度。

（3）冲击钻孔

①开钻时应先在孔内灌注泥浆，如孔内有水，可直接投入黏土，用冲击锥以小冲程反复冲击造浆。

②开孔及整个钻进过程中，应始终保持孔内水位高出地下水位 1.5~2.0 m，并低于护筒顶面 0.3 m，掏渣后应及时补水。

③在淤泥层和黏土层冲击时，钻头应采用中冲程（1.0~2.0 m）冲击，在砂层冲击时，应添加小片石和黏土采用小冲程（0.5~1.0 m）反复冲击，以加强护壁，在漂石和硬岩层时

可采用大冲程(2.0~4.0 m)冲击。在石质地层中冲击时，如果从孔上浮出石子钻碴粒径在5~8 mm，表明泥浆浓度合适，如果浮出的钻碴粒径小又少，表明泥浆浓度不够，可从制浆池抽取合格泥浆进入循环。

④冲击钻进时，机手要随进尺快慢及时放主钢丝绳，使钢丝绳在每次冲击过程中始终处于拉紧状态，既不能少放，也不能多放，放少了，钻头落不到孔底，打空锤，不仅无法获得进尺反而可能造成钢丝绳中断、掉锤；放多了，钻头在落到孔底后会向孔壁倾斜，撞击孔壁造成扩孔。

⑤在任何情况下，最大冲程不宜超过6.0 m，为正确提升钻锥的冲程，应在钢丝绳上做长度标志。

⑥深水或地质条件较差的相邻桩孔，不得同时钻进。

3. 成孔与终孔

(1)钻孔过程应用碳素笔详细记录施工进展情况，包括时间、标高、档位、钻头、进尺情况等。

(2)每钻进2 m(接近设计终孔标高时，应每钻进0.5 m)或地层变化处，应在出碴口捞取钻碴样品，洗净后收进专用袋内保存，标明土类和标高，以供确定终孔标高。

(3)钻孔灌注桩在成孔过程、终孔后要对钻孔进行阶段性的成孔质量检查，检查内容包括孔深、孔位、孔径和孔形等。孔深用测绳检查(允许偏差：+50 mm)孔位用全站仪进行检查，孔径和孔形用探笼进行检查，探笼的制作长度为孔径的4~6倍，外径为桩基钢筋笼直径加10 cm(不大于钻头直径)。确认满足设计要求后，立即填写终孔检查表，并报驻地监理工程师认可，监理工程师认可后方可进行孔底清理和灌注水下混凝土的准备工作。

4. 清孔

清孔原则采取二次清孔法，即成孔检查合格后立即进行第一次清孔，并清除护筒上的泥皮；钢筋笼下好，并在浇筑混凝土前再次检查沉淀层厚度，清孔后沉渣厚度不得大于300 mm，若超过规定值，必须进行二次清孔，二次清孔后泥浆比重为1.03~1.10，黏度为17~20 mPa·s，含砂率<2%，胶体率>98%。清孔时要注意不得用加深孔深来代替清孔，在清孔排渣前必须注意保持孔内水头在地下或河流水位1.5倍以上，防止坍孔。

5. 钢筋笼加工就位

(1)在对钢筋加工厂的场地进行硬化并铺设枕木后，钢筋笼在铺设枕木上进行分段加工制作。

(2)钢筋笼应每隔1~2 m设置十字加劲撑，以防变形；加强箍肋(ϕ25 m或ϕ28 m钢筋)必须设在主筋的内侧，环形筋在主筋的外侧，并同主筋进行点焊而不是绑扎。

(3)制好后的钢筋骨架必须平整垫放，每节骨架均应标明墩号、桩号、节号以及质量状况。

(4)钢筋笼通过运输车运至现场，采用吊车吊放，同时起吊钢筋的上下两端，待钢筋笼提至能够竖直吊离地面时缓慢放松下部起吊钢丝绳，配以人工吊放至桩孔中。钢筋笼放入孔后钢筋笼应与孔位中心重合(误差为10 mm)，如误差较大应进行调整。

(5)第一节钢筋笼放入孔内，在护筒顶用工字钢穿过加劲箍下挂住钢筋笼，并保证工字钢水平和钢筋笼垂直。吊放第二节钢筋笼与第一节对准后进行机械套管连接或焊接，下放，如此循环；下放钢筋笼时要缓慢均匀，根据下笼深度，随时调整钢筋笼入孔的垂直度，尽量避免其倾斜及摆动。

（6）钢筋笼保护层必须满足设计图纸和规范的要求。钢筋笼保护层垫块推荐采用绑扎混凝土圆饼型垫块，混凝土垫块半径大于保护层厚度，中心穿钢筋焊在主筋上，每隔 2 m 左右设一道，每道沿圆周对称设置不小于 4 块。

（7）机械套管连接时必须使竖向主筋对号，再同步拧紧套管，使套管两端正处于上下主筋已标明的划线上，否则应调整重来，确保钢筋连接质量。

（8）钢筋笼下放到位后要对其顶端定位，防止浇筑混凝土时钢筋笼偏移、上浮。

6. 埋设检测管

埋设检测管对于桩径小于 1.0 m 时埋设两根管，埋设在同一直径线上；桩径 1.0～2.5 m 时等间距埋设三根管，桩径大于 2.5 m 时等间距埋设四根管。所有声测管均采用 ϕ60 mm 左右、整桩长的钢管，预埋时绑在钢筋笼内侧，管底密封，管顶加盖防杂物落入，和钢筋笼一起入孔。

7. 水下混凝土灌注

钻孔桩水下混凝土灌注一般采用直升导管法，施工要求如下。

（1）导管选用：导管直径按桩长、桩径和每小时需要通过的混凝土数量决定，参照表 5-3，导管的壁厚应能满足强度和刚度的要求，确保混凝土安全浇筑。

表 5-3　导管直径表

导管直径/mm	通过混凝土数量/(m³/h)	桩径/m
200	10	0.6～1.2
250	17	1.0～2.2
300	25	1.5～3.0
350	35	>3.0

（2）导管在使用前应对其规格、质量和拼接构造进行认真检查外，还需做拼接、水密、承压、接头、抗拉等试验。合格后方可进行导管安装，导管安装后应调整底部悬空，一般调整为 30～50 cm。

（3）在钻孔桩桩顶低于钻孔中水面时，漏斗底口应比水面至少高出 4～6 m；在桩顶高于钻孔中水面时，漏斗底口应比桩顶至少高出 4～6 m。桩径 1 m 左右时取低限，等于或大于 4 m 时取高限，1～4 m 取插入值，以确保桩顶混凝土有足够的压力，使混凝土达到密实。

（4）水下混凝土的强度、抗渗性能、坍落度等应符合设计、规范要求。混凝土的生产能力应能满足桩孔在规定时间内灌注完毕。灌注时间不得长于首批混凝土初凝时间。对于灌注时间较长的桩，应对混凝土生产量和浇筑时间进行计算后，设计混凝土的初凝时间。

（5）灌注前，应检查拌和站、料场、浇灌现场的准备情况，确定各项工作就绪后方可进行。

（6）储料斗装满并备足一车混凝土时，即可进行封底。储料斗容积不小于 3 m³，以保证初灌后导管埋深不小于 1 m。盖板拔出后混凝土沿导管迅速进入孔底，在盖板拔出同时将备足的一车混凝土卸入储料斗，将底部水挤开并将导管埋入混凝土中，完成封底。封底后应立即测探孔内混凝土面高度，计算出导管内埋置深度，确认无误后即可正常灌注。如发现导管内进水，表明出现灌注事故，应立即进行处理。

（7）为防止钢筋骨架上浮，当灌注的混凝土顶面距钢筋骨架底部 1 m 左右时，应降低混凝土的灌注速度。当混凝土拌和物上升到骨架底口 4 m 以上时，提升导管，使其底口高于骨架底部 2 m 以上即可恢复正常灌注速度。灌注开始后，应紧凑、连续地进行，严禁中途停工。

（8）灌注期间由专职安全员跟班作业，要加强灌注过程中混凝土面高度和混凝土灌注量的测量和记录工作，每小时测一次，及时绘制成曲线，以确定桩的灌注质量。

（9）在灌注将近结束时，由于导管内混凝土柱高度减小，超压力降低，而导管外的泥浆及所含渣土稠度增加，相对密度增大。如在这种情况下出现混凝土顶升困难时，可在孔内加水稀释泥浆，并掏出部分沉淀土，使灌注工作顺利进行。为确保桩顶混凝土质量，桩混凝土灌注要比设计高 1.0 m 以上。在拔出最后一段长导管时，拔管速度要慢，以防止桩顶沉淀的泥浆挤入导管下形成泥心。

（五）施工质量

（1）钻孔成孔质量标准见表 5-4。

表 5-4　钻孔成孔质量标准

项目	允许偏差
孔的中心位置/mm	群桩：100；单排桩：50
孔径/mm	不小于设计桩径
倾斜度/%	钻孔：小于 1%；挖孔 0.5%
孔深/mm	摩擦桩：不小于设计规定 支承桩：比设计深度超深不小于 50 mm
沉淀厚度/mm	摩擦桩符合设计要求，当设计无要求时，对于直径≤1.5 m 的桩，沉淀厚度≤100 mm 对桩径>1.5 m 或桩长>40 m 或土质较差的桩，沉淀厚度≤150 mm 支承桩：宜<30 mm，不得大于设计规定
清孔后泥浆指标	相对密度：1.03~1.10；黏度：17~20 Pa·s；含砂率：<2%；胶体率：>98%

（2）水泥强度等级不宜低于 42.5 MPa，用量不宜低于 350 kg/m³，混凝土的抗渗性能不低于设计要求。混凝土坍落度宜为 18~22 cm。

（3）粗集料最大粒径不应大于 40 mm，细集料宜采用级配良好的中砂，混凝土配合比含砂率宜采用 0.4~0.5，水灰比宜采用 0.5~0.6。

（4）钢筋笼制作与吊放偏差

主筋间距±10 mm；箍筋间距±20 mm；骨架外径±10 mm；骨架倾斜度±0.5%；骨架保护层厚度±20 mm；骨架中心平面偏差 20 mm；骨架顶面高程±20 mm；骨架底面高程±50 mm。

（5）所有桩基必须进行无破损检测，对检测结果怀疑有缺陷的桩应进行抽芯检验，若抽芯桩存在重大质量问题，应加倍扩大钻芯数量。

（6）桩基Ⅰ类桩不低于95%，检测出现Ⅲ类桩应采用原桩位冲孔恢复。

（六）安全文明施工

建立现场安全监督检查小组，针对各工序特点，进行安全交底。为保证安全，水上作业要做到戴安全帽、穿救生衣、系安全带、穿防滑鞋；水上作业平台必须设照明、梯子、栏杆、安全网、风雨篷等，平台地板平整、牢固；坚持每天班前安全例会制，对易出安全事项进行提醒、警告；特种工人（起吊、机手、电焊工、潜水员等）应接受操作及安全培训，持证上岗，确保操作人员熟悉、掌握施工机械设备的性能及操作规程。

所使用的机械设备如钻机、起吊设备等都应在显著位置悬挂操作规程牌，规程牌上应标明机械名称、型号种类、操作方法、保养要求、安全注意事项及特殊要求等。

禁止随地排放泥浆，水上桩基应配备专用的泥浆船或泥浆输送管泵，用来造浆循环及运送废弃泥浆；所有泥浆循环池及沉淀池均应设置防护栏杆，在显著位置设置安全警示牌，防止人员落入池内。

沉淀池禁止设在正线路基上，其开挖深度不得超过2 m，以便于晾晒处理。循环池位置选择应在征地线以内，且不影响施工便道；桩基施工完毕，施工现场的循环池和沉淀池应清淤回填，分层碾压。

起吊设备应经常进行安全检查，对破损部件及时更换，确保安全。

在有通航要求水域，应按要求做好通航导航标志。

桩基施工阶段，应在其桩位醒目位置立标识牌，标明桩位、桩长、桩径、施工状态等内容，尺寸40 cm×60 cm，白底宋体黑字。

二、明挖基础施工标准化管理

（一）施工前提条件

设计图纸及技术资料经过审核，分项工程开工报告已批复。现场的劳动力满足施工进度的要求。对班组进行了详细的技术交底。水泥、砂、碎石、钢筋等材料已全部进场，并且通过检验。所需的各种车辆、振捣器、开挖机具等已到位，测量放样已完成。安全质量保证体系已确立，明确了工点及工序负责人。

（二）施工工序

明挖基础施工工序为：施工放样→原地表测量，确定开挖数量→按照开挖坡率撒出开挖轮廓线→挖掘机开挖基坑至底标高30 cm→人工清理→检验地质状况及地基承载力→绑扎钢筋、立模→混凝土浇筑，与墩柱接触面凿毛。

（三）施工技术

（1）基坑开挖应参照规范所给定的坡率进行开挖，开挖时现场要有专人指挥，边开挖边检查坡率和坑壁安全。

（2）无水基坑施工时，基坑顶应留有不小于1.0 m的护道，护道外设排水沟，基坑基础尺寸外各留0.5~1.0 m作为集水坑和排水沟用地。

（3）挡板施工基坑时，基坑顶不得堆放机具等杂物，挡板间距应按基础尺寸最小值控制，坑顶排水沟离坑壁1.0 m以上，并应有防渗措施。

（4）有水围堰施工时场地布置应密切结合总体工程所在位置、现场实际情况，以对河流影响最小为原则，同时满足自身稳定和防洪要求。

（5）明挖扩大基础混凝土浇筑模板严禁使用土模或编织袋，推荐用组合钢模。

（6）弱风化岩层基底若呈倾斜形状，应凿成不小于 30 cm 的台阶，在靠近基底 30 cm 处开挖需要放炮时，应采用松动爆破，保证基底地质不受扰动。

（7）基坑应避免超挖，若超挖应将松动部分清除，处理方案报监理及设计单位批准。

（8）混凝土灌注应采用泵送或串筒灌注，罐车运输。

（四）施工质量

基坑挖至设计标高后应立即进行报验基底的尺寸、标高及基底承载力，并及时进行施工，防止基坑暴露时间过长。

开挖好的基底各项质量要求如下：

(1)基底承载力不小于设计要求，如若不能满足，及时进行处理。

(2)平面周线位置不小于设计要求。

(3)基底标高：土质：±50 mm；石质：+50 mm，-200 mm。

明挖基础内的钢筋加工及片石混凝土施工应符合技术规范的相关要求。

（五）安全文明施工

基坑四周应做好排水设施，距离开挖线边缘 1 m 以外搭设高度不小于 1.2 m 的防护栏杆，栏杆上挂设明显的防坠落、防触电等安全警戒标志。基坑施工光线不足时，应设置照明设施。对于基坑深度超过 2 m 时，坑内应设置供人员上下的爬梯。基坑开挖出的废碴要及时清理运走，运至指定的弃土场。

三、承台施工标准化管理

（一）施工前提条件

设计图纸及文件经过审核，提出的问题已得到有关部门的回复，并对班组进行了详细的技术交底。起吊、运输等施工设备到位，所需的材料已进场，并通过检验，各班组人员安排就绪。桩基检测已经完成并符合要求。混凝土拌和站和混凝土运送设备已经准备就绪。

（二）施工工序

清理基坑→绑扎钢筋→立边模→混凝土浇筑→养护、与墩柱接触面凿毛。

（三）施工技术

(1)承包人应按批复的施工方案进行施工。

(2)桩头凿除应采用人工凿除，严禁采用炸药或膨胀剂等材料进行。

(3)水中承台的混凝土运输采用输送泵或运输船等方法进行，应充分考虑混凝土的坍落度损失，输送泵输送混凝土时坍落度一般控制在 14~16 cm。

(4)进行水下混凝土封底前，应清除积淤在套箱底的淤泥，并派潜水员检查桩基与套箱预留孔之间的堵水情况。

(5)浇筑干混凝土应避开雨天或晴热天气，并提前做好防雨措施，大体积混凝土应设冷却系统等降低混凝土水化热措施。

(6)混凝土应达到设计强度的 70% 后方可进行抽水，抽水时严格控制速度，以确保安全。

（7）大体积混凝土拆模除保证强度满足外，其龄期不少于 3 d。

（四）施工质量

（1）边桩外侧与承台边缘的净距不得小于设计规定的最小值。

（2）伸入承台的墩柱与台身钢筋准确预埋到位，并与桩主筋进行焊接，预埋筋轴线偏位不超过 10 mm，对柱或台身范围内的混凝土表面应进行拉毛，其余部分顶面应抹平压光。

（3）承台的质量检验标准见表 5-5。

表 5-5　承台的质量检验标准

项目	允许偏差/mm
混凝土强度	符合设计要求
轴线偏位	15
尺寸	±30
顶面高程	±20

（五）安全文明施工

建立现场安全监督检查小组，针对各工序特点，进行安全交底，做到遵守水上作业要求，戴安全帽、穿救生衣、系安全带、穿防滑鞋；水上作业平台必须设照明、梯子、栏杆、安全网、风雨篷等，平台地板平整、牢固；坚持每天班前安全例会制，对易出安全事项进行提醒、警告；特种工人(起吊、机手、电焊工、潜水员等)应接受操作及安全培训，持证上岗，确保操作人员熟悉、掌握施工机械设备的性能及操作规程。

钢套箱围堰的水中运输及下沉抽水速度应严格按照设计方案进行，现场设置专门的指挥船。

在深水中采用钢套箱围堰施工时，承包人应编制详细的施工安全保障方案上报驻地监理工程师批准后方可实施。

深水承台施工所需的运输船、浮吊等设备应经资质单位检查验收后方可使用，并应取得相应航道管理部门的许可。

第三节　下部构造施工标准化管理

桥梁墩台、盖梁由于承受着上部结构所产生的荷载，并将荷载有效地传递给地基基础，起着"承上启下"的作用，所以墩台、盖梁的施工是桥梁工程施工中的一个重要部分，其施工质量的优劣不仅关系到桥梁上部构件的制作与安装质量，而且对桥梁的使用功能也关系重大。在桥梁工程施工过程中，要从实际情况出发，因地制宜地提高机械化程度，大力采用工业化、自动化和施加预应力的施工工艺，提高工程质量，加快施工速度。因此，要严格执行施工规范的规定，保证下部构造的施工质量。下部构造施工标准化管理的实施，将使下部构造的施工质量和施工工艺水平稳步提高。

一、墩柱、盖梁施工标准化管理

(一)施工前提条件

分项工程开工报告已得到批复，施工现场的劳动力满足施工进度的要求，施工进度计划及分项工程的施工方案已得到批准，并对班组进行了详细的技术交底。现场安全质量保证体系已建立，明确了工点、工序负责人。水泥、砂、碎石、钢筋等材料已全部进场，配合比已确定。所需机械、设备等已准备就绪。桥梁的基础已检测完成，桥墩、盖梁的测量放样已经完成。

(二)施工工序

墩柱、盖梁施工工序为：加工墩柱模板及脚手架备料→墩柱施工放样→搭设脚手架，钢筋加工制作→钢筋绑扎→模板立设→灌注混凝土→混凝土拆模养护。

(三)施工技术

(1)墩柱、盖梁模板应采用大块定型钢模，单块模板表面积不小于 1.5 m²，墩柱、盖梁模板在设计时面板厚度应不小于 6 mm，肋板设计应使模板具有一定的刚度，起吊和灌注时不易产生变形，面板的变形量最大不应超过 1.5 mm。

(2)墩柱、盖梁模板制作完成后应进行试拼，检查模板的刚度、平整度、接缝密合性及结构尺寸等，以避免给现场使用过程带来难以克服的缺陷及困难。

(3)模板安装前必须进行打磨、除锈，并涂刷隔离油。安装时严禁直接击打，碰撞模板平面，严禁抛扔模板。模板安装后应避免杂物入内，模板必须支立稳固，接缝严密。

(4)模板与钢筋的安装工作应配合进行，模板不应与脚手架进行连接，避免引起模板变形。板式桥墩的模板可采用拉杆固定，也可采用无拉杆模板，拉杆直径不应小于 16 mm，外侧套 PVC 管。拆模后应抽出拉杆，PVC 套管沿墩柱表面切除。

(5)墩柱和系梁应同步浇筑，混凝土灌注完成后，应立即进行表面覆盖洒水养护，拆模后对结构物应立即进行养护，达到既保湿又防止污染的目的。混凝土的洒水养护时间一般为 7 d，可根据空气的湿度及周围环境情况适当增加或缩短；当气温小于 5 ℃时，应采取蓄热养护。

(6)模板及支架的拆除应遵循先支后拆，后支先拆的顺序进行，严禁随地乱扔，应及时对模板进行除污、除锈和防锈等维修保养。拆除的脚手架及模板等应码放整齐、堆码有序。

(7)系梁、盖梁的施工若采用剪力销方案，剪力销的预埋应注意埋设顺直，有规则，施工完毕后应采用细石混凝土对预留孔洞进行封堵，严禁用土或砂填补，外侧应与混凝土颜色保持一致。

(8)墩柱及盖梁搭设的脚手架下部地基应密实，设有方木垫板，脚手架搭设应考虑人员上下的扶梯，扶梯设有护栏，扶梯的爬升角度不应超过45°。脚手架的搭设应随同施工进度进行搭设，顶部设有工作平台，四周挂设安全网及护栏。下铺不小于 5 cm 厚的木板。

(9)每座桥梁墩柱开工前，应先做试验墩，以检查模板质量、混凝土外观质量、色泽等，获得批准后方可进行全面施工。

（四）施工质量

墩柱、盖梁的模板安装允许偏差必须遵照下列条件执行：模板标高：±10 mm；模板的内部尺寸：±20 mm；轴线偏位：8 mm。

混凝土坍落度可根据现场气温适当控制，一般情况混凝土在入模时保持在 5～7 cm，泵送混凝土可保持在 12～14 cm。

混凝土表面不出现裂缝，无蜂窝、麻面，水气泡很少，表面平整、密实、光洁，混凝土色泽均匀一致，无成片花纹，模板接缝或施工缝无错台，不漏浆，接缝数量做到最少。

使用梅花形高强砂浆保护层垫块，确保钢筋保护层符合要求，混凝土表面无漏筋和露块现象。

混凝土外形轮廓清晰，线条直顺，无胀模翘曲现象。

墩柱及盖梁混凝土原则上不允许进行修饰，但施工过程确因混凝土表面存在缺陷不影响主体结构时，应报监理工程师同意后方可进行修饰，修饰前拍照存档，修饰材料应确保色泽与结构一致。

（五）安全文明施工

建立健全各项安全制度，坚持班前安全例会制，落实安全生产责任制，现场设置专职安全员，项目部坚持安全定期检查和不定期抽检制度。

桥梁墩柱、盖梁施工的脚手架的搭设方案需经过监理工程师的批准，每隔 5 m 应设置 45°斜向剪力撑，每个桥墩灌注混凝土前顶部应设置不小于 3 m² 的作业平台，四周搭设防护栏杆，挂设安全网。

工地现场使用的模板、脚手架、木材等周转材料应码放整齐，保持施工现场整洁文明。施工现场人员必须戴安全帽，高空作业人员必须佩戴安全带。模板的吊装需专人指挥，吊装作业时闲杂人员应撤离现场。墩柱施工完成后，对于系梁、盖梁及承台四周的建筑垃圾应及时清理，运至弃土场。拆模时严防因时间控制不当或操作时粗心造成结构物缺棱掉角。

桥梁墩柱、盖梁在施工过程中应设置临时标识牌，标识牌大小为 0.3 m×0.5 m，白底黑字，包括墩台编号、墩高、结构类型、混凝土标号、施工班组等内容。每个墩台施工完毕后，应及时编墩、台号。将其标注在左、右幅外侧墩柱、台身上，具体要求如下：

（1）编号路线里程增长方向分沿左、右幅从起点桥台、墩柱到终点桥台按数字从 0，1，2，3……进行编号；

（2）墩柱、台身上编号外圆圈直径为 40 cm，中文字体为印刷黑体，规格为 10 cm×15 cm，采用红色油漆标注于距底梁 3 m 处。

二、桥台施工标准化管理

（一）施工前提条件

分项工程开工报告已得到批复，施工现场的劳动力满足施工进度的要求，施工进度计划及分项工程的施工方案已得到批准，并对班组进行了详细的技术交底。现场安全质量保证体系已建立，明确了工点、工序负责人。水泥、砂、碎石、钢筋等材料已全部进场，配合比已确定。所需机械、设备等已准备就绪。桥台的测量放样已经完成。

(二)桥台施工工序

桥台施工工序为：加工桥台模板及脚手架→桥台施工放样→搭设脚手架，片石及混凝土原材料的准备→模板立设→绑扎钢筋→灌注混凝土→拆模、混凝土养生→立设顶帽及侧墙模板→浇筑、养护。

(三)施工技术

(1)桥台模板一般采用钢模或大型竹胶板拼装，严禁使用自制木模，模板刚度应满足规范要求。

(2)竹胶板在使用过程中的穿眼应采用电钻的方式进行，严禁使用乙炔等方式进行烧割，模板的切割应采用电锯的方式进行。

(3)桥台顶帽的Ⅱ级钢筋直径超过25 mm时，连接不宜采用焊接，应采用镦粗直螺纹钢筋接头机械连接，接头必须按照有关试验规范进行试验和验收。

(4)大体积桥台混凝土浇筑应选择适合天气，在一天中气温较低中进行，配合比中应适当控制水化热速度。

(5)模板及支架的拆除应遵循先支后拆、后支先拆的顺序进行，严禁随地乱扔，应及时对模板进行除污、除锈和防锈等维修保养。拆除的脚手架及模板等应码放整齐、堆码有序。

(6)混凝土灌注完成后，应立即进行表面覆盖洒水养护，拆模后对结构物应立即进行养护，达到既保湿又防止污染的目的。混凝土的洒水养护时间一般为7 d，可根据空气的湿度及周围环境情况适当增加或缩短；当气温小于5 ℃时，应采取蓄热养护。

(7)每个墩台施工完毕后，应及时编墩、台号。将其标注在左、右幅外侧墩柱、台身上，具体要求如下：

①编号路线里程增长方向分沿左、右幅从起点桥台、墩柱到终点桥台按数字从0，1，2，3……进行编号；

②墩柱、台身上编号外圆圈直径为40 cm，中文字体为印刷黑体，规格为10 cm×15 cm，采用红色油漆标注于距底梁3 m处。

(四)施工质量

(1)桥台的模板安装允许偏差必须遵照下列条件执行：模板标高：±10 mm；模板的内部尺寸：±20 mm；轴线偏位：8 mm。

(2)对于桥台侧墙混凝土浇筑时注意防撞护栏钢筋的预埋位置准确，与将来预制梁的防撞护栏预埋钢筋处于同一条线上；桥台背墙顶面的伸缩缝钢筋预埋高度、间距等应严格按照图纸执行；桥台顶帽支座钢板的预埋，应保证位置准确，钢板预埋采用与顶帽钢筋固定等方式保持钢板顶面水平。

(3)混凝土的坍落度宜控制在5~8 cm。

(4)混凝土表面无蜂窝、麻面，水气泡小而少，无裂纹、表面平整、密实、光洁，混凝土色泽均匀一致，混凝土表面不漏筋、不露垫块。

(5)桥台混凝土浇筑的质量检验标准见表5-6。

表 5-6　桥台混凝土浇筑的质量检验标准

项目	允许偏差/mm
混凝土强度	符合设计要求
竖直度或斜度	0.3%H 且不大于 2
轴线偏位	10
大面积平整度	5
断面尺寸	±20
顶面高程	±10
节段间错台	5
预埋件位置	符合设计规定，设计未规定时，允许偏差是 10

（五）安全文明施工

建立健全各项安全制度，坚持班前安全例会制，落实安全生产责任制，现场设置专职安全员，项目部坚持安全定期检查和不定期抽检制度。桥梁墩柱、盖梁施工的脚手架的搭设方案需经过监理工程师的批准，每隔 5 m 应设置 45°斜向剪力撑，每个桥墩灌注混凝土前顶部应设置不小于 3 m² 的作业平台，四周搭设防护栏杆，挂设安全网。工地现场使用的模板、脚手架、木材等周转材料应码放整齐，保持施工现场整洁文明。施工现场人员必须戴安全帽，高空作业人员必须佩戴安全带。模板的吊装需专人指挥，吊装作业时闲杂人员应撤离现场。墩柱施工完成后，对于系梁、盖梁及承台四周的建筑垃圾应及时清理，运至弃土场。拆模时严防因时间控制不当或操作粗心时造成结构物缺棱掉角。

第四节　上部构造施工标准化管理

预应力混凝土箱梁一般在梁场预制，养护至强度达到设计或规范要求后通过运输工具运至桥位，再用架桥机架设就位。箱梁架设完后进行桥面铺装、伸缩缝、护栏等附属设施的施工。上部构造施工标准化管理的实施，保证了施工过程的安全，使上部构造的施工质量符合设计要求及规范规定。

一、预制梁施工（后张法）标准化管理

（一）施工前提条件

分项工程开工报告等技术资料已审批、交底。现场施工人员到位，配置合理，工种齐全。台座、张拉平台及龙门吊已经完成。预制梁使用的千斤顶、油泵、钢筋加工机械及压浆机等机械设备均已进场。张拉设备已经相应资质部门标定。张拉操作人员必须配有对讲机，以便现场及时沟通、协调。一个合同段内梁片应尽可能集中预制。

（二）施工工序

预制梁施工工序如图 5-2 所示。

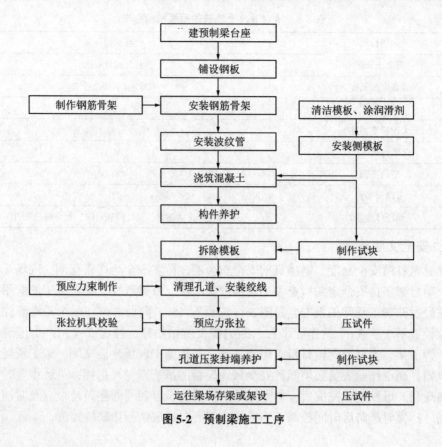

图 5-2　预制梁施工工序

（三）施工技术

1. 钢筋

（1）钢筋储存、加工、安装应严格按照规范进行。

（2）对于原材料及已加工好的钢筋应分类堆放，并做好标识，以便检查。

（3）钢筋绑扎、安装时应准确定位，符合设计要求，无漏筋现象。

（4）横隔板钢筋采取提前制作，整体安装，其他钢筋在现场绑扎，同时注意预埋钢筋。

（5）钢筋的垫块应采用梅花形高强砂浆垫块，纵横向间距均不得大于 0.8 m，梁底不得大于 0.5 m，确保每平方米垫块不少于 4 块。

（6）桥面板混凝土的钢筋安设，竖向偏差不应大于 5 mm。

（7）钢筋主筋采用闪光对焊连接或双面搭接焊连接；构造筋、骨架连接处主筋采用搭接焊；由于主筋过长无法一次焊接的主筋，在分段对焊或搭接焊后的连接处采用搭接焊；箍筋、网片钢筋采用人工绑扎连接。

（8）钢筋焊接时，注意搭接长度，两钢筋的轴线要在同一线上，搭接处角度应先弯曲，严禁先焊接后弯曲，焊缝中不得有夹渣，不得在焊缝中加钢筋头焊接；Ⅱ级钢筋采用结 502 或结 506 焊条。直径在 25 mm 以上的钢筋应采用机械连接，要求镦粗，连接紧密。

（9）钢筋应严格按照图纸安装，钢筋数量、型号、间距必须符合设计规范要求。对于已锈蚀的钢筋，安装前必须进行除锈。

2. 模板

(1)模板采用大块定型钢板，厚度不小于6 mm。

(2)模板制作后表面应平整，尺寸偏差符合设计要求，具有足够的强度、刚度、稳定性，且拆装方便，接缝严密不漏浆。

(3)外模处每隔一定距离左右布置一个附着式振动器，两侧错开布置。

(4)模板隔离剂应认真调制、涂刷，使模板表面隔离剂薄而均匀，确保梁片色泽一致，表面光洁。

(5)当要求梁片设置横坡时，梁顶板必须按横坡预制。

(6)要采取可靠措施，有效固定内模，防止内模上浮或下沉。

3. 波纹管、锚垫板安装及定位

(1)在钢筋绑扎过程中，应根据设计文件，精确固定波纹管和锚垫板位置。波纹管定位筋间隔和接头长度应不低于规范要求，接头用塑料胶带缠裹严密，保证不漏浆。

(2)为保证预留孔道位置的精确，端模板应与侧模和底模紧密贴合，并与孔道轴线垂直。孔道管固定处应注明坐标位置，锚垫板还应编上号，以便钢绞线布置时对号入座。

(3)钢筋焊接时应做好金属波纹管的保护工作，如在管上覆盖湿布，以防焊渣灼穿管壁发生漏浆。

4. 钢绞线下料、梳理、穿束

(1)钢绞线下料时要通过计算确定下料长度，钢绞线下料长度=设计锚固长度+工作长度。要保证张拉的工作长度，下料应在加工棚内进行，切断采用切断机或砂轮锯，不得采用电弧切割，在切口处20 mm范围内用细铁丝绑扎牢固，防止头部松散。同时注意安全，防止钢绞线在下料时伤人。

(2)在穿束制头时，先穿入一个工作锚环，然后按锚孔布置方式焊制锥头，保证其顺直不扭转，穿束时将锚环抵在垫板上，像梳子梳理头发一样，将钢束梳好，穿束完毕后将另一端离锥头50~80 cm处绑扎牢固，割去锥头。

(3)钢绞线在穿束前应确保锚垫板位置准确和孔道畅通，并且孔道内无水和杂物，穿束前将一根钢束中的全部钢绞线进行编束，编束时将钢绞线按顺序绑扎，并用记号笔或用油漆标出钢绞线编束顺序，钢绞线不得在绑扎时出现交叉，绑扎间距为钢绞线两头50~100 cm，钢绞线中间150~200 cm，穿束时用帆布将钢绞线前端进行包扎，以防划伤管道。

5. 锚具的安装操作

锚具须按规定程序进行试验验收，验收合格者方可使用。采用适当的定位措施，保证工作锚环与孔道的同心度。安装工作锚环，尽可能使钢绞线平行通过锚孔，避免乱穿和交叉等情况，注意锚环和锚垫板的对中，防止打伤工作锚。

6. 混凝土浇筑施工

(1)混凝土的配合比应根据混凝土的标号、选用的砂石料、添加剂和水泥等级进行设计，多做几组进行比较，除满足混凝土强度和弹模要求外，还要确保混凝土外观质量，选用表面光洁、颜色均匀的作为施工配合比。

(2)梁体混凝土灌注采用斜向分段、水平分层、一次灌注完成不设施工缝。浇筑顺序为：浇筑底板、立内膜、浇筑腹，最后浇筑顶板混凝土。

(3)混凝土振捣以附着振动为主，插入振捣为辅。附着式振动器采用高频外装便携式振动器。浇筑腹板下部混凝土时，相应部位的振动器及上层振捣器要全部开动，以使混凝土入模速度加快，并防止形成空洞。待混凝土充分进入腹板下部时，停止开动上部振动器，仅开动下部振动器，直到密实为止。振动器开动以灌注混凝土为准，严禁空振模板。施工中应加强观察，防止漏浆、欠振和漏振现象发生。模板边角以及振动器振动不到的地方应辅以插入振捣。

（4）箱梁与箱梁顶板应用平板振动器振捣。灌注面板混凝土时，采用插入式振捣棒振捣，停止附着振动器，随振随抹平。

（5）要避免振动器碰撞预应力管道、预埋件、模板，对锚垫板后钢筋密集区应认真、细致振捣，确保锚下混凝土密实。

（6）在梁体浇筑振捣完后，采用木抹子对梁顶进行抹光，初凝前，再进行二次收浆，最后用扫帚拉毛。

（7）混凝土浇筑完后要及时进行养护，在混凝土表面铺上薄膜或土工布，要有专人对梁侧面进行不间断的洒水。

（8）梁片预制应制作同条件下养护的试块，该试块放置于梁片的顶板上，与该梁片同时、同条件养护。

（9）夏季施工时混凝土混合料的温度应不超过 32 ℃，当超过 32 ℃时应采用有效的降温措施防止蒸发，与混凝土接触的模板、钢筋在浇筑前应采用有效的措施降低到 32 ℃以下。

7. 预应力筋张拉施工

（1）张拉前的混凝土养护时间及强度控制：混凝土强度应不小于设计规定值，设计未要求时不低于设计强度值的 75%。箱梁时间至少 7 d 或遵从设计规定。

（2）张拉前对操作人员进行培训，培训合格后方可上岗操作。

（3）梁体预制完成后，出坑时间一般不少于 10 d，存梁时间一般不宜超过 2 个月，上拱不超过 2 cm。

（4）张拉前先做好千斤顶和压力表的校验与张拉吨位相应的油压表读数和钢丝伸长量的计算，尤其对千斤顶和油泵要进行仔细检查，保证各部分不漏油并能正常工作。同时，准备好张拉操作记录。

（5）张拉采用油表读数与伸长量双控制的方法，如果预应力筋的伸长量与计算值超过 6%，要找出原因，可以重新进行校顶和测定预应力筋的弹性模量。

（6）张拉程序为：普通松弛力筋：$0 \rightarrow$ 初应力 $\rightarrow 1.03\sigma_{con}$；低松弛力筋：$0 \rightarrow$ 初应力 $\rightarrow$ σ_{con}（持荷载 2 min 锚固）。

（7）一束拉完后看其断丝、滑丝情况是否在规定要求范围，若超出规范需重新穿束张拉，锚固时也要做记号，防止滑丝。

（8）钢束的张拉采用两端同时对称张拉，对长索更应严格控制，张拉顺序按设计要求进行，原则上的顺序为"先上后下，先中间后两边，应对称于构件截面的竖直轴线"，同时考虑不使构件的上下缘混凝土应力超过容许值。

（9）预应力钢绞线在张拉控制应力达到稳定后方可锚固，端头多余钢绞线应使用砂轮机切割，不可使用电弧焊切割。

8. 压浆施工

（1）张拉结束后，立即进行压浆。张拉和压浆时间间隔为空气湿度>70%不大于 7 d，空气湿度在 40%~70%之间不大于 15 d。压浆前用水冲洗孔道，借以除尘和湿润孔壁，除掉孔内杂质，以便灰浆及孔壁有良好的黏着性。

（2）采用的水泥质量应经严格检验合格后方可用于压浆。压浆水灰比控制在 0.40～0.45，并在水泥中掺 10% 的膨胀剂，控制水泥浆的泌水率不超过 3%，收缩率小于 2%，膨胀率不小于 10%，稠度在 14～18 s，使水泥浆具有较好的和易性、流动性及压浆后的密实性。

（3）压浆作业过程，最少每隔 3 h 应将所有设备用清水彻底清洗一次，每天用完后也用清水进行冲洗。

（4）压浆过程及压浆后 2 d 内气温低于 5 ℃时，在无可靠保温措施下禁止压浆作业。温度大于 35 ℃时不得拌和或压浆。

（5）水泥浆从配料到压入管内，控制在 45 min 内，水泥浆要经过 φ1.2 mm 的筛子后再进入料斗，防止大颗粒进入压浆泵造成堵管。

（6）压浆采用真空压浆泵，启动真空泵抽真空，使真空度达到 -0.06～-0.1 MPa，并保持其稳定不少于 60 s，打开进阀开始灌浆，灌浆过程中，真空泵保持连续工作。待抽真空端的透明加筋网纹管内有浆体经过时，关闭真空机组的空气滤清器前端的阀门，稍后打开排气阀。当水泥浆从止回排气阀中顺畅流出时，打开其他与孔道相连接的排气阀，当阀门中排出的浆体稠度与灌入的浆体一致时，关闭抽真空端所有的阀门和排气阀。灌浆泵继续工作，压力达到 0.7 MPa 左右，持压 2 min，压力稳定后关闭灌浆泵端阀门，完成该孔道的灌浆。

9. 封锚

（1）孔道压浆后应立即将梁端水泥浆冲洗干净，同时清除支承垫板、锚具及端面混凝土的污垢。

（2）封锚混凝土在梁架好后立模施工。

（3）固定封锚模板，立模后校核梁长，其长度应符合规定。

（4）封锚混凝土应仔细操作并认真插捣，使锚具处的混凝土密实。

（5）封锚混凝土浇筑后，静置 1～2 h，带模浇水养护。脱模后在常温下一般养护时间不少于 7 d。冬季气温低于 5 ℃时不得浇水，养护时间增长，采取保温措施。

10. 养护其他工作

（1）拆模后做好洒水养护工作，并用土工布覆盖至梁底，保持足够的温度和湿度。

（2）拆模后对湿接缝部位应立即凿毛，对梁顶部位进行拉毛。

（四）施工质量

（1）预制时应将伸缩缝预埋筋、泄水孔、防撞护栏预埋筋、吊梁孔（环）、钢束孔道等按设计要求将预埋件全部准确装好。

（2）梁体混凝土表面平整、光滑、色泽一致、无明显模板接缝、无漏浆、无蜂窝、麻面等缺陷，水泡气泡小且少，外观线条顺畅、边梁边缘线顺直、平整。

（3）预应力筋制作、安装、张拉质量标准：预应力筋的各项技术性能必须符合国家现行标准规定和设计要求；预应力束中的钢丝、钢绞线应梳理顺直，不得有缠扭麻花现象，表面不应有损伤；单根钢绞线不允许断丝，单根钢筋不允许断筋或滑移；同一截面预应力筋接头面积不超过预应力筋总面积的 25%，接头质量应满足施工技术规范的要求；预应力筋张拉或放张时，混凝土强度和龄期必须符合设计要求，应严格按照设计规定的张拉顺序进行操作；预应力钢丝采用镦头锚时，镦头应头型圆整，不得有斜歪或破裂现象；制孔管道应安装牢固，接头密合，弯曲圆顺。锚垫板平面应与孔道轴线垂直；千斤顶、油表、钢尺等器具应检查校正；锚具、夹具和连接器应符合设计要求，按施工技术规范的要求经检验合格后方可使用；压浆工作在 5 ℃ 以下进行时，应采取防冻或保温措施；孔道压浆的水泥浆性能和强度应符合施工技术规范的要求，压浆时排气、排水孔应有水泥原浆溢出后方可封闭；应按设计要求浇筑封锚混凝土。

（4）钢筋、钢筋网加工及安装质量标准：钢筋、机械连接器、焊条等的品种、规格和技术性能应符合国家现行标准规定和设计要求；冷拉钢筋的机械性能必须符合规范要求，钢筋平直，表面不应有裂皮和油污；受力钢筋同一截面的接头数量、搭接长度、焊接和机械接头质量应符合施工技术规范要求；钢筋安装时，必须保证设计要求的钢筋根数；受力钢筋应平直，表面不得有裂纹和其他损伤。

（5）预制梁质量标准：所用的水泥、砂、石、水、外加剂及混合材料的质量和规格必须符合有关规范的要求，按规定的配合比施工；梁体不得出现露筋和空洞现象；梁体在吊移底座时，混凝土的强度不得低于设计所要求的吊装强度。

（五）安全文明施工

工作人员应持证上岗，挂牌作业。预制施工现场应实行封闭管理，严禁无关人员进入。模板拆卸应按规定程序进行，不得野蛮拆卸模板。张拉平台及施工架应搭设结实牢固。油泵运转不正常情况下，应立即停止，进行检查。在有压情况下，不得随意拧动油泵或千斤顶各部位的螺丝。油管和千斤顶油嘴连接时应擦拭干净，防止砂砾堵管，新油管应检查有无裂纹，接头是否牢靠，高压油管的接头应加防护套，以防喷油伤人。千斤顶带压工作时，正面不能站人，且不可拆卸液压系统中任何部件。压浆泵使用应严格按安全操作规程进行。压浆工作人员应脚穿雨鞋，戴防护眼镜。每次压浆机停用应及时清洗泵及管道，防止下次使用堵管。钢筋分批分品种堆放等要在明显位置标出。钢筋要离地在 20 cm 以上进行覆盖，加工好的半成品应堆放在钢筋加工棚内，防止生锈。已张拉完而尚未压浆的梁，严禁剧烈振动，以防预应力筋裂断而造成重大事故。

编梁片号：①箱梁预制完成后应在各梁片上标注梁片号，在各箱梁腹板侧面标明桥名、编号、制作日期及施工单位和监理单位名称。②标注梁片编号沿路线里程增长方向按左、右幅分别从右侧向左侧第一片梁片编起。③编号标识规格宽度为 90 cm、高度为 48 cm（平均每行 12 cm），中文字体为印刷黑体，规格为 5 cm×8 cm，采用红色油漆标注于梁片跨中处，如表 5-7 所示。

表 5-7　箱梁浇筑信息表

桥名	×××大（中、小）桥	梁号	左（右）
施工单位			
监理单位			
浇筑日期	×年×月×日	张拉日期	×年×月×日

二、预制梁安装标准化管理

（一）施工前提条件

桥梁墩台已经施工完成，并达到承载强度；垫石、支座经验收，其标高、平整度、水平度等指标符合要求。局部处有不平整的，用环氧砂浆补平；标高超出设计值者，凿除表面用环氧砂浆补平；较低者，支座下衬垫钢板，并做好钢板的防腐处理，在架设前完成支座安装及验收。

对于负责梁片安装的技术、设备操作手等人员应进行适当的培训，人员配置要全面、合理。如有起重工、电工、架子工、电焊工、测量员、特别工种人员必须持有上岗证。

架梁使用的手拉葫芦、电葫芦、千斤顶、架桥机械、钢轨、枕木、配重设备等机械设备材料均已进场。梁片架设应采用专业生产厂家生产的架桥机，并经相关部门验收合格后方可使用。

对预制完成的梁进行验收，核对编号、生产日期、梁长、预拱度、宽度等。根据实际施工误差，编制架设计划，明确每跨梁每个位置的梁号，构件由预制场运输吊装场地按顺序编号，对号入座，原则是先预制的梁先安装，并且同一跨的龄期应基本相同。

(二)施工工序

预制梁安装施工工序如图 5-3 所示。

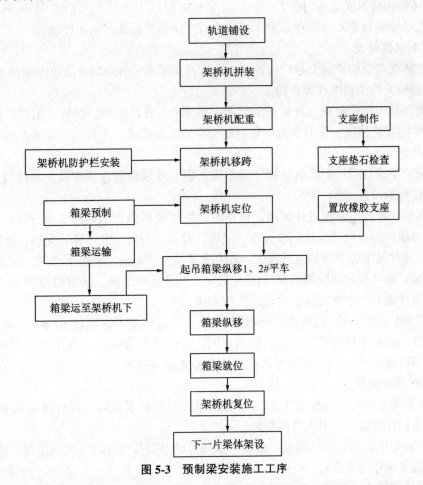

图 5-3　预制梁安装施工工序

(三)施工技术

1. 垫石、支座

(1)支承垫石的混凝土强度应符合设计要求，不得用砂浆找平，顶面标高精确且平整。

架梁前应进行检查，避免安装后支座与梁底发生偏歪、不均匀受力或脱空现象。梁板安放后，还应再次检查，使梁、板就位准确且与支座密贴。就位不准确时，或支座与梁板不密贴时，必须吊起，采取措施，使梁就位准确、支座受力均匀。

（2）支承垫石内或梁底有钢板的，务必保证钢板的型号和表面标高符合要求。钢板底部的混凝土必须振捣密实，不得出现钢板悬空现象。

（3）支座的上下钢板定位螺栓应切割平齐，不得妨碍支座自由变位。支座防尘罩应及时敷设。

（4）所有自制支座预埋钢板与其钢筋焊好后应进行热浸镀锌；由厂家成套购买的支座，应要求厂家将上下钢板进行热浸镀锌，运输中加以保护；盆式支座的钢、铁件也应要求热浸镀锌。螺栓、螺母、垫圈采用镀锌处理，并应清理螺纹或离心处理。

（5）应全面检查支座的各项性能指标后，包括支座长、宽、厚、硬度（邵氏）、容许荷载、容许最大温差以及外观检查等，如不符合设计要求时，不得使用。

（6）在桥面铺装层和防撞护栏完成后，还应特别注意检查边梁（板）的支座承压情况，并采取上述措施确保支座均匀受力。

（7）支座安装后要及时清理杂物，拆除临时支座或其他临时固定设施。

2. 预制梁的架设

（1）梁体架设前应检查支撑结构的尺寸、标高、平面位置和墩台支座与梁体支座尺寸，清除支座钢板的铁锈和砂浆等杂物。

（2）梁体吊离台座时应检查梁底的混凝土质量（主要是空洞、露筋、钢筋保护层等），为保证梁体的安装精度，安装前应保证预制梁符合质量要求，为此运送至现场前必须附有合格证明材料。

（3）箱梁架设宜采用架桥机或钢导梁方式，板梁可采用起重机架设。未经批准，不得采用人字桅杆架设。

（4）梁板初吊时，应先进行试吊。试吊时，先将梁吊离支承面约 2～3 cm 后暂停，对各主要受力部位的作用情况作细致检查，经确认受力良好后，方可撤除支垫，继续起吊。

（5）梁片的起吊应平稳匀速进行，两端高差不大于 30 cm，梁片下放时，应先落一端，再落另一端，确认梁片两端侧斜撑已固定完好，方可拆除吊具。捆绑钢丝绳与梁片底面、侧面的拐角接触处，必须安放护梁铁瓦或胶皮垫。

（6）梁片装车时，梁的重心线与车辆纵向中心线的偏差不得超过 10 mm，梁片应按设计支点放置，梁片不得偏吊、偏放，放落梁时，应先撑好再松钩。汽车和牵引车运梁时，走行速度不得超过 5 km/h。送梁车前后均应有专人负责指挥。

3. 预制梁的安装

（1）预制梁安装时，应注意上下工序的衔接。如果在安装时与设计规定的条件不同，应及时联系设计单位，提出有效的措施。

（2）预制梁的起吊、纵向移动、落低、横向移动及就位等，均需统一指挥、协调一致，并按预定施工顺序妥善进行。

（3）梁体安装中，应随时注意梁体移动时与就位后的临时固定（支撑），防止侧倾。

（4）梁体的安装顺序，除特殊情况外，一般应由边至中再至边进行安装。

（5）梁体安装就位后，应做到各梁端整齐划一，梁端缝顺直，宽度符合设计要求。

（6）梁体安装就位后，应进行测量校正，符合设计要求后，才允许焊接或浇筑接头混凝土，在焊完后必须进行复核，并做好记录。

（7）梁体接头混凝土强度应符合设计要求，并以设计规定强度的混凝土和符合施工缝处理要求的方式进行浇筑。在接头处钢筋的焊接或金属部件的焊缝必须经过隐蔽工程验收后，方可浇筑接头混凝土。

（8）梁板就位后湿接缝要及时浇筑，相邻梁板之间的缝隙嵌填要密实。

4. 负弯矩预应力施工

（1）负弯矩预应力施工时间相对靠后，应做好孔道封口保护及锚垫板的防锈处理。

（2）不得先穿束后浇筑梁端连续段混凝土，梁端连续段混凝土强度必须达到设计要求后方可穿束进行负弯矩预应力施工。

（3）张拉前对预留孔道应用通孔器或其他可靠方法进行检查。

（4）预应力筋的张拉顺序应符合设计要求。设计无规定时，按先短后长束，并待短束封锚混凝土强度达到80%以上方可张拉长束的顺序进行。

（5）端部预埋板与锚具和垫板接触处的焊渣、毛刺、混凝土残渣等应清除干净，封端混凝土槽口清理合格后方可填筑混凝土。

（四）施工质量

安装后构件不得有硬伤、掉角和裂纹等缺陷。应做到各梁端整齐划一，梁端缝顺直，宽度符合要求。支座接触必须严密，不得有空隙，位置必须符合设计要求。

支座安装质量标准见表5-8。

表 5-8　支座安装质量标准

项目		规定值或允许偏差/mm
支座中心与主梁中心线偏位		应重合，最大偏差<2
高程		符合设计要求
支座顺桥向偏位		10
支座四角高差	承压力≤5 000 KN	<1
	承压力>5 000 KN	<2

梁（板）安装质量标准见表5-9。

表 5-9　梁（板）安装质量标准

项目		规定值或允许偏差
倾斜度/%		1.2
梁（板）顶面纵向高程/mm		+8，-5
相邻梁（板）顶面高差/mm		8
支承中心偏位/mm	梁	5
	板	10

（五）安全文明施工

箱梁架设现场设专职安全员进行安全巡视，密切观察现场的安全状况。为保证架梁的质量和安全，操作人员应为专业人士。架梁现场应有明显标志，与该工作无关的人员严禁入内。使用钢轨的，钢轨的两侧必须设置限位装置，并经常检查限位装置的完好性。滑轮运转不正常的情况下，应立即停止进行检查。钢丝绳必须每天检查。作为架梁时工作人员行走的"天桥"，必须设置严格、规范的防护栏杆，确保施工安全。加强起重吊装设备检修，对所有起重、运输工具设备，使用前应进行全面的检修，特别是重型吊装机械，必须经过荷重试吊合格后，方可正式使用，在统一指挥下进行作业。夜间、5级及5级以上大风(暴雨)时不得进行箱梁架设作业。

三、桥面铺装施工标准化管理

(一)施工前提条件

(1)人员：建立有效的组织管理机构，配备精干的管理人员，合理配置施工班组，合理配置劳动力。

(2)材料：根据工程进度需要，制定合理的材料需要量计划，并组织材料采购，按规定地点和指定方式进场储存堆放。做好进场材料的试验工作。

(3)机械：各种设备应提前进场，施工机械设备应在施工前做好安装调试工作。

(4)实行作业交底制度，对桥面铺装的各个工序，各种工班进行详细交底。

(二)施工工序

清除桥面浮浆、油迹并凿毛→清洗桥面→测量放样→铺设、绑扎钢筋网片→安装振捣梁行走轨道→支垫钢筋网片→混凝土搅拌和运输→混凝土浇筑、摊铺和平整→一次抹面→二次抹面→拉毛→覆盖养护→桥面铺装高程及平整度验收。

(三)施工技术

将梁体顶面凿毛、清理、冲洗干净，以便铺装层混凝土与梁体混凝土结合牢靠。绑扎桥面钢筋，并注意固定钢筋的位置，以便在浇筑混凝土时钢筋不至于下沉。混凝土桥面标高在测量放线后用槽钢固定。浇筑桥面混凝土前，应在桥面范围内布点测量高程，以确保浇筑后的桥面铺装厚度不小于设计桥面铺装厚度。用高压水将混凝土构件冲洗干净，使桥面与混凝土构件紧密结合。桥面钢筋网安装时用立筋或垫块保证其位置正确和保护层厚度。做一段铺装作为试验段，认真总结，符合要求后再大面积施工。混凝土浇筑要连续，从下坡向上坡方向进行，人工局部布料、摊铺时，用铁锹反扣，严禁抛掷，耙耧摊铺要均匀，靠边角处应采用插入式振捣器振捣辅助布料。

振捣时，先用插入式振捣器振捣，使得骨料分布均匀，一次插入振捣时间不宜超过20 s，然后采用平板振捣器纵横交错全面振捣，其振捣面重合100~200 mm，一次振捣时间不宜少于30 s 最后采用振捣梁沿轨道进行全幅振捣，直至振捣密实。振捣时应设专人控制振动行驶速度、铲料和填料，确保铺装面饱满、密实及表面平整。振捣梁作业完毕后，作业面上架立人工作业平台，作业工人在操作平台上用木抹子进行第一次抹面，用短木抹子找边，第一次抹面应将混凝土表面的水泥浆排出，并应控制好大面平整度。混凝土初凝前，采用钢抹子进行二次抹面，二次抹面应控制好局部平整度。

混凝土在二次抹面后应立即采用尼龙丝刷进行表面拉毛处理，然后采用土工布覆盖养护，但开始养护时，不宜洒水过多，防止混凝土表面起皮，待混凝土终凝后再浸水养护，养护期在7 d以上。在已浇混凝土初凝后不得采取砂浆或混凝土进行薄层贴补。对需安装伸缩缝处的水泥混凝土桥面，应先连续浇筑混凝土，然后切缝开槽安装伸缩缝。混凝土未达到足够强度前，桥头处设警示标和障碍，禁止车辆通过。桥面混凝土铺装宜避开高温时段及大风天气，否则将造成桥面混凝土表面因干缩过快而导致表面开裂。

做好防雨措施，准备一定长度的人字形避雨棚，遇雨时，应立即停止施工，同时做好已施工段的防雨工作。

(四)施工质量

桥面泄水孔的进水口应略低于桥面面层，其数量不得低于设计要求；泄水孔下周围 10 m 范围有房屋、通道的，一律设置引水管道至桥下排水沟。铺装层表面无脱皮、印痕、裂纹、石子外露等缺陷。除施工缝外，铺装层面无干缩或湿缩产生的裂纹。施工接缝密贴、平整、无错台。

钢筋网现场质量检验见表 5-10。

表 5-10　钢筋网现场质量检验表

项次	检验项目	检验项目	检验方法和频率
1	网的长、宽/mm	±10	用尺量
2	网眼尺寸/mm	±10	用尺量，抽查 3 个网眼
3	对角线差/mm	10	用尺量，抽查 3 个网眼对角线

桥面铺装现场质量检验见表 5-11。

表 5-11　桥面铺装现场质量检验表

项次	检验项目		规定值或允许偏差	检验方法和频率
1	强度或压实度		在合格标准内	以标准养生和试验条件下测得的混凝土标准试块抗压强度为准
2	厚度/mm		+10，−5	以同梁体产生相同下挠变形的点为基准点，测量路面浇筑前后标高检查，每 100 m 5 处
3	平整度	平整度指数 IRI/(m/km)	3.0	平整度仪全桥每车道连续检测，每 100 m 计算 IRI 或 σ
		标准差 σ/mm	1.8	
4	横坡坡度/%		±0.15	水准仪：每 100 m 检查 3 个断面
5	抗滑构造深度		符合设计要求	铺砂法：每 200 m 检查 3 处

(五)安全文明施工

建立健全安全保证体系，对现场工作人员进行安全文明教育，强化安全意识。在桥梁边缘设置安全网，桥头设安全责任、警示标识牌，施工人员进场必须戴安全帽，在桥梁边缘作业的工人配备安全带。针对桥面钢筋多且面广的特点，设专职电工每天对用电设备、线路进行全面检查。桥头设栅栏，非施工人员和外来车辆严禁入内。

四、护栏施工标准化管理

(一)施工前提条件

(1)人员准备：合理配置施工班组，合理配置劳动力。

(2)材料情况：根据工程进度需要，组织材料按规定地点和指定方式进场储存堆放，

做好进场材料的检验工作。　　　　　表 5-1

（3）设备情况：根据工程需要组织机械设备到位。

（4）施工前，应对防撞护栏预埋钢筋进行复检，对缺、漏、错位的钢筋应采取措施整改到位后才能开始防撞护栏的施工。

（二）施工工序

精确放样→凿毛、预埋筋调整→钢筋制作安装→模板安装→浇筑混凝土→拆模→养护。

（三）施工技术

（1）精确放样。对护栏进行放样，画出其内边线，根据线形进行微调，确保护栏线形顺畅。放样时，对于直线段，每 10 m 测一护栏内边缘点，曲线段根据实际计算确定，确保其误差不得大于 4 mm。护栏的高程以桥面铺装层作为基准面控制，在此之前，应对桥面铺装层进行检验，保证竖直度，确保顶面高程。

（2）钢筋的制作与安装。钢筋的骨架按设计要求制作，并与梁顶预埋筋连接。安装时，应根据放样点拉线调整钢筋位置，确保保护层。

（3）模板安装。模板交角处采用倒圆角处理，使其线形平顺，尺寸严格按设计要求制作。制作好的模板应进行试拼编号，对于有错台和平整度不符合要求的要及时整改，合格后方可使用；选用专用脱模剂保证混凝土颜色均匀，表面光滑；模板接缝采用塑料胶带粘贴于模板接缝处，模板之间采用螺丝扣紧，模板与铺装层接缝采用海绵材料进行填缝，保证接缝严密，不漏浆，不污染。安装模板时，严格控制错台现象；护栏断缝的设置按设计要求进行，断缝宜采用易于拆除的板材断开。对于跨径大于 30 m 以上的，可适当加设断缝，防止混凝土在行车荷载下的应力集中混凝土断裂并保证断缝垂直整齐。断缝采用泡沫材料断开。在伸缩缝处要预留槽口，以利于伸缩缝的安装；采取措施确保护栏截面尺寸准确，同时，模板要求有一定的强度和刚度，确保在施工中不变形。护栏模板的安装应严格按规范要求进行，确保混凝土施工时不出现跑模、错台、变形、漏浆，并保证混凝土的外观质量。

（4）混凝土施工。①混凝土应经试验取得外观最佳的配合比用于护栏施工，混凝土浇筑采用分部、分三层斜向浇筑的方法，第一层控制在 25 cm 左右，第二层浇筑到护栏顶 35 cm 左右，然后浇筑到护栏顶。浇筑时振动棒要快插，慢拔，以便使气泡充分逸出。振动棒要插入已振完下层混凝土 5 cm，从而消除分层接缝；插点要均匀排列，顺序进行，并掌握好振捣时间，一般每插点为 30 s 左右，以混凝土表面平坦泛浆，不出现气泡为准。严禁过振，避免混凝土表面出现鱼鳞纹或流沙、泌水现象而影响外观。另外振捣时应严禁碰撞模板，以免模板损伤，影响外观质量。②浇筑至顶面时，应派专人进行顶面抹面修整，确保护栏成型后，顶面光洁，线形顺畅。③护栏模板低砂浆找平层不得侵入护栏混凝土，护栏施工完毕后，应予清除。④夏季施工时宜采用低水化热水泥。

（5）模板的拆除时要务必小心，避免破坏混凝土面和棱角。模板拆除后及时进行整修、保洁。

（6）采用干净的无纺土工布覆盖洒水养护，养护时间不少于 7 d。

（7）做好试验段工作，做一段护栏作为试验段，认真总结经验加以改进，符合要求后方可进行大面积施工。

（8）夏季施工，避免在 11 点至 15 点高温天气下施工。雨季施工时，备有塑料膜，遇雨时，应及时覆盖。

（四）施工质量

护栏混凝土表面的蜂窝麻面面积不超过该面面积的 0.5%，深度不超过 10 mm。同一跨内的单侧护栏应一次性浇筑，端头模板应用钢模板，以保证端头外观平齐。护栏面和接缝处不得有开裂现象。错台、平整度、外观质量问题要及时处理，并保证颜色一致。顶面平顺美观、高度一致。护栏全桥线形直线段顺直，曲线段弧形圆顺，无折线与死弯。

护栏安装质量标准见表 5-12。

表 5-12　护栏安装质量标准

项目	规定值或允许偏差
混凝土强度/MPa	在合格标准内
平面偏位/mm	4
断面尺寸/mm	±5
竖直度/mm	4
预埋件位置/mm	5

（五）安全文明施工

建立健全安全保证体系，制定文明施工的各项规章制度，对现场人员进行安全教育，强化安全意识。在桥梁边缘设置栏杆，挂安全网，施工人员进场必须戴安全帽，在桥梁边缘作业的工人必须系安全带。桥头设栅栏，非施工人员严禁入内。合理布置施工场地，在左右幅中间布设引水管道。材料应分类集中堆放，做到场地整齐。施工废料应单独集中堆放并及时处理。做好临时泄水孔，让桥面污水直接排入桥下，避免污染梁面。

五、伸缩缝施工标准化管理

（一）施工前提条件

建立有效的组织管理机构，配备精干的管理人员，由厂家或专业队伍到现场负责安装施工。根据工程进度需要，制定合理的材料进场计划，材料应固定平放防变形。伸缩缝产品必须有合格证，经验收后才能用于安装。检查和整改预留槽宽度，预埋钢筋定位准确，经验收合格。伸缩缝预留槽在铺设沥青混凝土路面之前，应用沥青混凝土填平，缝底垫衬板。

（二）施工工序

预留槽口放样→切割伸缩缝预留槽→调整伸缩缝预埋钢筋→清除槽口杂物→安放伸缩缝→高程检查→锁定、绑扎钢筋→支模→检查、浇筑混凝土。

（三）施工技术

（1）应先安装一条工艺试验性伸缩缝，待检验合格后方可大面积施工。

（2）无论是水泥混凝土还是沥青混凝土桥面，均应采用反开槽施工。

（3）钢制支承式伸缩缝安装技术与工艺。施工前必须彻底做好伸缩装置部位的清渣工作，严禁残渣弃留在墩、台帽上影响支座；采用焊接接长梳形钢板时，应按设计的锚栓孔位置及平面尺寸弹线定位，并用夹板固定，应对焊后的变形进行矫正；按设计高程将锚栓预埋入预留孔内，然后焊接锚板，并调整封头板使之与垫板齐平；安装时要将构件固定在定位角钢上，以确保安装精度，同时应防止产生梳齿不平、扭曲及其他变形，要严格控制好梳齿间的间隙；在钢梳齿根部钻适量小孔，以便浇筑混凝土时混凝土中的空气能顺利排出；混凝土浇筑后，应及时将定位角钢拆除，并做好混凝土养护。

（4）模数式、毛勒式伸缩缝安装技术与工艺。伸缩缝安装之前，按照安装时的气温调整安装时的伸缩值，用专用卡具将其固定；用水平尺检查伸缩缝顶面高度与桥面沥青铺装高差是否满足要求，一般伸缩缝应比桥面沥青铺装低约 2 mm。伸缩缝混凝土模板安装应严格安装，确保不漏浆；伸缩缝平面位置及标高调整好后，用两台电焊机由中间向两端将伸缩缝的一侧与纵向预埋筋点焊定位；如果位置、标高有变化，要采取边调边焊，且每个焊点焊长不小于 5 cm，点焊完毕再加焊，点焊间距控制在小于 1 m；焊完一侧后，用气割解除锁定，调整伸缩缝在某温度下的上口宽度，上口宽度调整正确后，焊接所有连接钢筋；浇筑混凝土前将间隙填塞，防止浇筑混凝土把间隙堵死，影响伸缩。采取措施，防止混凝土渗入模数式装置位移控制箱内或密封橡胶带缝中及表面上，如果发生此现象，应立即清除，然后进行正常养护。

（5）开槽及浇筑混凝土。铺筑沥青混凝土时要保证连续作业，要求在伸缩缝两边各20 m 范围内不能停机，以免因机器停止、启动影响此段路面平整度，从而影响伸缩缝的安装质量；伸缩缝开槽必须顺直，且确保槽边沥青铺装层不悬空，层下混凝土密实；混凝土应避免高温下施工，浇筑混凝土时，要振捣密实，不得有空洞。混凝土现场坍落度宜控制在 8~10 cm。待混凝土接近初凝时，要及时进行第二次压浆抹面，使混凝土表面平整，二次抹面后用土工布覆盖养护；每一条伸缩缝混凝土必须做一组混凝土试块。

（四）施工质量

伸缩缝锚固牢靠，不松动，伸缩性能有效。

伸缩缝开槽后检验项目见表 5-13。

表 5-13　伸缩缝开槽后检验项目

项目	规定值或允许偏差
预留槽杂物清理	无杂物
预留槽宽度/cm	±2.5
预留槽深度/cm	±1.0
梁体间隙宽度/cm	±1.0
梁体间隙杂物清理	无杂物
墩台帽杂物清理	无杂物
预埋筋方向	符合设计要求
预埋筋数量	符合设计要求
预埋筋牢固性	牢固

伸缩缝安装检验项目见表 5-14。

表 5-14　伸缩缝安装检验项目

项目		规定值或允许偏差
长度/mm		符合设计要求
缝宽/mm		符合设计要求
与桥面高差/mm		2
横向平整度/mm		3
纵坡/%	一般	±0.5
	大型	±0.2

(五)安全文明

建立安全文明施工体系,对现场工作人员进行安全教育,强化安全意识。在桥面伸缩缝施工时,应封闭并分左、右幅施工,做好安全警示标,注意来往施工和过往车辆的安全。所有伸缩缝材料应放置在封闭区内,平放防晒,加设防撞措施。施工人员进场必须戴安全帽,严禁穿拖鞋进入工地。为防止施工污染桥面,从伸缩缝槽口两端沿桥纵向应铺上足够长度的彩条布。伸缩缝完成后,应对污染、损坏的桥面系、盖梁、台帽、桥下进行彻底清理、修理。对已施工完毕的伸缩缝要进行专人看护,在伸缩缝装置两侧混凝土强度满足设计要求后,且不少于 7 d,方可开放交通。若因条件限制,则必须在缝上设临时行车的钢制桥。

六、搭板和锥坡施工标准化管理

(一)施工前提条件

台背回填已完成,其填料应用透水性材料,分层夯实,层层检测。台背回填前应在土基或一合适高度上设置泄水管或盲沟。对桥头搭板处路基进行测量,保证标高、横纵坡、平整度符合要求,并经弯沉检测合格后方可施工搭板。对桥头锥坡进行放样、清表,用坡度尺检查坡度。现场应安排技术人员负责技术工作,桥头锥坡施工应安排至少 2 名修砌专业工人。

(二)施工工序

1. 桥头搭板(埋板)施工工序

施工放样→基层高程测量→人工修整底基层、找平→做承载力试验→安装钢筋、立模→检查→混凝土浇筑→拉毛→养护。

2. 桥头锥体护坡施工工序

施工放样→刷坡→挂线、找平、修整坡面→检验承载力→砌筑。

(三)施工技术

(1)锥体填土应按设计高程及坡度填足,根据砌筑片石厚度,不够时再进行刷坡。当坡面土小部分不足时,严禁进行回填。

(2)石砌锥坡必须在坡面或基面夯实、整平后,方可开始砌筑,砌筑时要挂线施工。

(3)片石护坡的外露面和坡顶、边口,应选用较大、较平整并略加修凿的石块。浆砌片石护坡,石块应相互咬接,砌缝砂浆饱满,缝宽尽量偏小。干砌片石护坡时,铺砌应紧密、稳定，表面平顺，不得用小石块塞垫找平，砌缝宽度均匀。

（4）锥、护坡应保证曲线圆顺，基础采用底面平整的大块石块铺底，以增大与底面的接触面积。

（5）锥、护坡应设置踏步，以便桥台支座等构造检查和养护。

（四）施工质量

桥头搭板质量标准见表 5-15。

表 5-15　桥头搭板质量标准

项目		规定值或允许偏差
混凝土强度/MPa		在合格标准内
顶面高程/mm		±2
板顶纵坡/%		0.3
枕梁尺寸/mm	宽、高	±20
	长	±30
板尺寸/mm	长、宽	±30
	厚	±10

锥、护坡质量标准见表 5-16。

表 5-16　锥、护坡质量标准

项目	规定值或允许偏差
砂浆强度/MPa	在合格标准内
顶面高程/mm	±50
表面平整度/mm	30
坡度/%	不陡于设计
厚度/mm	不小于设计
底面高程/mm	±50

（五）安全文明施工

现场制定安全文明生产责任制，对现场人员进行安全文明教育，强化安全文明施工意识。离搭板施工前后 20 m 应设置路障，严禁外来车辆进入，人员进场必须戴安全帽，在坡面上施工时应穿防滑鞋，严禁穿拖鞋进入工地。浆砌片石施工时，严禁坡顶抛扔片石。

第六章　桥梁项目施工安全管理

第一节　桥梁项目施工安全管理概述

一、桥梁施工项目的特殊性

桥梁施工项目在施建过程中普遍面临施工情况复杂，危险因素众多等问题。为了能更有效地开展安全生产管理，我们必须要对桥梁施工项目这一研究对象做更深入的了解，准确归纳并总结出桥梁施工项目的特点。

（1）一次性

桥梁建筑都是绝对唯一的。项目之间在规模和结构上有差异，所处的自然和社会环境也不同，于是决定了桥梁施工过程是一次性的，同时也导致了每次施工都各具特点。

这种一次性虽然有利于积累丰富的安全管理经验，但很难照搬复用，必须在借助以往经验的基础上针对具体问题创造性地设计解决方案。

（2）流动性

流动性包括施工队伍流动性和施工过程流动性两个方面。

桥梁建筑工程项目所在地是固定的，于是决定了施工队伍需要更换施工地点完成作业。而且在施工过程中，作业人员需要根据施工阶段、工序、施工方法的不同更换工作环境。因此，在项目的组织管理中需要高度的适应性和灵活性。

（3）密集性

桥梁建筑工程作为劳动密集型和资金密集型行业。人力资源和资金的投入量大，且80%的劳动力是没有接受过专业技能培训的农民工，这给安全管理工作带来了很大的困难。

（4）周期长

桥梁工程尤其是大型桥梁工程，需要较长的时间才能竣工。这也使得整个安全管理工作时间长、任务重。

（5）协作性

桥梁工程施工需要各相关单位的多方合作才能圆满完成。建设、设计、监理、施工单位需要密切配合，同时还需要材料、动力、工程各部门、地方各级政府部门和沿线的单位的协作。这也就要求安全生产管理需要多方参与共同协作完成。

二、桥梁施工企业的组织机构特点

（1）项目管理与企业管理离散

通常一个施工企业会同时负责多个项目，而且项目所在地分散，并远离公司总部。因此，企业的安全生产管理就需要通过每个工程项目的安全管理来实现。由于项目的临时性，所处环境和条件的特殊性，以及项目要求盈利能力的差异等，使得企业的安全管理制度和措施落实起来具有一定困难。

（2）多层次分包制度

多层次分包给总承包企业与分包或专业承包企业的责任落实，以及现场管理和协调都带来一定困难，对工程质量、安全管理也产生了很大影响。包工头的存在，更增加了现场安全管理的难度。

（3）施工管理的目标(结果)导向

项目所具有的目标和资源限制带给建筑施工单位很大压力。因此，使得建筑施工中经常表现为只要结果不重视过程，则会给基于过程管理的安全管理增加难度。

三、桥梁施工事故及成因分析

桥梁施工项目的特点可以反映出桥梁安全生产管理的特点和难点，而对于桥梁施工事故的分析可以找出桥梁安全生产管理的重点。通过文献和事故资料统计得出，桥梁施工中的主要事故为高空坠落、施工坍塌、物体打击、机械伤害和触电五大类。以下是对其成因和特点进行的分析。

1. 高空坠落分析

按照《建筑施工高处作业安全技术规范》(JGJ 80—2016)规定，凡是在基准面 2 m 以上发生的作业坠落均可称为高空作业坠落。桥梁施工当中的高空坠落主要发生在结构施工作业和脚手架施工作业当中。

高空坠落在桥梁施工事故中所占比例最大，后果非常严重，非死即伤。分析其事故特点如下：①发生频率高；②发生部位多；③事故后果严重；④易发于青年工人群体。

2. 坍塌

坍塌在各种事故中所占比例虽不是最大，但造成的人员伤亡和财产损失却是最严重的。坍塌主要指在土方开挖当中，周围土方发生塌陷；模板与支架工程等工程当中，部分或者整体坍塌；在主体施工过程中发生塌陷；在拆除过程中发生塌陷；临时设施发生塌陷。

坍塌事故类型主要有：①模板支架坍塌；②土方坍塌。

坍塌事故的特点主要有：①后果严重，影响范围大，经济损失严重，直接危及生命安全；②多是由于施工材料不合格、施工技术不过关、设计不合理、施工管理有缺陷造成的；③由于赶工期、追进度，导致桥某些施工部位强度没有达到设计标准，埋下隐患，造成坍塌。

3. 物体打击

物体打击是指物体在惯性力作用下产生运动，打击人体，对人体造成伤害。

常见的事故类型有坠落物体打击、操作机械打击和起重打击。该事故主要特点如下：

①发生范围广；②发生原因多；③突发性强；④打击方位立体化；⑤后果严重。

事故发生的原因主要有以下几种：①施工人员没有佩戴安全帽；②没有设置安全通道；③机械设备没有安置好；④使用工具、物料随手乱扔乱放；⑤起重吊运物品时没有专人指挥、没有按规则进行；⑥采光照明不足，加之长时间工作，施工人员感到疲劳，注意力不集中，操作失误；⑦工作场地狭小，工作人员集中。

4. 机械伤害

桥梁施工当中机械伤害的主要类型为：起重机械伤害和施工机具伤害。常见的伤害有：吊运、安装、检修过程中发生重物坠落、挤压、打击、侧翻等事故对人身造成伤害，以及机械设备爆炸；机械设备运转工作中，发生的绞入、拖带、碾压等事故；造成对人体削、锯、扎等的伤害。

该类事故发生的主要原因有：①机械安装不符合规范，未经过严格的试用、检验即投入使用；②机械设备管理不善，忽视对其维护和保养；③施工操作人员未经安全技术培训就上岗作业，不熟悉操作流程，违规操作；④部分安全防护装置已经失灵，无法起到防护作用；⑤管理部门的安全监管不到位。

5. 触电

触电是指一些机械设备、电气设备由于违章使用或者电线老化漏电等原因，导致施工人员触电伤亡的事故。主要事故类型有：与电线直接接触、与带电机械设备接触、与带电材料接触等，还有机械设备与空中带电电线接触，导致机械设备操作人员触电身亡。

触电事故的特点有：①季节性明显。事故多集中在六月份到九月份。因为降雨较多，温度高、湿度大，施工人员出汗多且不愿穿戴护具，于是增加了触电危险。②低压触电事故较多。由于低压电网广、设备多且较简陋，高频使用加之易疏于管理，故低压触电事故多于高压触电事故。③手持电器设备事故发生频率高。④电器连接部位事故发生多。

触电事故发生的主要原因：①违章操作。②安全设施不完善。施工现场附近，尤其是周边高压线路周围缺少防护网、围栏、屏障等安全保护措施。③带电区域范围及电器设备标示不清，监督管理与安全施工知识宣传做得不到位。

四、桥梁施工安全管理的对象及特点

桥梁工程施工安全管理是指为实现项目安全目标，而在项目施工的全过程中运用科学的管理理论与方法，依靠法规、技术、组织等手段，使人、物、环境构成的施工生产体系达到最佳安全状态所进行的一系列活动的总称。

(一)桥梁施工安全管理的对象

桥梁施工安全管理主要以施工活动中的人、物、环境构成的施工生产体系为对象，目的是建立一个安全生产体系，并制定相应安全责任制，确保施工活动的顺利进行。

(1)人的因素——劳动者：依法制定保障劳动者劳动安全和身体健康的相关措施，约束控制劳动者的不安全行为，消除或减少劳动主体上的安全隐患。

(2)物的因素——劳动手段与劳动对象：改善施工工艺、改进设备性能，制定消除和控制生产过程中可能出现的危险因素，避免损失扩大的安全技术保证措施。

(3)环境因素——劳动条件(施工环境)：防止、控制施工中高温、严寒、粉尘、噪声、震动、毒气毒物对劳动者安全与健康影响，要制定必要的医疗、保健、防护措施。

(二)桥梁施工安全管理的特点

桥梁施工项目安全管理除具备一般建筑施工安全管理的共同点之外，还具有以下特点：

(1)桥梁工程施工项目安全管理的难点多

由于桥梁施工受自然环境的影响大，高空作业多、地下作业多、水下作业多、大型机械多、用电作业多、易燃易爆物多等等，因此安全事故引发点多，必然存在大量的安全管理难点。

(2)安全管理的劳保责任重

桥梁工程的施工人工作业多，人员数量大，交叉作业多，高空悬空作业多，水道施工普遍，机械集中，施工的危险性大，因此需要加强劳动保护措施来改善安全施工条件。

(3)施工现场是安全管理的重点

因为施工现场人员、物资、机械相对集中，是工、料、机结合的作业场所，也是安全事故主要发生场所。

(4)是企业安全管理的组成部分

施工项目安全管理作为企业安全管理的一部分，应服从企业的安全目标及安全制度，并根据工程实际情况，制定符合实际的、有效的安全保障体系与制度。

第二节　桥梁安全管理保障系统

一、桥梁安全管理体系的建立

建筑安全管理体系作为建筑企业管理体系中一个重要的组成部分，是施工企业以保证施工安全为目标，运用系统的概念和方法，把施工中不同阶段和部门的安全管理工作进行整合，使之成为一个目标明确、权责分明、能互相促进协调的有机整体。

建立安全管理体系的目的是要根据安全目标、方针和计划的规定，让安全管理发挥有效作用，保证安全生产。安全管理体系的建立要结合企业的实际情况，把企业全部生产经营活动，或整个工程项目作为对象，通过过程分析，选择合适的方式来建立相应的安全生产管理体系。

桥梁安全管理体系应包括：企业的安全方针和目标的确立、施工企业人员的管理、安全生产管理机构的设立、安全生产管理制度的制定、安全技术管理措施的制定、劳保、职业卫生的管理、设备及危化品的管理以及施工环境的管理等相关内容。

二、企业的安全方针与目标

安全方针是施工企业每个职工在开展安全管理活动中所必须遵守行动指南，用以阐明整个管理系统的安全目标和持续改进的承诺。建筑施工企业的安全生产方针主要是由最高领导者综合考虑各方面因素的情况下制定的。企业安全方针的制定依据如下：

1. 企业的外部环境

①党和国家的安全生产方针、政策，上级部门的要求；

②行业系统的安全生产的中、长期规划；

③法律、法规、行业标准的要求。

2. 企业的内部环境

①企业的经验、方针和中、长远规划；

②企业以往的安全工作状况；

③企业规模及自身风险；

④企业的经济技术条件；

⑤全体职工的意见和建议。

安全目标是企业根据安全方针的要求，在一定时期内开展安全工作所要达到的预期效果。企业中各管理层或部门都要根据企业的方针制定安全管理目标。目标的制定有利于措施的完善，管理方向的明确，对提升企业的品牌和形象也有一定意义。

三、安全管理系统人员管理

(一)人员配备

1. 施工现场安全生产管理人员的配备

根据法律规定，建设工程项目应当成立由项目经理负责的安全生产管理小组，小组成员应包括企业派驻到项目的专职安全生产管理人员。施工现场专职安全生产管理人员主要负责巡查现场并做好记录，及时汇报发现的安全问题，制止所有的违规操作。施工现场专职安全生产管理人员的数量可根据施工实际情况增配。

2. 班组安全生产管理人员的配备

班组作业场所的安全监督检查工作，主要是由班组兼职安全巡查员负责完成的。最终形成了由企业安全生产管理部门、施工现场专职安全生产管理员、班组兼职安全巡查员组成的安全生产管理网络。

(二)人员素质

1. 一般施工操作人员

(1)人的不安全行为

人的不安全行为是指人为地使系统发生故障或发生性能不良等事件，违背设计和操作规程的错误行为，也就是能造成事故的人的失误。人的失误可分为两大类：随机失误和系统失误。引起人的不安全行为的原因主要集中在心理、生理和知识方面。

(2)对员工素质的考核

主要有文化程度、安全意识、人员技术素质和持证上岗四个方面的指标。

2. 安全管理人员及领导

建筑企业安全工作人员的专业技能、整体素质以及对待工作的积极性会直接影响安全管理工作的质量和效率。现在不少企业管理者只重视生产效益，对安全管理认识程度不够，安全投入也很有限，给事故的发生埋下隐患。

①领导人员的安全意识与决策能力

实践证明领导的重视程度直接关系到企业生产安全的成败。重视度是可以通过在安全管理时间和资源多少的投入来反映的。

②管理层与操作层的协调程度

企业的所有者或高层管理者负责签署表述安全政策的文件，并将它传达给整个企业贯彻执行。管理层还应定期监查公司安全目标的完成情况和设备的安全情况，表述组织的安全愿景和安全工作重点，以及查处和整改计划中的不足之处。

四、安全生产管理机构

企业安全生产管理机构包括组织领导机构和安全生产管理机构。

企业安全生产组织领导机构，一般由企业主要负责人和有关副职及主要部门负责人组成，定期研究企业安全生产的重大方针政策和措施，颁布企业的安全生产管理制度，决定安全生产的投入和重大决策，对安全生产进行奖惩等。

安全生产管理机构指的是生产经营单位专门负责安全生产监督管理的内设机构，其工作人员都是专职安全生产管理人员。《中华人民共和国安全生产法》第十九条规定，从事建筑施工的生产经营单位，必须设置安全生产管理机构或者配备专职安全生产管理人员。安全生产管理机构的作用是落实国家有关安全生产法律法规，组织生产经营单位内部各种安全检查活动，负责日常安全检查，及时整改各种事故隐患，监督安全生产责任制的落实等。

五、安全生产管理制度

建筑安全管理制度是建筑施工企业规章制度的组成部分，是每个职工生产活动中必须共同遵守的安全行为规范和准则。企业安全生产管理制度起源于有效的安全生产管理方法，它是安全生产管理系统中重要的基础组成部分。安全生产管理制度指为实现标准化、规范化的安全管理，从而制定出一套标准有效的措施和办法，来解决管理过程中职责不清、相互脱节、相互推诿等流弊。

鉴于与安全相关的主体众多，所以建筑安全管理制度应充分融合各相关方的内容。根据住房和城乡建设部行业标准《施工企业安全生产评价标准》(JGJ/T 77—2010)，建筑施工企业应该建立五项制度，即安全生产责任制度、安全生产资金保障制度、安全宣传、教育及培训制度、安全检查制度和生产安全事故报告处理制度。

1. 安全生产责任制度

安全生产责任制度是企业落实安全生产事项的重要措施保证，《中华人民共和国安全生产法》明确规定，企业应当建立健全安全生产责任制。其主要评价全员是否履行落实相应的安全生产责任，以及安全技术措施的贯彻执行情况。

企业主要负责人就是对安全生产负全面领导责任的安全生产第一责任人。企业安全工作实行各级行政首长负责制，且每个劳动者必须认真履行各自的安全生产职责。

2. 安全生产资金保障制度

安全生产资金保障制度是一项确保安全资金及时到位并专款专用的重要财务管理制度。该制度为安全生产管理水平的提高提供了资金保障。安全生产资金中包括安全宣传教育培训费、文明施工措施费等。

3. 安全宣传、教育及培训制度

安全生产教育是指对职工进行安全生产法律、法规及安全专业知识等方面的教育，包括安全知识普及、专业技能训练、应急救援演练等。安全生产培训教育是安全管理的重要组成部分，也是提高职工安全防护意识和员工素质的重要途径。

（1）安全教育的对象主要为：企业主要负责人和企业职工。企业主要负责人也全面负责企业安全生产工作，其安全生产思想、意识、态度以及管理方法对企业安全工作起决定性作用。对于企业职工，主要是生产安全技能训练和安全生产知识和规律的教育。

（2）安全教育形式一般分为：三级教育、特种作业人员培训教育及其他特殊教育和日常教育及其他教育。

4. 安全检查制度

安全监督检查是消除安全隐患，防止事故伤害和职业危害，改进劳动条件的重要手段，是企业安全管理工作的一项重要内容。安全检查包括一般性安全检查、专业性安全检查、季节性安全检查和节日前后的安全检查。

5. 生产安全事故报告处理制度

事故管理指对事故的调查、分析、研究、保管、处理、统计和档案管理等一系列工作。事故发生后，调查事故原因，包括直接或间接原因，例如危险的工作习惯、监督和培训不足、人为失误等原因。并采取相应纠正预防措施，防止同类事故的再次发生是事故管理的核心。通过对事故统计报告和数据分析，可以全面准确地了解系统的安全生产状况，及时找出事故发生的原因和规律，制定出针对性强、切实有效的对策和处理方案。事故的统计和档案管理也有利于检查、监督和管理部门开展工作，为制定有关安全卫生法规、标准提供科学依据。

六、安全技术管理

安全技术措施是安全生产的重要技术保障，制定科学合理的技术措施，并严格贯彻实施才能从根本上实现安全生产。

1. 危险源辨识、评价及预案编制

正确辨识危害因素确定其特性并做以科学评估是安全技术管理工作的基础。

针对易发生的事故和重大危险事故还需编制应急救援预案，以便事故发生时及时响应，提高效率，减少事故成本损失。

2. 专项施工方案

根据《建设工程安全生产管理条例》（国务院令第 393 号）和《建筑施工安全检查标准》（JGJ 59—2011）的规定，对专业性强、危险性大的施工项目，以及国务院建设行政主管部门或其他有关部门规定的其他危险性较大的工程，应单独编制专项施工方案。专项施工方案必须细致、全面，具有针对性和可操作性，能具体指导施工。

3. 安全技术交底

安全技术交底是安全技术措施实施和安全管理的重要环节。一般是由技术管理人员根据分部分项工程的具体要求、特点和危害因素编写，作为操作者的指令性文件，务必要具体、明确、针对性强。

4. 安全技术标准规范和操作规程

企业应根据经营内容和施工特点，收编相关现行有效的国家法律法规、行业和地方的安全技术标准、规范，由专人保管，并及时发放目录到企业相关部门和岗位，以保证企业相关部门和岗位始终执行现行有效的规范、标准和文件。

5. 安全设备和工艺的选用

企业应及时传达并有效落实相关文件要求，从方案到现场实施，均应控制安全设备和工艺的选用，严禁企业内部各个场所使用国家、行业和地方明文规定的淘汰的施工生产设备，以及落后或不安全的施工工艺。应提倡优先选用新型的施工生产设备以及新的施工工艺和新的安全防护材料、器具。

七、劳保、职业卫生管理

劳保、职业卫生管理也是安全生产的重要保障，涉及职业病防治和劳保用品的配发两个方面。

职业病是指企业、事业单位和个体经济组织的劳动者在职业活动中，因接触粉尘、放射性物质和其他有毒、有害物质等因素而引起的疾病。在桥梁施工现场常见的职业病有：乙烯中毒、中暑、手臂振动病、噪声耳聋等。

劳动防护用品是保护劳动者在劳动过程中安全和健康所必需的一种预防性装备。防护用品必须正确配备，必须严格保证质量，务必安全可靠。根据《劳动防护用品管理规定》相关规定，桥梁施工单位对劳动防护用品的管理应做好以下几点：

①健全劳动防护用品的发放制度；

②正确选用和购买劳动防护用品；

③正确使用劳动防护用品；

④及时更换报废劳动防护用品。

八、设备及危险化学品管理

在桥梁整个施工作业系统中，特种设备本身具有一定的危险性，若管理使用不善，将会对周围的人和设施造成严重伤害和破坏。为保障设备完好且正常生产运行，需要对生产设备因素从以下几方面进行评价：

①设备装置完整性；

②生产设备的先进性；

③生产设备的可靠性；

④日常维护；

⑤定期检修；

⑥监测和检测设施。

危险化学品安全管理涉及生产、储备、经营、运输、使用、废弃处置等环节。国家对危险化学品的管理有严格明确的规定，企业应秉持对职工生命健康和财产安全负责的态度，在对桥梁施工安全管理进行评价时必须考虑施工单位对危险化学品的管理措施。

九、环境管理

人和机械在危险的环境下作业会导致事故的发生。对施工不利的环境条件主要有：恶劣的气候环境、不利的地理环境和恶劣的现场条件等。

环境管理是通过辨识对施工作业有影响的环境因素，进而采取措施规避可能带来损失的不可改变的环境状态，或者通过改善可以控制的环境因素，来营造适合工人施工作业的环境。

1. 气候环境

恶劣的气候环境是指超出正常规律的气候变化，如严寒、酷暑、暴雨、台风等。人对气候的适应能力是有限的。当气候环境接近人的生理承受能力时，安全隐患就已经存在了。因此，对可预见的气候变化，要提前做好准备，制定应对方法，保证作业安全。对于突发的情况则尽量采取措施规避风险，确保人员安全。

2. 地理环境

地理环境是指工程所在地的位置及周围的环境。沼泽、地下溶洞、地质断层等不良的地理环境可能对安全施工造成严重影响。开工前应彻底调查当地地理环境，并预测地理环境对人和机械设备可能产生的影响，制定有关应急方案，注重人员安全教育，加强设备的防护措施，谨慎施工，避免事故的发生。

3. 现场条件

脏、乱、差的施工现场条件也是引起安全隐患的原因之一。不良的声环境和视环境容易使人疲劳，产生焦虑和烦躁等负面情绪，在不同程度上影响操作的准确性和安全性，增加施工的不安全性。此外，现场废水、尘毒、噪声、振动、坠落物不仅会给人带来安全、健康方面的影响还会加速机械设备的损耗，干扰其正常运行，导致事故发生。因此，通过有效的控制，营造出良好的施工环境，也是安全管理工作的一个重点。

第三节　桥梁工程施工安全生产

一、安全生产原则与方针

2004 年，国务院颁发了《国务院关于进一步加强安全生产工作的决定》，该决定指出，要努力构建"政府统一领导、部门依法监管、企业全面负责、群众参与监督、全社会广泛支持"的安全生产工作格局。

政府统一领导，是指国务院以及县级以上地方人民政府有关部门对建设工程安全生产进行的综合和专业的管理，主要是监督有关国家建设工程安全生产法律法规和方针政策的执行情况，预防和纠正违反国家建设工程安全生产法律法规和方针政策的现象。部门依法监管，是指各级政府管理部门要组织贯彻国家关于建设工程安全生产的法律法规和方针政策，依法制定建设行业安全生产的规章制度和标准规范，对建设行业的安全生产工作进行计划、组织、监督、检查和考核评价，指导企业搞好建设工程安全生产工作。企业全面负责，是指施工单位、建设单位、勘察单位、设计单位、工程监理单位及其他与建设工程安全生产有关的单位，必须遵守和贯彻执行国家关于安全生产、建设工程安全生产等法律法规和方针政策的规定，建立和落实安全生产管理制度，保证建设工程安全生产，依法承担建设工程安全生产责任。群众参与监督，是指群众组织和劳动者个人对于建设工程安全生产应负的责任。工会是代表群众的主要组织，工会有权对危害职工健康与安全的现象提出意见，进行抵制，有权越级控告，也担负着教育劳动者遵章守纪的责任，群众监督有助于建立企业的安全文化，形成"安全生产，人人有责"的局面。全社会广泛支持，是指提高全社会的安全意识，形成全社会广泛"关注安全、关爱生命"的良好氛围。要做好建设工程安全生产管理工作，提高建设行业安全生产管理的水平，必须有政府、社会各界的广泛参与，就是要通过全社会的共同努力，提高安全意识，增强防范能力，大幅度地防止和减少安全事故，为我国社会经济的全面、协调、可持续发展奠定坚实的基础。

安全与生产的关系是辩证统一的关系，是一个整体。生产必须安全，安全促进生产，不能将二者对立起来。在施工过程中，必须尽一切可能为作业人员创造安全的生产环境和条件，积极消除不安全因素，防止伤亡事故的发生，使作业人员在安全的条件下进行生产；安全工作必须紧紧围绕着生产活动进行，不仅要保障作业人员的生命安全，还要促进生产的发展。离开生产，安全工作就毫无实际意义。

安全管理是施工企业管理的一项重要内容，也是施工现场一时一刻都不能忽视的工作。确保安全施工、防止事故发生，是企业全体职工的重要任务，是各级领导的重要职责。安全管理的基本含义是：劳动者必须在安全的环境中进行生产活动。安全管理是对工作环境、施工各环节采取必要的安全措施，提出一定的安全要求，及时消除人的不安全行为和物的不安全状态，以保证劳动者的健康和生命安全，保证生产的顺利进行。

1. 安全生产的原则

（1）"管生产必须管安全"的原则：是指工程项目各级领导和全体员工在生产工程中必须坚持在抓生产的同时抓好安全工作。它体现了安全和生产的统一，二者是一个有机的整体，不能分割更不能对立起来，应将安全寓于生产之中。

（2）"安全一票否决权"的原则：是指安全生产工作是衡量工程项目管理的一项基本内容，它要求在对工程项目各项指标考核、评优创先时，首先必须考虑安全指标的完成情况。安全指标没有实现，即使其他指标顺利完成，仍无法实现工程项目的最优化，安全具有一票否决的权利。

（3）职业安全卫生"三同时"的原则：是指一切生产性的基本建设和技术改造工程项目，必须符合国家的职业安全生产的法规和标准，职业安全卫生技术措施及设施应与主体工程同时设计、同时施工、同时投产使用，以确保工程项目投产后符合职业安全卫生要求。

（4）事故处理"四不放过"的原则：国家法律法规要求，在处理事故时必须坚持和实施"四不放过"原则，即事故原因未查清不放过，事故责任和职工群众没受到教育不放过，安全隐患没有整改预防不放过，事故责任者不处理不放过。

2. 安全生产要处理好的五种关系和要坚持的六项原则

（1）安全生产要处理好的五种关系

①安全与危险的并存。安全与危险在事物的运动中是相互对立、相互依赖而存在的。因为有危险才要进行安全管理，以防止危险。安全与危险并非是等量并存、平静相处的。随着事物的运动变化，安全与危险每时每刻都在变化着，进行着此消彼长的斗争。可见，在事物的运动中，都不会存在绝对的安全和危险。危险因素客观地存在于事物运动之中，自然是可知的，也是可控的。保持生产的安全状态必须采取多种措施，以预防为主，危险因素是完全可以控制的。

②安全与生产的统一。生产是人类社会存在和发展的基础。如果生产中人、物、环境都处于危险状态，则生产无法顺利进行。因此，安全是生产的客观要求。自然地，当生产完全停止，安全也就失去意义。生产有了安全保障，才能持续、稳定发展。生产活动中事故层出不穷，生产势必混乱，直至瘫痪状态。当生产与安全发生矛盾，危及职工生命或国

家财产时，生产活动停下来整顿、消除危险因素以后，生产形势会变得更好。

③安全与质量的同步。从广义上看，质量包含安全生产质量，安全概念也包含质量，二者交互作用、互为因果。安全第一、质量第一"两个第一"并不矛盾。安全第一是从保护生产因素的角度提出的，质量第一则是从关心产品成果的角度而强调的。安全为质量服务，质量需要安全保证。生产过程舍掉哪一头，都要陷于失控状态。

④安全与速度的互促。生产的蛮干、乱干，在侥幸中求得的快，缺乏真实性与可靠性，一旦酿成不幸，非但没有速度可言，反而会延误时间。速度应以安全作保障，追求安全加速度，竭力避免安全减速度，安全与速度成正比例关系，当速度与安全发生矛盾时，暂时减缓速度，保证安全才是正确的做法。

⑤安全与效益的兼顾。安全技术措施的实施，会改善劳动条件，调动职工的积极性，焕发劳动热情，带来经济效益，足以使原投入得以补偿。从这个意义上说，安全促进了效益的增长，安全与效益是一致的。在安全管理中，投入要适度，统筹安排，既要保证安全生产，又要经济合理，还要考虑力所能及。单纯为了省钱而忽视安全生产，或单纯追求安全不惜资金的盲目高标准，都是不可取的。

（2）安全生产的六项原则

①坚持管生产同时管安全原则。安全寓于生产之中，并对生产发挥促进与保证作用。从安全生产管理的目标、目的，安全与生产表现出高度的一致和完全的统一。安全管理是生产管理的重要组成部分，安全与生产的实施过程中两者存在着密切的联系，存在着进行共同管理的基础。

管生产同时管安全。《国务院关于加强企业生产中安全工作的几项规定》中明确指出：各级领导人员在管理生产的同时，必须负责管理安全工作，企业中有关专职机构都应该在行业业务范围内，对实现安全生产的要求负责，不仅是对各级领导人员明确安全管理责任，同时，也向一切与生产有关的机构、人员，明确了业务范围内的安全管理责任。可见，一切与生产有关的机构、人员，都必须参与安全管理并在管理中承担责任。认为安全管理只是安全部门的事，是一种片面、错误的认识。各级人员安全生产责任制度的建立、管理责任的落实，体现了管生产同时管安全。

②坚持目标管理原则。安全管理的内容是对生产的人、物、环境因素状态的管理，有效地控制人的不安全行为和物的不安全状态，消除或避免事故，达到保护劳动者的安全与健康的目的。没有明确目标的安全管理是一种盲目行为，只能劳民伤财，危险因素依然存在，而且只能纵容威胁人的安全与健康的状态，向更为严重的方向发展或转化。

③坚持预防为主的原则。安全生产的方针是"安全第一、预防为主"。"安全第一"是从保护生产力的角度和高度，表明在生产范围内安全与生产的关系，肯定安全在生产活动中的位置和重要性。进行安全管理是针对于生产的特点，对各个因素采取管理措施，有效控制不安全因素的发展与扩大，把可能发生的事故消灭在萌芽状态，以保证生产活动中人的安全与健康。

④坚持全方位动态管理原则。安全管理涉及生产活动的方方面面，涉及从开工到竣工交付的全部生产过程，涉及全部的生产时间，涉及一切变化着的生产因素。因此，安全生产活动中必须坚持全员、全过程、全方位、全天候的全面动态管理。安全管理不是少数人和安全机构的事，而是一切与生产有关的人共同的事。缺乏全员的参与，安全管理不会有生气，不会出好的管理效果，生产组织者在安全管理中的作用固然重要，全员参与管理也

十分重要。

⑤坚持全过程控制原则。进行安全管理的目的是预防、消灭事故，防止或消除事故伤害，保护劳动者的安全与健康。在安全管理的主要内容中，虽然都是为了达到安全管理的目的，但是对生产因素状态的控制，即事前控制、事中控制、事后控制，与安全管理的目的关系更直接，显得更为突出。因此，对生产中人的不安全行为和物的不安全状态的控制，必须是动态的安全管理。事故的发生，是由于人的不安全行为运动轨迹与物的不安全状态运动轨迹的交叉。从事故发生的原理，也说明了对生产因素状态的控制，应该作为安全管理的重点。

⑥坚持持续改进原则。建设工程施工安全管理是在变化着的施工生产活动中的管理，是一种动态管理，其管理就意味着是不断变化的，以适应变化的生产活动，消除新的危险因素，更重要的是不间断地摸索新规律，总结管理和控制的办法与经验，持续改进，指导新变化后的管理，从而不断提高建设工程施工安全管理水平。

二、安全生产管理的实施

为了切实加强公路建设安全生产管理，认真贯彻执行国家有关安全生产的法律、法规和"安全第一、预防为主"的方针，规范安全生产行为，保障在生产过程中的安全和健康，预防事故发生，确保国家和人民生命财产的安全，制定如下规定。

(1)建设指挥部是本建设工程安全生产的主管机关，总监办、驻地办负责实施对承包人安全生产监督管理。承包人应按职责和合约对安全生产进行落实。

(2)建设指挥部成立建设安全管理领导小组：建设指挥部指挥长任组长，副指挥长、总工程师、副总工程师、总监理工程师任副组长，成员由建设指挥部相关部门人员组成。领导小组下设办公室，建设指挥部工程部长兼办公室主任。领导小组办公室的主要职责是：检查监督施工安全生产情况，对存在的安全隐患责令承包人限期整改；协调解决施工中的重大安全问题；监督指导和考核创建安全文明标准工地。

(3)驻地办应当审查施工组织设计中的安全技术措施或者专项施工方案是否符合工程建设强制性标准。在实施监理过程中，发现承包人存在安全事故隐患的，应当要求承包人整改；情况严重的，应当要求承包人暂时停止施工，并及时报告建设指挥部。承包人拒不整改或者不停止施工的，驻地办应当及时向建设指挥部和总监办报告。驻地办和监理工程师应当按照法律、法规和工程建设强制性标准实施监理，并对建设工程安全生产承担监理责任。

(4)承包人相应成立安全管理机构，配备专职安全生产管理人员，主要负责人对安全生产工作全面负责。其主要职责是：

①认真贯彻执行国家《安全生产法》《建设工程安全生产管理条例》《环境保护法》等法律法规；

②必须在施工组织设计中编制安全技术措施和专项安全技术方案；

③施工前必须进行安全技术交底；

④建立健全本单位安全生产责任制度和安全生产教育制度；

⑤组织制定安全生产规章制度和操作规程，在施工场所设置明显的安全警示标志，保证本单位安全生产条件所需资金的投入；

⑥定期和不定期安全检查，及时消除安全事故隐患，并做好记录；

⑦组织制定并实施本单位的生产安全事故应急救援预案；

⑧及时如实报告生产安全事故和事故按"四不放过"的原则进行调查处理。

（5）安全保证体系组成。为了全面贯彻落实安全方针和实现安全目标，各单位根据具体情况并结合工程实际，从安全生产管理的思想组织保证、工作保证、制度保证等方面建立和完善安全保证体系。

（6）思想组织保证。主要措施包括：

①承包人要建立健全安全管理组织机构和各级机构或部门的安全管理工作人员，明确其安全工作职责范围，将施工经验丰富、安全意识强的人员充实到安全管理的各级机构和部门，项目经理是安全管理的第一责任人，以确保安全管理工作的领导权威。

②制定严格的安全管理制度和措施，定期分析安全生产形势，研究解决施工中存在的问题，建立健全各级安全生产责任制，责任落实到人。充分发挥各级专职安检人员的检查和监督作用，及时发现和排除安全隐患。

③安全教育要形成经常化、制度化，对特种作业人员必须经培训合格后持证上岗，对新员工必须进行项目经理部、项目队和班组三级安全教育和培训。

④承包人应通过安全生产竞赛、现场安全标语、图片等宣传形式，增强全员安全生产意识和自觉性，把"以人为本、珍惜生命"的安全生产思想落到实处。

（7）工作保证。主要措施包括：

①编制实施性施工组织设计的同时必须编制安全组织设计及安全技术措施，必须坚持"三同时"的原则，并下达月度、季度、年度安全生产计划及安全保证措施；

②根据工程特点编制有针对性的安全防护措施，对一些危险点，必须组织设计专项安全防护方案及措施；

③承包人要对作业层人员进行安全措施及防护方案等安全技术交底；

④针对工程具体情况，制定相应的安全操作规程、技术措施和安全规则；

⑤根据各工点或工序的具体情况，配置与之相适应的机械设备，杜绝因机械设备不符合工程特点而造成的安全事故。

施工过程阶段检查内容和要求：各个作业层及操作人员必须熟悉、清楚所从事施工项目的安全设计、安全技术措施及工艺流程安全注意事项，并在实施中严格遵守。坚持安全管理制度，充分发挥安全监督岗的积极作用；实行安全否决制，杜绝违章指挥和违章作业；广泛开展安全的预测预控活动和"三不伤害"活动（即不伤害他人、不伤害自己、不被别人伤害）；认真开展安全大检查，查制度、查违章、查隐患、搞整改，消灭事故隐患，杜绝安全事故的发生。

竣工验收阶段：总结施工过程中的安全生产经验，对于好的经验措施和办法在下一项目建设中推广运用。找出施工过程中的安全管理薄弱环节和安全事故的原因，改进或制定具有针对性的措施。

（8）制度保证。主要措施包括：承包人必须完善安全生产各项管理制度，针对各工序及各工种的特点，制定相应的安全管理制度，建立安全生产责任制，落实各级管理人员和操作人员的安全职责，做到纵向到底，横向到边，人人有责，各自做好本岗位的安全工作。安全工作必须坚持下列管理制度：安全生产责任制，安全会议制度，安全三级教育管理制度，安全技术方案逐级审查制度，安全技术交底制度，特殊工种持证上岗制度，每周一安全活动制和工地班前安全讲话、班后安全活动制度，安全技术操作规程制度，安全生产检查制度(工班每天自检,专职安检员每周专检,项目每月系统检查),安全资金保障制度,安全生产操作挂牌制度,环境保护制度,安全生产事故报告处理制度,安全生产奖惩制度。

(9)经济保证。实行安全生产包保责任制,谁主管、谁负责,明确奖惩措施,实行层层包干负责,定期进行考核,并严格兑现奖惩。

(10)安全防范重点:严格控制路基土石方爆破,防止飞石伤害事故;预防高空坠落、物体打击事故;土石方开挖、填筑及隧道施工中防止塌方事故;隧道控制爆破中防止爆破伤害事故;加强隧道通风、挖孔桩基通风,防止瓦斯爆炸,防止缺氧窒息事故;防止机械设备伤害、触电事故;规范施工场地交通安全,防止交通伤害事故;防止火灾、洪灾事故;防止压力容器爆炸伤亡事故。

(11)安全事故处理。伤亡事故:承包人必须用电话 2 h 内报建设指挥部,并在 12 h 内以书面形式报建设指挥部;发生死亡、重大死亡事故的单位应迅速采取必要措施抢救人员和财产,防止事故扩大,同时保护事故现场;重大伤亡事故由其上级有关主管部门组成事故调查组,报请地方相关部门参加,进行调查;事故采取"四不放过"的原则进行处理;对伤亡事故,在上报本单位上级主管部门的同时,将事故调查报告一并报建设指挥部。

三、危险源辨识与风险评估

国内学术界将风险定义为:风险就是与出现损失有关的不确定性,也就是在给定情况下和特定时间内,可能发生的结果之间的差异(或实际结果与预期结果之间的差异)。风险要具备的条件:一是风险因素的存在性;二是风险因素发生的不确定性;三是风险产生损失后果。

风险识别是指通过一定的方式,系统全面地识别出影响建设工程目标实现的风险事件,并加以适当归类的过程。国家标准《职业健康安全管理体系要求及使用指南》(GB/T 45001—2020)将风险评估定义为:"评估风险大小以及确定风险是否可容许的全过程。"这个过程在系统地识别建设工程风险与合理地做出风险对策之间起着重要的桥梁作用。从定量评价角度,风险评估是将建设工程风险事件的发生可能性和损失后果进行定量化的过程。风险评估的结果包括:确定各种风险事件发生的概率和可能性;确定各种风险事件的发生对建设工程目标影响的严重程度等。

风险对策决策是建设工程风险事件最佳对策组合的过程。一般来说,风险管理中所运用的对策有以下 4 种:风险回避、损失控制、风险自留和风险转移。这些风险对策的适用对象各不相同,需要根据风险评价的结果,对不同的风险事件选择最适宜的风险对策,从而形成风险对策组合。实施决策是对风险对策所做的决策进一步落实到具体的计划和措施。

建设工程实施过程中,一方面要对各项风险对策的执行情况不断地进行检查,并评价各项风险对策的执行效果;另一方面,在工程实施中内外条件发生变化时,如工程变更或施工条件改变等,要确定是否需要提出不同的风险处理方案。此外,还需要检查是否有被遗漏的建设工程风险或者发现新的建设工程风险,当发现新的建设工程风险时,就要进行新的建设工程风险识别,即开始新一轮的风险管理过程。

1. 风险的识别结果

风险识别的结果是制定建设工程风险清单。在建设工程风险识别过程中,核心工作是建设工程风险的分解,识别建设工程风险因素、风险事件及后果。

2. 建设工程风险的分解

根据建设工程的特点，建设工程风险的分解可以按以下途径进行：

（1）目标维：按建设工程目标进行分解。

（2）时间维：按建设工程实施的各个阶段进行分解。

（3）结构维：按建设工程组成内存进行分解。

（4）因素维：按建设工程风险因素的分类进行分解。

（5）环境维：按建设工程与其所在环境的关系进行分解。

在风险分析过程中，有时并不仅仅是采用一种方法就能达到目的的，而需要几种方法组合。

3. 建设工程风险识别的方法

建设工程风险识别的方法有风险调查法、专家调查法、财务报表法、流程图法、初始清单法和经验数据法。其中，风险调查法是建设工程风险识别的主要方法。

（1）风险调查法。风险调查通常可以从组织、技术、自然及环境、经济、合同等方面分析拟建建设工程的特点以及相应的潜在风险。

（2）专家调查法。专家调查法通常包括两种形式：头脑风暴法和德尔菲法。前者是召集有关专家开会，让其各抒己见，充分发表意见；后者是采取问卷式调查，并且各专家不知道其他专家的意见。针对专家发表的意见，由风险管理人员进行归纳分类、整理分析。头脑风暴法的特点是：多人讨论、集思广益，可以弥补个人判断的不足，采取专家会议的方式互相启发、交换意见，使风险的识别更加细致、具体。德尔菲法的特点是：避免了集体讨论中的从众倾向，代表专家的真实意见。

（3）经验数据法。经验数据法是根据已建建设工程与风险有关的统计资料来识别拟建建设工程的风险。

此外，建设工程风险管理是一个系统、完整的循环过程，因此风险识别也应该在建设工程实施全过程中不断地进行，这样才能了解不断变化的条件对建设工程风险状态的影响。

对扩建工程的风险识别来说，仅仅采用一种风险识别方法是远远不够的，综合采用两种或多种风险识别方法才能取得较为满意的结果。

4. 风险评估

风险评估在系统地识别建设工程风险与合理地做出风险对策之间起着重要的桥梁作用。风险评价可以采用定性和定量两大类方法。

定性风险评估方法有专家打分法、层次分析法等，其作用在于区分不同风险的相关严重程度以及根据预先确定的可接受的风险水平做出相应的对策。定量风险评估方法有敏感度分析、盈亏平衡分析、作业条件危险性评价法、决策树、定量风险评价法和随机网络等，其作用在于可以定量地确定建设工程各种风险因素和风险事件发生的概率大小或概率分布，及发生后对建设工程目标影响的严重程度或损失严重程度，了解和估计各种风险所造成的损失后果。

5. 风险对策

风险回避就是拒绝承担风险，通过回避建设工程风险因素，回避可能产生的潜在损失或不确定性。其特点是：回避也许是不实际或不可能的；回避失去了从中获益的可能性；回避一种风险，有可能产生新的风险。

损失控制是一种主动、积极的风险对策。损失控制可分为预防损失和减少损失两方面工作。预防损失措施的主要作用是降低或消除损失发生的概率，而减少损失措施的作用是降低损失的严重性或遏制损失的进一步发展，使损失最小化。损失控制方案包括预防损失和减少损失两个方面措施。就施工阶段而言，该计划系统一般应由预防计划、灾难计划和应急计划三部分组成。

预防计划的目的在于有针对性地预防损失的发生，其主要作用是降低损失发生的概率，同时能在一定程度上降低损失的严重性。

灾难计划是为现场人员提供一组事先编制好的、目的明确的处理特种紧急事件的工作程序和具体措施，其作用是在各种严重的、恶性的紧急事件发生时，现场人员可以做到从容不迫、及时、妥善地处理紧急事件，从而减少人员伤亡以及财产等损失。灾难计划是在严重风险事件发生或即将发生时实施的。

应急计划是在风险损失基本确定后的处理计划，其作用是使因严重风险事件而中断的工程实施过程尽快恢复，并减少进一步的损失，使其影响程度减少到最小。应急计划包括制定所需采取的相应措施和规定不同工作部门相应的职责等。

四、应急救援预案

为了更好地适应法律和经济活动的要求，给企业员工的工作和施工场区周围居民提供更好、更安全的环境；保证各种应急反应资源处于良好的备战状态；指导应急反应行动计划有序地进行，防止因应急反应行动组织不足或现场救援工作的无序和混乱而延误事故的应急救援；有效地避免或降低人员伤亡和财产损失；帮助实现应急反应行动的快速、有序、高效；充分体现应急救援的"应急精神"，根据预测危险源、危险目标可能发生事故的类别、危害程度，而制定的事故应急救援方案，要充分考虑现有物资、人员及危险源的具体条件，能及时、有效地统筹指导事故应急救援行动。

1. 应急预案的作用

（1）应急预案确定了应急救援的范围和体系，使应急管理不再无据可依、无章可循，尤其是通过培训和演练，可以使应急人员熟悉自己的任务，具备完成指定任务所需的相应能力，并检验预案和行动程序，评估应急人员的整体协调性。

（2）应急预案有利于做出及时的应急响应，降低事故后果，应急行动对时间要求十分敏感，不允许有任何拖延，应急预案预先明确了应急各方职责和响应程序，在应急资源等方面进行先期准备，可以指导应急救援迅速、高效、有序开展，将事故造成的人员伤亡、财产损失和环境破坏降到最低限度。

（3）应急预案是各类突发事故的应急基础，通过编制应急预案，可以对那些事先无法预料到的突发事故起到基本的应急指导作用，成为开展应急救援的"底线"。在此基础上，可以针对特定事故类别编制专项应急预案，并有针对性地制定应急预案，进行专项应急预案准备和演习。

（4）应急预案建立了与上级单位和部门应急救援体系的衔接，通过编制应急预案可以确保当发生超过本级应急能力的重大事故时，与有关应急机构的联系和协调。

（5）应急预案有利于提高风险防范意识，应急预案的编制、评审、发布、宣传、演练、教育和培训，有利于各方了解面临的重大事故及其相应的应急措施，有利于促进各方提高风险防范意识和能力。

2. 危险救援预案的基本要求

（1）针对性

应急预案是针对可能发生事故，为迅速、有序地开展应急行动而预先制定的行动方案，因此，应急预案应结合危险分析的结果。

①针对重大危险源。重大危险源是指长期或是临时地生产、搬运、使用或贮存危险性物品，且危险物品的数据等于或超过临界量的单位。重大危险源历来都是生产经营单位监管的重点对象。

②针对可能发生的各类事故。在编制应急预案之初需要对生产经营单位中可能发生的各类事故进行分析和编制，在此基础上编制预案，才能保证应急预案更广范围的覆盖性。

③针对关键的岗位和地点。不同的生产经营单位，同一生产经营单位不同生产岗位所存在的风险大小都往往不同，特别是在危险化学品、煤矿开采、建筑等高危行业，都存在一些特殊或关键的工作岗位和地点。

④针对薄弱环节。生产经营单位的薄弱环节主要是指生产经营单位为应对重大事故发生而存在的应急能力缺陷或不足方面。企业在编制预案过程中，必须针对生产经营在进行重大事故应急救援过程中，人力、物力、救援装备等资源是否可以满足要求而提出弥补措施。

⑤针对重要工程。重要工程的建设和管理单位应当编制预案，这些重要工程往往关系到国计民生的大局，一旦发生事故，其造成的影响或损失往往不可估量，因此，针对这些重要工程应当编制应急预案。

（2）科学性

应急救援工作是一项科学性很强的工作，编制应急预案必须以科学的态度，在全面调查研究的基础上，实行领导和专家结合的方式，开展科学分析和论证，制定出决策程序和处置方案、应急手段先进的应急反应方案，使应急预案真正具有科学性。

（3）可操作性

应急预案应具有实用性和可操作性，即发生重大事故灾害时，有关应急组织、人员可以按照应急预案的规定迅速、有序、有效地开展应急救援行动，降低事故损失。

3. 应急救援预案编制的主要内容

（1）工程项目基本情况：①项目的工程概况及施工特点和内容，企业主要的资质能力及年工程量，主要机械设备及危险物品的品名及正常储量，职工人员的基本情况；②项目所在的地理位置、地形特点，工地外围的地理位置、居民、交通和安全注意事项等；③气象状况等。

（2）危险目标的数量及预防：①危险目标的确定。根据本单位生产情况确定危险目标，可按事故发生统计频率排列危险源顺序列表。对已确定的危险目标，根据其可能导致事故的途径，采取有针对性的预防措施，避免事故发生。各种预防措施必须建立责任制，落实到部门（单位）和个人；②潜在危险性的评估。对每个已确定的危险目标要做出潜在危险性的评估。即一旦发生事故可能造成的后果，可能对人员、设备及周围带来的危害及范围。预测可能导致事故发生的途径，制定一旦发生重大事故尽力降低危害程度的措施。

（3）现场医疗救护和医疗机构：①现场建立抢救小组，张贴抢救程序图，熟练掌握每一步抢救措施的具体内容和要求。对一般的事故伤员能做好自救互救，对于高处坠落、骨折人员不能随意搬动，要用担架、模板等搬运；对于气体中毒人员尽快进行通风。呼吸新鲜空气，依据受伤程度转送各类医院；②现场醒目位置张贴医疗信息。例如附近医疗资源的情况介绍，位置、距离、联系电话等。

（4）应急机构的组成、责任和分工：①应急救援"指挥领导小组"，由企业经理或项目经理直接领导、由副经理及生产、安全、设备、保卫等负责人组成。发生重大事故时，领导小组成员迅速到达指定岗位，以指挥领导小组为基础，成立重大事故应急救援指挥部，由经理任总指挥，由副经理任副总指挥，负责事故的应急救援工作的组织和指挥；②职责："指挥领导小组"负责本单位或项目"预案"的制定和修订；组建应急救援队伍，组织实施和演练，检查督促做好重大事故的预防措施和应急救援的各项准备工作；组织和实施救援行动；组织事故调查和总结应急救援工作的经验教训；③分工：写明各机构组成的分工情况。

(5)重大事故处置方案和处理程序：①处置方案。根据危险目标模拟事故状态，制定出各种事故状态下的应急处置方案，如支模坍塌、结构坍塌、大面积漏电等，如大量毒气泄漏、多人中毒、燃烧、爆炸、停水、停电等，包括通信联络、抢险抢救、医疗救护、救援行动方案等。②处理程序。指挥部应制定事故处理程序图。一旦发生重大事故时，对第一步先做什么，第二步应做什么，都有明确规定。重大事故发生时，各有关部门应立即处于紧急状态。在指挥部的统一指挥下，根据对危险目标潜在危险的评估，按处置方案处理和控制事故。尽量把事故控制在最小范围内，最大限度地减少人员伤亡和财产损失。

(6)安全疏散及紧急避险：在发生重大事故，可能对区域内外人群安全构成威胁时，必须在指挥部统一指挥下。对与事故应急救援无关的人员进行紧急疏散。对可能威胁到相邻建筑物及人员的安全时，指挥部应立即引导人员迅速撤离到安全地点。

(7)工程抢险：有效的工程抢险抢修是控制事故、消灭事故的关键。抢险人员应根据事先拟定的方案，在做好个体防护的基础上，以最快的速度及时排险、抢险，消灭事故。

桥梁工程施工属于高危工作，事故的发生无法完全避免，重视和认真编制好安全事故应急救援预案工作，加强对突发事故的处理，努力提高应急救援快速反应能力，可以有效地降低事故发生的危害程度。

五、安全生产经费的管理

为加强建设工程安全生产费用管理，建立工程施工单位安全生产投入长效机制，进一步落实安全施工措施，改善施工单位作业条件，减少施工伤亡事故发生，切实保障工程施工人员人身安全，根据《建设工程安全生产管理条例》和《建设施工安全生产管理办法》等有关法律法规，制定如下规定：

1. 安全生产费用支付程序及方式

(1)依据工程招标文件规定，业主已经明确的安全生产费用提取费率、数额、支付计划、使用要求等条款。

(2)结合工程建设工期的实际情况，按招标文件规定，施工单位进场后，业主预付安全生产费用总额的30%，用于购置安全生产用具和落实安全生产要求。

(3)施工单位在工程量或施工进度完成50%时，项目负责人应当按照《建设工程监理规范》填报"其余安全生产费用支付申请表"，并经施工单位负责人签字盖章后报驻地监理单位。驻地监理单位应当在5日内审核工程进度和现场安全生产管理情况。驻地监理单位审核时发现施工现场存在安全隐患的，应当责令施工单位立即整改。经审核符合要求或整改合格的，上报监理工程师办公室。监理方经核实及时签署"其余安全生产费用支付证书"并提请业主单位及时支付。

(4)业主单位收到监理单位"其余安全生产费用支付证书"后，5日内支付安全生产费用总额的40%，支付凭证报送业主安全生产管理办公室备案。

（5）按照招标文件规定，其余30%安全生产费用待交工证书签发后，办理竣工结算时一次性支付。

（6）工程监理单位发现建设单位未按本规定支付安全生产费用的，应当及时提请建设单位支付。

2. 安全生产费用的使用

工程安全生产费用应在以下范围使用：完善、改造和维护安全防护、检测、探测设备、隧道施工现场固定电话设施支出；配备必要的应急救援器材、设备和现场作业人员安全防护物品支出；安全生产检查与评价支出；重大危险源、重大事故隐患的评估、整改、监控支出；安全技能培训及进行应急救援演练支出；其他与安全生产直接相关的支出（如标志、标牌、防火器材等）。

安全生产费用实行专户核算，施工单位应当按规定范围使用，不得挪用或挤占。施工单位应当建立健全本标段安全生产费用管理制度和项目安全生产费用核算制度，明确安全生产费用使用、管理程序、职责及权限。施工单位或其委托的安全评价机构应当依据现行的标准规范，定期对工程施工现场安全生产情况进行检查评价。对于评价结果不合格的，应当督促该项目立即整改。监理单位应当对施工单位在施工现场落实安全生产情况进行监理。发现施工单位在施工现场存在安全隐患，未落实安全生产费用的有权要求其改正，施工单位拒不改正的，工程监理单位应当及时向业主报告，必要时依法责令其暂停施工。

3. 安全生产费用的监督管理

建设主管部门对建设工程安全生产费用计取、支付、使用实施监督管理，行业主管部门按照职责分工对有关专业建设工程安全生产费用计取、支付、使用实施监督管理。建设主管部门或有关行业主管部门应当对施工单位安全生产费用管理、使用情况进行监督检查。安全生产管理委员会应当按照现行标准规范，对工程项目施工现场安全生产条件改善和安全施工措施落实情况进行监督检查。财务科应当按期对支付给各标段施工单位的安全生产费用管理、使用进行监督检查，应当及时受理对建设工程安全生产费用不按规定管理、使用以及挪用安全生产费用的检举、控告和投诉。

4.《建设工程安全生产管理条例》相关责任规定

施工单位不按规定管理以及挪用安全生产费用的，依照《建设工程安全生产管理条例》第六十三条规定予以处罚。施工单位对安全生产费用提而不用导致安全生产条件不符合国家规定，依照《安全生产许可条例》第十四条规定予以处罚。施工单位的主要负责人、项目负责人未履行安全生产管理职责，有违反本规定行为的，依照《建设工程安全生产管理条例》第六十六条规定予以处罚。总承包单位未按规定支付分包单位安全生产费用的，由建设主管部门或有关行业主管部门责令其限期整改，并处以1万元以上3万元以下罚款；发生生产安全事故的，由总承包单位承担主要责任。监理单位未按本规定及时签署安全生产费用支付证书的，由建设主管部门或有关行业主管部门责令其限期改正，并处以2 000元以上1万元以下罚款。监理单位有违反《建设工程安全生产管理条例》的，由建设主管部门或有关行业主管部门按照《建设工程安全生产管理条例》第五十七条规定予以处罚。

六、安全生产检查

安全生产工作必须贯彻执行（法定代表人）负责制，各级领导要坚持"管生产必须管安全"的原则，生产要服从安全的需要，实现安全生产和文明生产。对在安全生产方面有突出贡献的团体和个人要给予奖励，对违反安全生产制度和操作规程造成事故的责任者，要给予严肃处理，触及刑律的，交由司法机关论处。

安全生产主要责任人的划分：单位行政第一把手是本单位安全生产的第一责任人，分管生产的领导和专职安全生产管理员是本单位安全生产的主要责任人。

企业安全生产专职管理人员职责：协助领导贯彻执行劳动保护法令、制度，综合管理日常安全生产工作；汇总和审查安全生产措施计划，并督促有关部门切实按期执行；制定、修订安全生产管理制度，并对这些制度的贯彻执行情况进行监督检查；组织开展安全生产大检查，经常深入现场指导生产中的劳动保护工作，遇有特别紧急的不安全情况时，有权指令停止生产，并立即报告领导研究处理；总结和推广安全生产的先进经验，搞好安全生产的宣传教育和专业培训；根据有关规定，发放符合国家标准的劳动防护用品，并监督正确佩戴和使用；组织有关部门研究制定防止职业危害的措施，并监督执行；生产单位专职安全生产管理员要协助本单位领导贯彻执行劳动保护法规和安全生产管理制度，处理本单位安全生产日常事务和安全生产检查监督工作。

安全生产专职管理干部职责：协助领导贯彻执行劳动保护法令、制度，综合管理日常安全生产工作；汇总和审查安全生产措施计划，并督促有关部门切实按期执行；制定、修订安全生产管理制度，并对这些制度的贯彻执行情况进行监督检查；组织开展安全生产大检查，经常深入现场指导生产中的劳动保护工作，遇有特别紧急的不安全情况时，有权指令停止生产，并立即报告领导研究处理；总结和推广安全生产的先进经验，协助有关部门搞好安全生产的宣传教育和专业培训；参加审查新建、改建、扩建、大修工程的设计文件和工程验收及试运转工作；参加伤亡事故的调查和处理，负责伤亡事故的统计、分析和报告，协助有关部门提出防止事故的措施，并督促其按时实现；根据有关规定，制定本单位的劳动防护用品，并监督执行；组织有关部门研究制定防止职业危害的措施，并监督执行；对上级的指示和基层的情况上传下达，做好信息反馈工作。

各生产单位专（兼）职安全生产管理员要协助本单位领导贯彻执行劳动保护法规和安全生产管理制度，处理本单位安全生产日常事务和安全生产检查监督工作。各生产班组安全员要经常检查、督促班组人员遵守安全生产制度和操作规程；做好设备、工具等安全检查、保养工作；及时向上级报告班组的安全生产情况，做好原始资料的登记和保管工作；职工在生产、工作中要认真学习和执行安全技术操作规程，遵守各项规章制度；爱护生产设备和安全防护装置、设施及劳动保护用品；发现不安全情况，及时报告领导，迅速予以排除。

七、安全教育培训

对新职工、实习人员，必须先进行安全生产的三级教育（即生产单位或班组、生产岗位）才能准其进入操作岗位。对改变工种的工人，必须重新进行安全教育才能上岗。

对从事电气、焊接、车辆驾驶、易燃易爆等特殊工种人员，必须进行专业安全技术培训，经有关部门严格考核并取得合格操作证（执照）后，才能准其独立操作。对特殊工种的在岗人员，必须进行经常性的安全教育。

第七章 桥梁项目施工质量管理

第一节 桥梁项目施工质量管理概述

一、质量与质量管理

能够很好地满足客户需要的产品属性即为质量，它能使客户在使用过程中获得满足感。而这一过程是变动的，因此质量的好坏是一个相对量，它是根据时间、空间等的不同而变化。在质量管控体系中，人们把满足要求的固有特性称之为质量。在整个质量体系中，它既可以指其中的某一部分，也可以指整个产品，还涉及提供产品时的服务，甚至提供产品的供应商的信誉也被纳入其中。综上，质量管控不仅仅是特定的产品质量，它还涉及与产品有关的其他看不见摸不着的无形"产品"质量，且重点是工作质量。

二、项目质量管理

(一)质量管理的定义

项目质量管理中的质量不仅包括工作质量还特指产品质量。后者包括了产品的使用属性和使用价值，而前者是后者的保证，只有前者质量较高，后者才能得以保证并且得以体现，两者是相互影响相互作用的。

(二)质量管理的原则

通过大量的研究，下面主要从质量控制的特征和影响几个因素着手，重点阐述一下质量管理的原则，从而达到质量的有效管控。

一是质量。"质量第一"是任何工程所必须明确的，桥梁工程更是如此，而工程质量就是准则、标准，也是忠诚和责任；同时，质量还是一个企业的灵魂和生命，没有质量的企业就失去了市场。

二是预防。这是因为一旦桥梁工程竣工，就无法对其进行拆解之后二次修复，因此桥梁工程具有不可逆性。一旦出现质量不达标等问题，就只有对其进行彻底的拆除然后重建，这样不但产生较大社会负面影响，而且不利于经济的发展，还存在重大安全隐患。综上，桥梁质量管控必须高标准严把关，不能因小失大，必须从一开始就把质量隐患杜绝在项目之外。

三是以人为本。质量好坏的主导因素是人，桥梁工程的每一个环节都凝聚着所有参建人员的努力和心血。不论是立项、设计、实施和管理，每一个阶段，每一个过程，每一个环节都少不了人的主导。因此，桥梁工程质量管控的关键是人的管理。

四是高标准的质量原则。只有按规则办事、坚持质量标准为先，对任何不利于工程质量的行为都拒绝执行，才能确保质量不受影响。只有质量标准得以坚持，才能保证工程质量有所保障。否则，在建工程的质量将难以得到切实的保证。

五是职业道德。质量管控人员只有严守职业道德、科学客观公正地对待桥梁工程实施的每一个环节，才能确保工程得以高标准的实施。因此，参建人员的职业道德至关重要。

（三）质量管理的影响因素

影响桥梁工程质量的因素众多，归纳起来主要有：施工主体、手段、方法、对象和环境。在施工过程的质量管理中，这五大因素一直存在，任何一个因素的缺失都会影响施工质量。

一是施工主体。此处的主体是人，即参与桥梁施工的所有工作人员，上至项目的管理者，下至施工的具体工作人员。判断一个项目施工主体强大的依据是人员组织协调能力和技术人员的技术能力。基于此，要研究施工主体就要从以上两方面进行。组织能力较好的管理人员，在具备丰富而成熟的施工经验的情况下，才能确保施工过程中质量得到全方位的管理。不但对某些质量事故进行准确的预测，还能有效地预防事故发生、协调好相关工作单位协助好工程的建设。专业的技术人员是桥梁工程质量管理的保证，只有具备强大的施工队伍，才能确保质量管理得到良好进行。桥梁工程的建设是所有参建人员努力付出的结果，每一座桥梁的成功投入使用都聚集了参建人员的心血和汗水。综上所述，施工主体是否强大直接决定了桥梁工程质量的好坏，因此，它是影响桥梁工程质量的首要因素。

二是施工的具体手段。单纯的人工劳动并无法完成现代桥梁的施工。因此，在桥梁施工过程中必须借助大量的机械设备，而机械设备在现代桥梁施工中的使用程度恰恰是现代桥梁施工先进性的标志。不论是质量的检验还是具体的施工都离不开先进的机械设备。因此，投入使用的机械设备质量的好坏，功能的完善与否和先进与否在一定程度上影响着桥梁的质量。综上所述，施工的具体手段对桥梁工程的质量影响程度不容忽视，应该引起更多的重视。

三是施工方法。施工方法（施工工艺）的每一个环节紧密衔接是保证桥梁施工质量的有力保障。因此，施工工艺的正确选择和施工的技术水平都贯穿着整个桥梁建设过程之中并影响着其建设质量。另外，施工方法与措施在一定程度上还决定了工期、利润和成本的变化。基于此，特定的施工方法决定了桥梁工程的施工质量。

四是施工对象。施工对象不仅包括桥梁建设所有的原材料，还包括成品和半成品。桥梁是由各种材料组成，因此材料是桥梁质量最直接的体现者和基础。只有严守材料质量关，才能继续桥梁建设中质量管控的其他工作。因此，任何一座桥梁建设，都必须做到材料的事先管控，杜绝不合格材料进入工程建设中。

五是施工所处的环境。露天的桥梁施工环境导致许多不确定因素的产生，这些不确定因素既有来自环境的客观环境也有来自施工过程中的人为环境。不可改变的自然环境主要是指地质和水文等环境。环境的影响可以通过借助科学的预测与管理来减少不确定因素对工程质量产生的负面影响。因此，在桥梁施工过程中，文明规范的施工环境是桥梁工程质量的保证。

三、质量管理的理论方法

(一)零缺陷理论

零缺陷工程管理(Zero-Defect Engineering Management，ZDEM)，是基于工程项目的最终目标和宗旨要求，在首次就把所有环节做到完全符合标准规定的思维模式。在此基础上，综合运用各种思想理论为指导，结合相关技术，贯穿整个项目始终的管理模式。因此，从管理思维来讲，ZDRM 的核心思想是满足工程目标，为工程宗旨服务的，当然这种管理过程中运用了多种管理思维。

ZDEM 并不是指在工程项目实施的过程中没有任何的缺陷，而是强调责任主体的思维意识，即对施工和管理人员的思维方式进行统一的指导和管理，做到上下一致，团结一心，从而减少"缺陷"，最终实现"零缺陷"。事实上，工程项目中的"零缺陷"是指以下几方面能够达到"零"：偏差为"零"、变更为"零"、返工为"零"、逾期为"零"、超概为"零"、浪费为"零"、事故为"零"、故障为"零"、延时为"零"、等待为"零"、风险为"零"、污染为"零"。零缺陷在工程项目中的具体体现如图 7-1 所示。

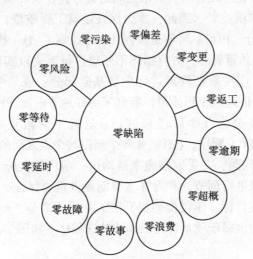

图 7-1　零缺陷在工程项目中的具体体现

综上可知，ZDEM 具有以下特点：一为工程项目管理团队的"零"缺陷，组成人员是零缺陷；工程与预期目标完全吻合，把最终目标分解在各个环节确保工程目标的零缺陷；工程在整个施工过程中，上一个环节传递给下一个环节的信息和决策等都是精准的，满足要求的，因此其施工过程零缺陷。事实上，ZDEM 是三者的综合体现，即系统、价值和并行工程的总体体现，通过前期的系统预防和思考，确保零缺陷贯穿于整个工程。此外，零缺陷还可以用成本进行度量。

(二)六西格玛理论

美国的 Motorola 公司在 20 世纪 80 年代创立了一种有助于质量改进的方法，称之为六西格玛理论，该理论在通用电气公司的应用中大获成功。

统计学中人们用 δ 代表"标准偏差"。而六西格玛则成功将该数学表达式应用于质量管理体系中，最终形成了一个表示服务水平的评价标准。同时，该理论中还引入了数字 Z，以表示这一过程中的输出平均值，在整个逻辑关系中形成了质量的度量。

事实上，西格玛水平的高低反映了输出集中的好坏。即如果 δ 越高，Z 则越小，反映在数字上则为偏差越小，说明过程满足质量要求的能力就越强；反之 δ 越低，Z 则越大，说明过程满足适量要求的能力就越低。如果正态分布于 $\pm 6\alpha$ 的偏差区间，则说明质量已经达到六西格玛水平，此时的缺陷率为 3.4%，说明质量达到最高值。

六西格玛管理主要是指在桥梁建设过程中，以 DMAIC 流程管理为主，而 DFSS 设计方法同时也是重要组成部分。因而，在设计过程中需要注重质量特性，并对这一特性进行不断改进，防止其出现质量缺陷，更好地满足客户需要。同时，也需要降低成本来对项目管理与质量进行不断改进，不断提升组织运行过程质量，并为企业创造出更多利润。这一管理方式主要是以提升客户满意度作为主要核心，防止建设项目出现风险。

(三)全面质量管理理论

全面质量管理理论是国外学者 A.V. 费根鲍姆在对质量管理做了全面分析之后得出的。这一理论产生于 20 世纪 60 年代初。研究学者在研究过程中对质量管理生产与服务与客户需求之间的关系做了重点分析，并加强各个活动之间的有机联系。对于质量管理而言，需要考虑到其经济效益与顾客质量要求之间的关系，在需要满足顾客的消费需求的同时兼顾与其他概念存在本质差异。因此，要想保证建筑工程质量，还需要考虑用户需求，这也是企业部门关键部分。PDCA 循环是按照 Plan（计划）、Do（执行）、Check（检查）和 Action（处理）的顺序进行质量管理，并且循环不断地进行下去以实现质量目标的传统质量管理方法。PDCA 循环工作在质量管理过程中是基础部分，也是全面质量管理当中的基本。PDCA 主要目的是保证建筑工程质量，有利于更好地了解质量保证体系。

PDCA 循环活动主要分为几个阶段来进行。这几个阶段主要是指以下几个方面：(1)根据组织要求调整 PDCA 顺序。(2)企业各个部门与个人之间的工作，都需要进行 PDCA 循环，逐步解决这一问题，并采取措施来推动这一项目的实施。这一循环在制定质量计划指标与管理周期时来进行调节，并为管理周期提供重要保证。(3)对 PDCA 循环进行具体分析，不断调整发展目标，不仅能够提升 PDCA 循环质量，也能够加强管理。PDCA 循环注重质量管理，同时也属于质量管理活动的特殊程序，如图 7-2 所示。

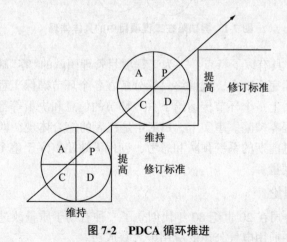

图 7-2　PDCA 循环推进

四、桥梁工程质量管理的特点

(一)桥梁施工项目质量管理

桥梁工程建设过程中需要注重质量管理,主要原因在于工程质量对于工程相关方影响较大,也对其他相关方起到很大作用。

桥梁工程性质特殊,其产品主要包括以下几个方面特点:

(1)影响因素多

建设工程质量受到多种因素的影响,如决策、设计、材料、机具设备、施工方法、施工工艺、技术措施、人员素质、工期、工程造价、建设环境、人文环境等,都直接或间接地影响工程项目质量。

(2)质量波动大

由于桥梁工程生产的单件性、流动性,不像一般工业产品的生产那样,有固定的生产流水线、有规范化的生产工艺和完善的检测技术、有成套的生产设备和稳定的生产环境,所以工程质量容易产生波动且波动大。同时由于影响工程质量的偶然性因素和系统性因素比较多,其中任一因素发生变动,都会使工程质量产生波动。

(3)质量隐蔽性

施工过程中,分项工程交接多、中间产品多、隐蔽工程多,因此质量存在隐蔽性。如个别隐蔽工程的质量问题未经及时发现,可能影响到桥梁整体质量。

(4)终检的局限性

工程项目的终检(竣工验收)无法进行工程内在质量的检验,发现隐蔽的质量缺陷。因此,工程项目的终检存在一定的局限性。对于大型桥梁而言,在设计过程中也需要吸取以往工作经验,如果在施工过程中出现施工环境较为复杂的现象,造成桥梁工程施工状态无法得到保证,则会使桥梁受力结构值发生变化。桥梁工序各个阶段隐患要采取措施来进行严格把握,同时还需要对桥梁管理体制等各项指标加强监控。

(5)评价方法的特殊性

工程质量的检查评定及验收是按检验批、分项工程、分部工程、单位工程进行的。隐蔽工程在隐蔽前要检查合格后验收,涉及结构安全的试块、试件以及有关材料,应按规定进行见证取样检测,涉及结构安全和使用功能的重要分部工程要进行抽样检测。工程质量是在施工单位按合格质量标准自行检查评定的基础上,由监理工程师(或建设单位)组织有关单位、人员进行检验确认验收。体现了"验评分离、强化验收、完善手段、过程控制"的指导思想。

(二)桥梁工程质量管理特点

桥梁工程建设相关单位在加强质量管理的过程中,首先需要制定相应的计划,并在这一计划实施的过程中加强监督。这一计划对管理活动的各个环节需要进行严格审核。

桥梁质量管理特点如下所示:

(1)预防性。在建设这一桥梁工程的过程中要注重其质量管理,同时还要采取一定的措施来进行预防,消灭质量隐患,使其能够为社会带来有利影响。

(2)动态性。对于桥梁质量管理,各方需要根据各个不同的施工阶段来进行,使各个不同施工阶段实际需求能够得到满足。

（3）持续受控。桥梁施工质量管理开始阶段要进行具体分析，在这一工程完成之后的养护工作也要继续保持。

（4）加大第三方参与重视力度。在桥梁施工过程中由于技术难度较大，因此，如果要想桥梁质量得到保证，则需要制定相应的施工方案。加大第三方施工技术重视力度，可以为施工过程提供重要的技术支持。

第二节　BIM 在 PDCA 质量管理中的优势与问题

一、BIM 技术理论

（一）BIM 技术的概念

BIM 是英文 Building Information Modeling 的缩写。美国对 BIM 标准的定义是："BIM 是一个设施（建设项目）物理和功能特性的数字表达。"具体表述应该是："BIM 是一个共享的知识资源，是一个分享有关这个设施的信息，为该设施从概念到拆除的全生命周期中的所有资源提供可靠依据的过程。"

Dana K. Smith 先生认为 BIM 本质上就是这样一个机制：把数据转化成信息，从而获得知识，让我们智慧行动。

BIM 包含三重含义：建筑信息模型、建筑信息模拟和建筑信息管理。即 BIM 的内涵包含了三个层：模型（Model）、建模（Modeling）和管理（Management）。第一层次的理解：BIM 的基础是三维模型。三维模型通过三维设计软件创建，三维模型中一般仅含有几何信息，不含属性信息。在这一层次，BIM 中的 M（Model）是一个静态的概念，强调的是三维设计成果的准确性。第二层次的理解：BIM 的数据支撑是工程数据库。在这一层次，BIM 中的 M（Modeling）是一个动态的概念，不仅是施工阶段实体几何造型的变更，也是多维信息的打通与关联，更是施工阶段项目管理业务流程的建模。第三层次的理解：BIM 的管理支撑是数据集成平台。在这一层次，BIM 中的 M（Management）是一个管理的概念，即它是最终服务于管理的工具。

（二）BIM 技术的特点

1. 可视化（Visualization）

可视化是 BIM 模型最基础的属性，是对建筑模型的直观表达。可视化通过形象的动画手段实现具体表达和沟通。这种表达方式更具体，也更有效，使接收者轻易掌握整个建筑的所有信息。

这里特别强调，传统的二维 CAD 图纸不能算是可视化，它仅仅算是建筑信息的专业的、抽象的表达，便于把施工信息全部抽象汇集在一张图纸上，它的功能仅仅是把建筑信息表达全面、清楚，但不需要把这种表述做到通俗易懂。可视化作为辅助业主进行决策的重要工具，使复杂的项目更容易理解。总之，可视化是检验 BIM 是否真实的第一个标准。

2. 协同（Coordination）

协同设计是 BIM 的另一大主要特征。在工程的建设实施过程中，需要随时进行各参建方的信息传递与交流，良好的沟通是保证项目顺利开展的前提。然而，在实际工程建设过程中，由于参建方很多，信息交流不可避免会存在交叉、滞后和曲解。这种信息传递的缺点容易造成施工进度拖延甚至错误施工的局面。所以，保证高质量的沟通是进行工程质量管理的基础。

BIM 协同平台运用统一的信息存储功能，将项目参建各方的数据信息统一进行存储，提供了唯一的沟通集中平台，一旦某一个部位的信息发生变化，系统将做出相应反馈，并将结果通知给各个参建单位，实现了信息交换的及时性和准确性。

BIM 协同平台对职责进行管理。面对工程专业复杂、体量大、专业图样数量庞大的工程，为保证本工程施工过程中 BIM 的有效性，对各参建单位在不同施工阶段的职责进行划分，让每个参建者明白自己在不同阶段应该承担的职责和完成的任务，与各参建单位进行有效配合，共同完成 BIM 的质量管理实施。

3. 模拟（Simulation）

BIM 的模拟和我们通常所说的简单模拟是完全不同的。这种模拟并不是一种简单的可视化效果，更不仅仅是对建筑物实体的一种直观表达。传统模拟只能做一些表面工作的动漫或者漫游，对项目的具体实施并不完全具有指导性意义，而完全背离建筑物的实际轨迹，想要反映出建筑物的实际动态变化，模拟和分析是相辅相成的。

传统的技术方案交底只能凭借工程师丰富的经验、完美的转述来进行，被交底的作业人员也只能凭借想象对交底内容有一定初步的画面。施工实际过程中的很多细节都不能做到面面俱到和精准预测，造成不可避免的二次返工和错误施工的现象。BIM 技术通过模拟工程实施过程，提前发现问题，避免了实施过程中的不合理现象的发生。因此，模拟可谓检验 BIM 的第三个标准。

（三）BIM 技术的应用价值

1. 基于 BIM 的协同平台

BIM 通过协同平台实现了工程数据来源的统一化，解决了传统信息的存储分散、共享困难等问题。并且，BIM 协同平台通过信息的动态更新，实现了工程信息的实时性，保证了各参建方获得最新的工程信息，及时准确地掌握工程动态，从而做出及时的响应。从根本上解决了传统纸质信息传递方式"信息断层"和"信息孤岛"的显著缺点问题。

同时，参建各方通过协同平台进行统一工作，实现全部工作线上提交及审批，既保证了信息传输的及时性，又能保证资料保存的完整性。

2. 基于 BIM 的工程设计

传统工程设计各专业间分离，造成后期实际施工过程中的碰撞等问题不可避免。基于 BIM 技术的工程设计，通过实现所创建的模型之间建立紧密的逻辑关系的特点，当某一部位工程信息发生变化时，与之关联的工程信息相应地做出更新，避免了信息不统一和前后不一致造成的工程设计的冲突和不合理现象。

另外，基于 BIM 技术的工程设计，不同于传统的工程设计，责任仅仅在于设计工程师，而与施工等阶段完全脱节。BIM 技术的工程设计，将项目的主要参与方都集中在一起进行设计，既保证了设计工作与实际紧密联系，又保证了设计工作考虑的全面性。

3. 基于 BIM 的施工及管理

BIM 技术平台通过可视化特点进行现场施工管理，将模型与现场施工情况进行动态对比，通过设置预警值，当现场施工情况超过模型设置值时发出警告，有利于及时发现问题并进行整改。同时能够将整改过程通过照片等形式完整的按照时间顺序存储在平台上，便于后续信息的追溯和责任的界定。

BIM 技术的三维模拟施工，可以在计算机上模拟整个施工过程，其优势就是能在实际施工之前完成对工程的功能和潜在问题的预测问题，同时，进行施工方案和施工方法试验的优化。

二、BIM 在 PDCA 质量管理中的优势

(一) 加强了数据来源的准确性

传统的质量控制 PDCA 中，使得 PDCA 循环中数据不完整或不准确现象严重，不能正确指导下一环节的实施。

可视化的优势在于直观准确地获得信息。可视化作为辅助业主进行决策的重要工具，不仅使复杂的项目更容易理解，而且不需要其他单位转达，缩短了信息获得的路径，加强了数据来源的准确性。另外，工程中各种工作团队使用此模型进行沟通讨论与分析，加速沟通的过程，更有助于达到信息获得的准确性。

(二) 提升了信息沟通的及时性

传统的质量控制 PDCA 循环中，信息依靠电话、短信或联系单等手段，避免不了信息的滞后和人为因素造成的信息缺失或信息不对称现象，不能及时有效地制定出决策。

BIM 技术通过改变信息传递的渠道，建立完整的信息交流系统，集工程参建各方于一个统一的平台，轻易地让参建各方了解工程的情况，安排自己的工作方向。同时，BIM 平台还提供了交流和沟通的方式，不再受传统直线型点对点的信息交流的局限，而是集中所有信息于同一平台，如图 7-3 所示，这样既保证了所有参建各方获得信息的全面性，同时也避免了信息传递过程中的损失问题，从而使项目各参与方能够更好地安排工作，实现与其他参与方的高效对接，避免不必要的信息沟通延误。

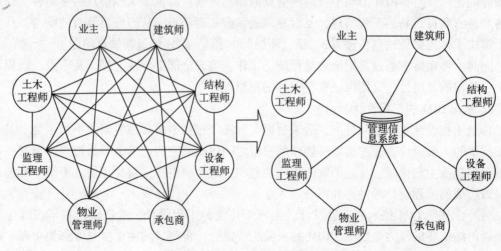

图 7-3 BIM 引入后的工作模式改变

(三)保障了决策的科学性

传统的质量控制 PDCA 循环中,决策者往往运用经验做出相对合理的决策,但是由于项目间的差距和决策者本身能力的限制,使得做出的决策往往不具有指导意义。

BIM 的模拟化是基于实际进行的表达,它集成了设计、分析和模拟三个阶段,如果某一阶段发生改变,就会有针对性地做出相应改变,在分析研究的基础上模拟出结果,方便业主进行科学的决策。

(1)机械数量的合理布置和布局方面

BIM 技术利用三维模拟的功能,准确判断机械的需用量,避免盲目的人工估算造成的现场机械数量过多或过少出现施工碰撞或施工中断的施工质量问题。另外,通过可视化模拟,合理布置机械的分布,避免了位置不准确影响机械的使用性能,从而影响施工质量。

(2)材料的采购及跟踪管理方面

BIM 的协同平台将材料供应商也纳入业主、施工单位等所有参建单位统一平台上,使得材料供应商能够清楚地了解工程情况,及时地做出生产材料的准备,不至于出现储存材料时间过长造成材料性能受到损失而影响工程质量的情况。另外,所有材料在使用前都要进行拍照上传,材料的规格、型号、生产日期及使用日期都有明确的记录跟踪,便于随时查询,加大了质量管理力度。

(3)安排施工和作业方面

BIM 技术与地理信息系统(GIS)的结合模拟施工,清楚地掌握工程所处地理环境,从而更有利于根据地理位置的特殊性或优越性进行合理地安排施工和作业。在管理环境方面,通过采用集成管理模式,从根本上改变了传统的质量管理环境,保证了决策的科学性。

通过以上研究不难发现,传统质量控制方法 PDCA 的实施过程中存在着大量弊端,从而导致数据来源不准确、信息沟通不及时和决策不科学等问题,影响质量管理 PDCA 方法的真正实施。通过引入 BIM 技术,从本质上改变质量控制的方法并提高效率,以期达到理想效果。

三、桥梁工程质量管理问题分析

基于 BIM 技术的可视化、协同化、模拟化的强大特点及其在 PDCA 循环中的优势,初步判断将 BIM 技术引入到质量管理中的做法是可行的。接下来,根据影响工程质量基本要素——4M1E 维度入手,基于人、机、料、法分析,以质量管理的最基本方法——PDCA 循环法为基础,分析质量管理存在的问题在质量管理方法上的体现。

(一)质量管理问题在 P 环节的体现

P 环节主要是施工准备时对质量的控制。P 环节对项目的质量控制往往起到决定性的作用,并且投入得越多,越能有效减少后期因质量不合格而造成的损失。以下两个质量管理问题是工程质量管理中属于 P 环节的体现。

1. 图纸校核

桥梁结构及施工工艺复杂,施工难度大,并且桥梁工程一般由大量钢筋、大体积混凝土构成之外,在桥梁结构中还贯穿了大量预应力钢束,极易出现碰撞错漏现象。一方面由于设计院专业分工多、人员素质不一、专业协调难度大、施工图细节多、人为疏忽等因素，导致施工图图样碰撞、设计错漏、设计变更等问题时有发生；另一方面，传统的图纸设计是土建工程师设计图纸后，安装等其他专业工程师根据土建为基础进行设计，几个专业工程师是单独办公的，虽然有电子版图纸进行传递，但不能做到面面俱到，这对于钢筋碰撞检查是极其不利的，不能全面发现问题，致使图纸会审不全面。若不加以及时处理，则极易对工程带来返工、工期延期、成本增加的问题，将对工程带来极大的质量风险及隐患。而传统的二维施工图纸校核，难以依靠专业人员对图纸问题在施工前予以校核消除。很多问题只能在实际施工中才能真正暴露出来，对质量管理很难做到事前控制。

2. 施工技术交底

施工技术交底是确保工程质量的重要环节及控制措施，是将设计意图及技术方案传达至施工基层的重要手段。桥梁施工工序复杂，在实施每一项分部分项工程之前，均要实行技术交底制度，传统设计交底需按不同层次开展，确保开工前所有各层级施工人员均能掌握施工要点。而我国建筑行业一线作业人员文化素质普遍不高，在开展大型复杂工程施工技术交底时，往往难以快速掌握技术要点。另外，传统基于平面图纸的技术交底，难以表达复杂结构物的施工要点以及施工组织之间的关系，在交底信息层层传递过程中，难以避免技术实施的偏差。

(二)质量管理问题在 D 环节的体现

D 环节也就是项目的实施阶段。根据项目的特性不难发现，每一个项目都是独一无二的个体，缺乏可参照的完全一样的模板，能够做到施工过程的真实记录和有效物料跟踪就显得尤为重要。以下两个质量管理问题是工程质量管理中属于 D 环节的体现。

1. 施工日志

施工日志是施工过程"执行"D 环节中重要的质量控制措施，是一线施工管理人员在施工阶段的关于施工组织安排、现场人机料法环等资源配置、上级施工指令落实情况、施工质量工作记录等方面的真实记录，也是质量经验知识管理的重要载体。传统施工日志存在诸多问题和限制：纸质存档，容易遗失损坏；个别施工人员字迹潦草，不易辨识；不便于查询检索，现场施工信息难以及时传递至参建各方；传统施工日志未关联实际建筑物分部分项工程实体，难以追溯质量问题。施工日志的好坏，直接影响追溯质量问题的根本。

2. 物料跟踪

物料管理是工程建设管理中的重要环节，是工程质量的源头，也是桥梁工程建设"执行"D 环节中容易缺失的一环。桥梁工程大部分材料为甲供，受到传统管理观念和模式的限制，物料管理过程中存在诸多问题：施工单位物料管理人员素质参差不齐，难以对物料运输、物料消耗、物料需求等环节进行监控，导致部分物料到达施工现场不符合质量要求，物料需求申报缺乏计划性造成材料供应不及时或材料积压现象，物料发放存在错账，进而导致严重的工程质量问题和经济损失。

(三)质量管理问题在 C 环节的体现

C 环节主要指的是质量事故的监控、对照计划，发现问题及时沟通和整改阶段。项目质量管理的问题主要是信息传递方式的问题。传统的质量管理主要是依赖人员线性传递的过程，这样的线性信息流通方式，时间之久和过程之烦琐，再加上部分监理、施工人员履职尽职不到位，有些工作原因签字不能及时进行，导致部分验收工作滞后和质量事件处理不及时进而影响工程质量。以下两个质量管理问题是工程质量管理中属于 C 环节的体现。

1. 质量验收

工程质量验收，又称工程质量评定，是工程建设管理中的最为常规、最为重要的质量管控措施。在桥梁工程质量验收过程中，根据施工管理及质量评定需要，一般先将桥梁划分为单位工程、分部工程和分项工程（即 WBS 工作分解结构），施工单位、监理单位根据 WBS 分解的层次结构逐级开展质量评定及验收工作。传统的质量验收工作是在纸质验收表单上开展的，一方面由于部分监理、施工人员履职尽职不到位，导致部分验收工作滞后，甚至存在代签、补签等现象；另一方面，若纸质验收文档保管不当，容易造成验收资料的缺失，进而影响工程结算与竣工验收。

2. 质量事件处理

质量事件处理是质量管理人员在现场巡查过程中，对发现的质量问题、质量隐患等进行记录、处置、报告、督促整改的质量管理过程。在传统质量事件处理过程中，由于信息传递本身就存在流程过于烦琐，再加上传递方式的限制导致信息传递不及时、整改督促不及时等问题经常出现，致使质量事故处理拖延情况严重，对施工质量管理的不利影响非常之大。质量事件处理通用流程如图 7-4 所示。

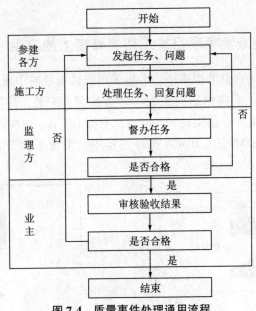

图 7-4 质量事件处理通用流程

（四）质量管理问题在 A 环节的体现

A 环节主要指的是各类施工验收资料的保存和学习。建设周期长是建筑工程项目的最大特点，很多桥梁工程周期长达几年之久，其间由于办公地点的变更、人员的流动等因素造成过程资料的缺失严重，这样缺乏完整性的资料对后期的查阅和学习起到非常不利的影响，严重降低了桥梁工程施工质量管理水平。对于大型复杂桥梁工程来说，做好档案管理是非常有必要的；另外，大型桥梁建设过程中，积累了很多宝贵的经验和教训，只有让这些宝贵的经验得到积累和传递，才能使桥梁工程质量管理水平得到提升。以下两个质量管理问题是工程质量管理中属于 A 环节的体现。

1. 档案管理

传统档案管理主要针对纸质档案，其特点是易遗失、易损毁、难管理。传统档案管理工作主要依赖各参建单位的资料管理员开展，各参建单位需配备专职资料人员对工程档案进行整理归档，且工程档案在施工期分散在各单位进行管理，后期需要雇佣专业档案数字化公司，将纸质档案逐一扫描归档。对于大型复杂桥梁工程来说，做好档案管理需要花费大量人力、物力，仍然不能取得良好的效果。

2. 质量控制小组创建

大型桥梁建设过程中，积累了很多宝贵的经验和教训，重视质量管理的提升必然要重视这些宝贵经验的积累，没有质量控制小组的提升机制，很难使得这些丰富项目管理经验被更好地学习和传承，实现新的管理思想的更新与迭代。

第三节　BIM 施工质量管理实践

一、BIM 技术在澄浪桥项目施工质量管理上的应用

澄浪桥为无风撑内倾钢拱肋坦拱桥，主桥采用斜桥布置的中承式钢箱拱桥，引桥采用预应力混凝土连续箱梁。主桥钢结构预制构件数量多，安装工序复杂，工程涉及专业较多，管网复杂，协调难度大。桥梁总长 446 m，主桥 183 m，主拱跨径 175 m，净宽 35 m。项目施工过程中将 BIM 技术引入 PDCA 循环过程中，实现了基于 BIM 技术的施工质量管理(图 7-5)。

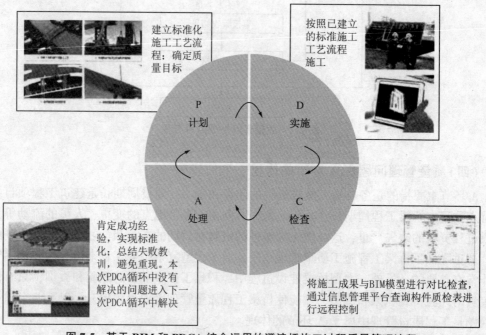

图 7-5　基于 BIM 和 PDCA 综合运用的澄浪桥施工过程质量管理流程

　　基于 BIM 技术的澄浪桥施工质量管理，一方面根据项目的周进度计划进行施工过程模拟，另一方面根据项目的重点和难点部分进行细致的可视化模拟。通过 BIM 模拟技术，分析计划执行过程中可能遇到的问题或某项工作的质量控制点，及时调整和完善，建立标准化的施工工艺流程。

　　澄浪桥拱肋分段数量多，安装难度大，是施工的重点和难点。在拱肋安装前，利用 BIM 模拟技术对拱肋安装过程进行细致的三维模拟，提前模拟和发现施工过程中可能遇到的问题，并逐一解决，建立标准施工工艺流程，保证施工顺利进行(图 7-6)。

(a)采用"先梁后拱"施工工艺

(b)利用两台汽车式起重机安装拱肋

(c)由两端向跨中对称安装

(d)拱肋四周钢码板焊接加固

图 7-6　澄浪桥拱肋安装过程模拟

　　澄浪桥拱肋安装施工过程中，因受下游通航净高限制，大型起重机无法通行，遂采用汽车式起重机安装方案。如图 7-7 所示，BIM 技术可以检验拱肋节段起吊高度和施工机械作业范围是否满足要求，同时验证汽车式起重机行进路线是否会与拱肋支架等附属施工设施发生碰撞，保证汽车式起重机既满足拱肋安装作业半径需求、起吊高度需求，又避免施工机械交叉碰撞。澄浪桥施工过程中，现场施工人员通过手持移动设备查看 BIM 模型，访问工程信息，按照已经建立的标准施工工艺流程进行施工，确保施工技术信息传递的正确性。施工部位完工后，管理人员也可通过手持移动设备查看 BIM 模型，与现场实际施工部位进行对比，判断施工质量是否符合要求。

(a)起吊高度与吊机回旋半径

(b)汽车式起重机行进路线

图 7-7　施工机械碰撞检查

质量信息的种类划分是平台进行质量信息管理的前提条件。该平台将澄浪桥模型分为"桥梁工程""道路工程""排水工程""附属工程"四部分，每部分可按照不同的属性或施工节点继续进行细分。在此基础上，信息管理平台完成构件质量信息的分类，分为质量基本信息、施工记录信息及工程检测报告。其中基本信息包括构件材质、施工人员、施工时间等，施工记录信息分为厂内施工记录信息和现场施工记录信息，主要包括预检工程检查记录、隐蔽工程检查记录、钢结构焊缝质量信息、钢筋质量验收记录、模板质量检验记录、混凝土质量检验记录等。

监理单位对施工部位进行检查，根据检查结果完成质检表，并上传到信息管理平台，与模型构件相关联。项目各参与方在任何网络条件下，通过单击相应的构件进入该构件的信息查询界面。图7-8为澄浪桥主桥钢梁结构节段13的信息查询界面，该构件当前已经集成和录入的质量基本信息包括结构材质、出厂时间、进场时间、拼装时间、焊接时间、焊接人员等。直接双击各类质检表格名称，系统会自动弹出该质检表的电子文档。项目各参与方可通过信息管理平台进行材料质量审核工作。在此基础上，还可进行混凝土质量回溯管理。如某一批次的混凝土质量出现问题，通过平台可查询到该批次混凝土浇筑过的所有部位，进而针对这些部位进行一一排查。

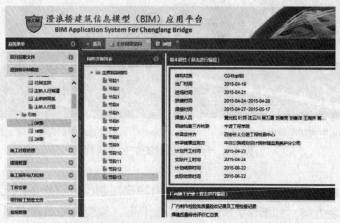

图7-8　澄浪桥主桥钢梁结构节段13的信息查询界面

平台可以根据不同的查询条件对施工质量信息进行分类统计。例如以时间类型与人员角色为查询条件，查询焊接人员姓名为"×××"的工人在××××年××月××日至××××年××月××日这一时间段内，焊接过的所有构件，单击构件可进入构件的信息查询界面进行构件质量信息查询。

二、BIM 应用效果及价值

1. 精益建造

在澄浪桥项目中，利用 BIM 模拟技术对整体施工过程，以及项目的重难点部分如拱肋安装过程进行可视化的施工过程模拟，提前发现并解决施工过程中的潜在问题，建立标准的施工工艺流程。施工人员严格按照已建立的标准施工工艺流程组织施工。在澄浪桥拱肋安装过程中并未出现返工及工期拖延等现象，极大地提高施工效率，保证了施工质量。

2. 信息沟通

建设项目存在众多参与者，在传统质量管理过程中，很多质量信息往往只停留在本单位和本部门，信息沟通不畅，协同管理水平差。BIM 模型和基于互联网的信息管理平台根据实际施工进程，集成了工程现场的质量信息，并与构件相关联，并随着工程进展，不断添加后续信息。项目各参与方以同一模型为基础展开质量管理，保证信息的快速传递和有效沟通。

3. 管理阶段

BIM 技术的质量管理多是事前控制。针对施工方案、施工进度、场地布置等情况进行施工过程模拟，找出施工过程中可能出现的潜在问题或某项工作的质量控制点。基于 BIM 应用平台，项目各方分析各种潜在问题并提出整改意见，通过反复修改虚拟施工过程，有效规避施工过程中的质量问题。应用 BIM 技术，项目管理者能更充分、准确地预测质量问题，提高质量管理效率。

4. 管理方式

传统的质量管理从最小单位检验到单位工程完成质量的检测与评价，质量信息大多以纸质文档的形式存储，从项目开工到竣工结束，产生海量的质量信息，会导致调用和查询不便。基于 BIM 质量信息管理平台实现质量信息的"电子化"存储管理，根据时间维度、空间维度和类别属性对质量信息进行分类、统计汇总。项目各参与方可根据需要随时调取不同时间、空间或属性的质量信息，为项目决策提供最真实准确的支持。

三、项目实践启示

基于传统质量管理的局限性和建筑业信息化发展的趋势，要大力建设基于 BIM 的桥梁工程施工质量管理体系，包括 BIM 技术在建筑项目材料设备质量管理、施工过程技术质量管理、质量信息资料管理三方面应用，这样可以有效解决传统施工质量管理过程中项目各参加方无法沟通与配合，信息化程度较低，不支持可视化，质量信息无法保持一致性、完整性和准确性等缺点。BIM 技术还应与传统质量管理方法结合，借助 BIM 技术的先进管理手段，使传统方法得到充分发挥，更好地为施工质量管理服务，提高工程项目质量管理的效果。

结　语

　　道路桥梁对国内经济建设与社会发展做出了很大贡献，在路桥项目中，施工技术日益成熟，同时管理方法也发挥了极大的作用。因此要求明确工程施工技术与管理作用，以更好地掌握施工技术与特点，推进路桥事业发展

　　桥梁建设工程本身就是一项影响因素多、涉及科目多、施工工期长、技术要求高的系统性工程，所以其施工管理工作也必然是非常复杂的，在进行桥梁工程施工管理中必须要有责任心和耐心，要提高对工程管理的重视程度，并在实际管理中找到管理的难点和问题，分析问题出现的原因并予以解决，从而提高施工管理的效率，这样才能建设出高质量的桥梁工程。

参 考 文 献

[1]卜建清，严战友. 道路桥梁工程施工[M]. 重庆：重庆大学出版社，2012.

[2]陈何兆. 浅析简支梁桥施工技术关键控制点[J]. 四川建材，2021，47(6)：113-114.

[3]陈欢芳，陈癸，梁地. 我国道路桥梁施工技术现状与发展方向探讨[J]. 工程技术研究，2019，4(10)：43-44.

[4]程鹏飞. 浅谈桥梁工程标准化管理前期准备工作[J]. 现代物业(中旬刊)，2017(5)：74-78.

[5]豆凯. 沥青混凝土桥面铺装施工技术及质量控制研究[J]. 山西建筑，2017，43(23)：182-183.

[6]冯小寒，惠高峰. 浅谈桥梁伸缩装置种类及其安装[J]. 科技信息，2013(1)：387，377.

[7]关艳波. 桥梁支座、伸缩缝及关连部位设置和施工的商榷[J]. 现代物业(上旬刊)，2012，11(7)：102-103.

[8]交通运输部公路科学研究所. 公路工程质量检验评定标准：第一册 土建工程：JTGF 80/1—2017[S]. 北京：人民交通出版社，2017.

[9]交通运输部公路科学研究所. 公路沥青路面施工技术规范：JTG F40—2004[S]. 北京：人民交通出版社，2004.

[10]李栋国，张洪军. 道路桥梁工程施工技术[M]. 武汉：武汉大学出版社，2014.

[11]李明华. 道路与铁道工程施工技术[M]. 长沙：中南大学出版社，2012.

[12]李一珩，甄安奇. 浅谈桥梁的组成及分类[J]. 黑龙江交通科技，2007，30(4)：81.

[13]林枫. 桥梁工程项目质量管理和控制研究：以柳树塘桥梁工程为例[D]. 西安：长安大学，2016.

[14]刘爱华. 水泥混凝土桥面铺装施工要点分析[J]. 工程建设与设计，2016(14)：99-100.

[15]刘朝阳. 浅析现浇钢筋混凝土连续箱梁施工工艺[J]. 黑龙江交通科技，2013，36(5)：115，117.

[16]刘江，王云江. 市政桥梁工程[M]. 北京：北京大学出版社，2010.

[17]马钜，郭韶峰. 桥梁支座施工及质量控制[J]. 科技与企业，2012(14)：263.

[18]秦炜. 桥梁工程项目施工安全管理与评价研究[D]. 西安：西安建筑科技大学，2014.

[19]任国庆. 悬臂梁施工工艺的应用探索[J]. 建设科技，2016(10)：118-119.

[20]上海市建工设计研究院有限公司，南通市达欣工程股份有限公司. 建筑施工高处

作业安全技术规范：JGJ 80—2016［S］. 北京：中国建筑工业出版社，2016.

［21］孙坡. 浅谈悬臂梁桥的施工［J］. 山西建筑，2007，33（14）：287-288.

［22］天津市建工工程总承包有限公司，中启胶建集团有限公司. 建筑施工安全检查标准：JGJ 59—2011［S］. 中国建筑工业出版社，2011.

［23］王兴国，刘丽珍. 桥梁工程［M］. 北京：化学工业出版社，2014.

［24］王学民，王以明. 工程造价管理［M］. 北京：中国水利水电出版社，2014.

［25］王越. 小议桥面系及附属工程施工技术措施［J］. 东方企业文化，2012（24）：227，272.

［26］吴建民. 浅谈简支梁桥施工技术［J］. 中国住宅设施，2022（6）：16-18.

［27］徐萍飞，郑荣跃，熊峰. 基于 BIM 技术的桥梁工程施工质量管理体系研究［J］. 城市住宅，2017，24（11）：61-65.

［28］徐昭. 桥面铺装层及附属工程施工［J］. 科技传播，2011（18）：105.

［29］许海玲. 桥梁工程 BIM 施工质量管理研究［D］. 昆明：云南大学，2021.

［30］于景超. 桥梁工程［M］. 北京：化学工业出版社，2013.

［31］于子翔. 桥梁建筑中预应力连续梁施工技术分析［J］. 中国建筑装饰装修，2021（11）：62-63.

［32］余丹丹. 桥梁工程与施工技术［M］. 北京：中国水利水电出版社，2014.

［33］张学礼. 桥梁工程桥面铺装施工技术［J］. 中国高新科技，2022（4）：110-111.

［34］张振华. 桥梁工程标准化施工管理［D］. 西安：长安大学，2012.

［35］中国标准化研究院. 职业健康安全管理体系要求及使用指南：GB/T 45001—2020［S］. 北京：中国标准出版社，2020.

［36］中国交通建设股份有限公司，中交第四公路工程局有限公司. 公路工程施工安全技术规范：JTG F90—2015［S］. 北京：人民交通出版社，2015.

［37］中华人民共和国建设部. 施工企业安全生产评价标准：JGJ/T 77—2010［S］. 北京：中国建筑工业出版社，2010.

［38］中交公路规划设计院有限公司. 公路钢筋混凝土及预应力混凝土桥涵设计规范：JTG 3362—2018［S］. 北京：人民交通出版社，2018.

［39］中交一公局集团有限公司. 公路桥涵施工技术规范：JTG/T 3650—2020［S］. 北京：人民交通出版社，2020.

［40］周鑫竹. 桥面沥青铺装层施工工艺分析［J］. 中国新技术新产品，2020（1）：104-105.

［41］朱其奎. 浅述工程施工应急救援预案的编制［J］. 石河子科技，2008（3）：15.

［42］訾谦. 中国桥梁建设：向世界展示"中国建造"的非凡实力［N］. 光明日报，2022-05-26（005）.